图解视频版

万用表检测与维修技能全图解

……军 编著

中国铁道出版社有限公司
CHINA RAILWAY PUBLISHING HOUSE CO., LTD.

内 容 简 介

万用表是电子设备故障检测中的必备工具，能否高效地用好万用表也会直接影响电子设备的检修效率。本书由专业的电子维修工程师精心编写，讲解了用万用表检测各种电子元器件、家电、电动机、电路板的完整思路和翔实步骤。

本书结合实战案例讲解，强调动手能力和实用技能的培养，全部采用图解的方法进行讲解，有助于读者快速掌握万用表使用方法，积累维修经验。

本书适合电工、电子技术人员、电气维修人员及电子爱好者学习使用，也可作为职业院校相关专业师生和培训学校的参考用书。

图书在版编目（CIP）数据

万用表检测与维修技能全图解/王红明，张军编著. —北京：中国铁道出版社有限公司，2023. 5

ISBN 978-7-113-29514-1

Ⅰ.①万… Ⅱ.①王… ②张… Ⅲ.①复用电表-检修-图解 Ⅳ. ①TM938. 107-64

中国版本图书馆CIP数据核字（2022）第143536号

书　　名：万用表检测与维修技能全图解
WANYONGBIAO JIANCE YU WEIXIU JINENG QUANTUJIE
作　　者：王红明　张　军

责任编辑：荆　波　**编辑部电话：**（010）63549480　**邮箱：**the-tradeoff@qq. com
封面设计：高博越
责任校对：安海燕
责任印制：赵星辰

出版发行：中国铁道出版社有限公司（100054，北京市西城区右安门西街8号）
印　　刷：国铁印务有限公司
版　　次：2023年5月第1版　2023年5月第1次印刷
开　　本：787 mm×1 092 mm 1/16　**印张：**16. 25　**字数：**375千
书　　号：ISBN 978-7-113-29514-1
定　　价：79. 00元

前言

视频下载包地址：http://www.m.crphdm.com/2023/0331/14568.shtml

为什么写这本书

对于正在从事或希望从事电工电子维修技术工作的读者来说，扎实掌握电子电工基础理论的基础上，最终目的是完成对电气设备故障的检修。要完成这一目的，熟练而高效地使用不同的万用表检测并判断故障原因和位置更是必须掌握的技能。

针对上述情况，为帮助广大电工与电子技术人员迅速而扎实地掌握实用检测与维修技术，我们按照具体检测场景中实际需求，结合行业技能的特点，策划并编写了本书。本书围绕电工电子实际工作的需要，采用全彩图解（精练文字 + 实操图片）的方式，结合现场实操和大量案例，全面系统地讲解了万用表检测维修各种电子元器件、家电、电动机、电工线路和电路板的方法、步骤和实践案例。

全书结构安排

本书分为三篇，共有 20 章，各篇的主要内容如下：

第一篇（第 1 章）讲解了指针万用表和数字万用表的原理和操作方法，旨在帮助读者熟悉万用表的基本结构和使用技巧，为后续实践应用夯实基础。

第二篇（第 2~ 第 16 章）全面讲解了如何使用万用表检修电路中的电阻器、电位器、电容器、电感器、变压器、二极管、三极管、场效应管、IGBT、晶闸管、晶振、继电器、集成稳压器、运算放大器、LED 数码管、各种传感器、光电二极管、光耦合器等常用电子元器件；本篇内容丰富，是承上启下的关键篇章。

第三篇（第 17~ 第 20 章）讲解了利用万用表检修电工线路及设备、洗衣机、液晶电视机、空调器、电冰箱、电动机以及电路板的方法；本篇是落地实践篇章，更是读者学习本书的目的所在。

本书特色

1 立足于实践应用，以万用表现场检修实操为背景，迈好故障检测判断第一步。

2 内容全面，不但包括常用及专用元器件的检修，还包括各种家电设备、电工线路、电动机以及电路板的检修。

3 精练文字搭配现场实操图片，既生动形象，又简单易懂，让读者一看就懂，并能按照图例指导实际操作。

读者定位

本书适合电工、电子技术人员、电气维修人员以及电子爱好者学习使用，也可作为职业院校相关专业师生和培训学校的参考用书。

感谢

一本书的出版，从选题到出版，要经历很多的环节，在此感谢中国铁道出版社有限公司的编辑，他们不辞辛苦，为本书的出版做了大量工作。

由于作者水平有限，书中难免有疏漏和不足之处，恳请业界同仁及读者朋友提出宝贵意见和批评。

王红明

2023 年 2 月

目　录

第 3 章 看图检修电路中的电位器

第 4 章 看图检修电路中的电容器

第 5 章 看图检修电路中的电感器

第 11 章 看图检修电路中的继电器

第 12 章 看图检修电路中的 IGBT

第 13 章 看图检修电路中的晶振

第 14 章 看图检修电路中的集成稳压器

第 18 章 看图检修家用电器元件

第 19 章 看图检修各种电动机

第 20 章 看图检修电路板

第1章

万用表的使用方法

万用表可测量直流电流、直流电压、交流电流、交流电压、电阻器和二极管压降、电容器容量等，是电工和电子维修中必备的测试仪表。万用表有很多种，目前常用的有指针万用表和数字万用表两种。下面将结合实战案例讲解这两种万用表的结构和使用方法等内容。

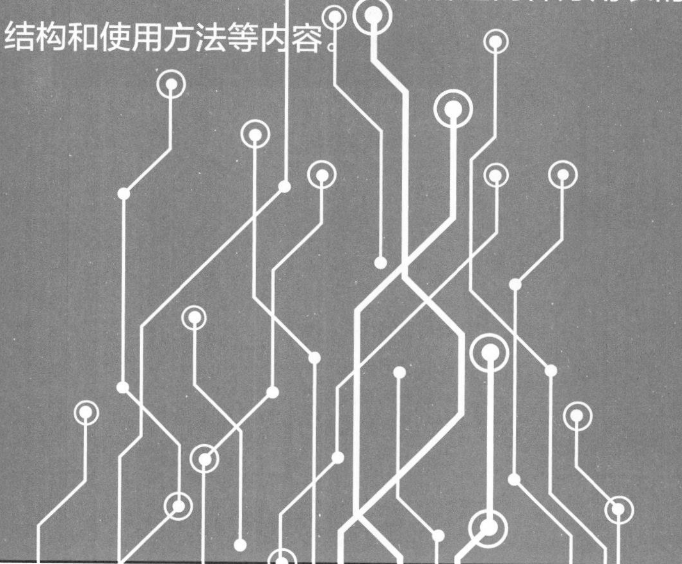

1.1 学会使用数字万用表

数字万用表的主要特征是有一块液晶显示屏，用来显示测量数据。数字万用表具有显示清晰、读取方便、灵敏度高、准确度高、过载能力强、便于携带，使用方便等优点。本节将重点讲解数字万用表的结构和使用测量实战。

1.1.1 数字万用表的结构

数字万用表主要由液晶显示屏、挡位选择钮、表笔插孔及三极管插孔等组成。如图 1–1 所示。其中，功能旋钮可以将万用表的挡位在电阻挡（Ω）、交流电压（V~）、直流电压挡（V–）、交流电流挡（A~）、直流电流挡（A–）、温度挡（℃）和二极管挡之间进行转换；COM 插孔用来插黑表笔；A、mA、VΩHz℃（或 VΩ）插孔用来插红表笔，在测量电压、电阻、频率和温度时，红表笔插 VΩHz℃插孔，在测量电流时，根据电流的大小，红表笔插 A 或 mA 插孔；温度传感器插孔用来插温度传感器表笔；三极管插孔用来插三极管，用于检测三极管的极性和放大系数。

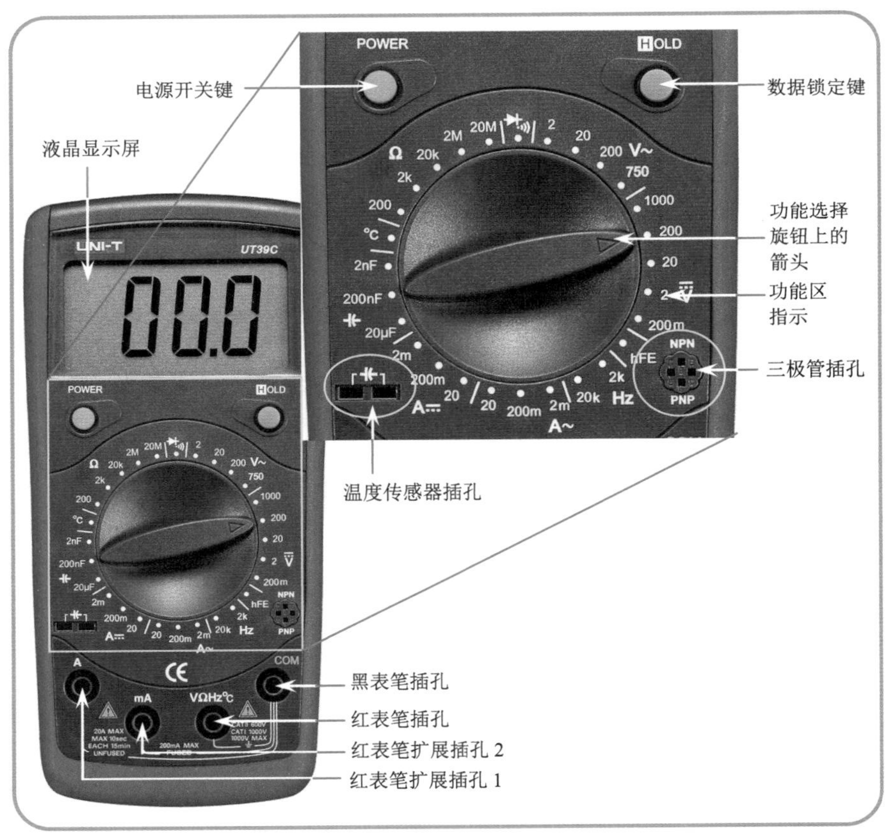

图 1–1　数字万用表的结构

1.1.2　数字万用表操作实战

数字万用表的操作方法并不复杂，下面我们结合实战案例来讲解数字万用表的测量方法。

1. 用数字万用表测量直流电压实战

用数字万用表测量直流电压的方法如图 1–2 所示。

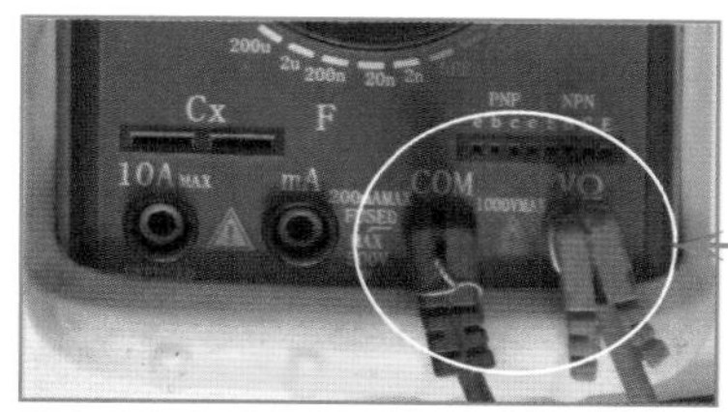

❶将黑表笔插进万用表的 COM 孔，将红表笔插进万用表的 VΩ 孔。

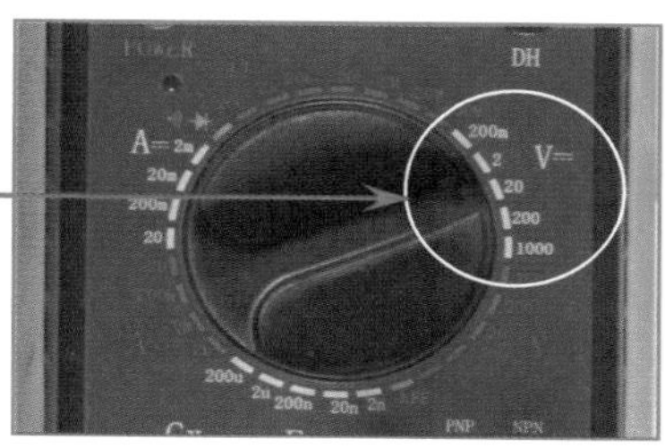

❷将挡位旋钮调到直流电压挡 V–，选择一个比估测值大的量程。

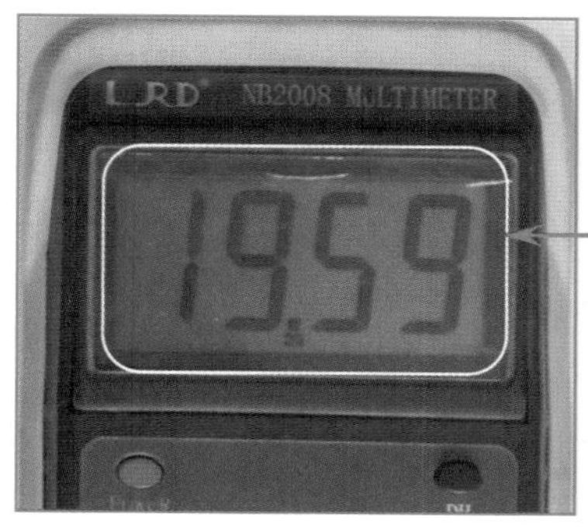

❸将两表笔分别接电源的两极，正确的接法应该是红表笔接正极，黑表笔接负极；然后读数，若测量数值为 1.，则说明所选量程太小，需改用大量程。如果数值显示为负，就说明代表极性接反，须调换表笔。表中显示的 19.59 即为测量的电压值。

图 1–2　数字万用表测量直流电压

2. 用数字万用表测量直流电流实战

使用数字万用表测量直流电流的方法如图 1–3 所示。

提示：交流电流的测量方法与直流电流的测量方法基本相同，不过需将旋钮旋到交流电流挡位。

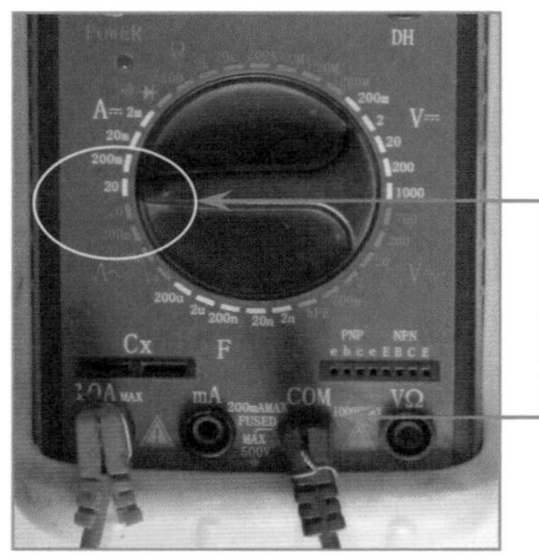

❶测量电流时，先将黑表笔插入 COM 孔。若待测电流估测大于 200mA，则将红表笔插入 20A 插孔，并将功能旋钮调到直流 20A 挡；若待测电流估测小于 200m，则将红表笔插入 200m 插孔，并将功能旋钮调到直流 200mA 以内的适当量程。

❷将万用表串联接入电路中，使电流从红表笔流入，黑表笔流出，并保持稳定。

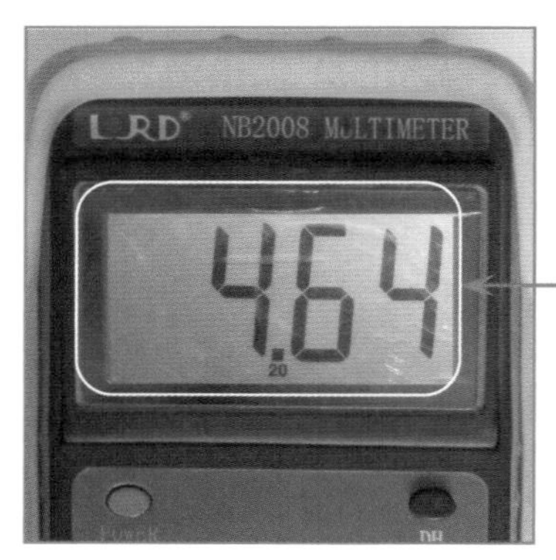

❸读数，若显示为 1.，则表明量程太小，需要加大量程。本次电流的测量值为 4.64。

图 1-3　数字万用表测量直流电流

3. 用数字万用表测量二极管实战

用数字万用表测量二极管的方法如图 1–4 所示。

提示：一般锗二极管的压降为 0.15~0.3V，硅二极管的压降为 0.5~0.7V，发光二极管的压降为 1.8~2.3V。如果测量的二极管正向压降超出这个范围，则表明二极管已损坏。如果反向压降为 0，则表明二极管被击穿。

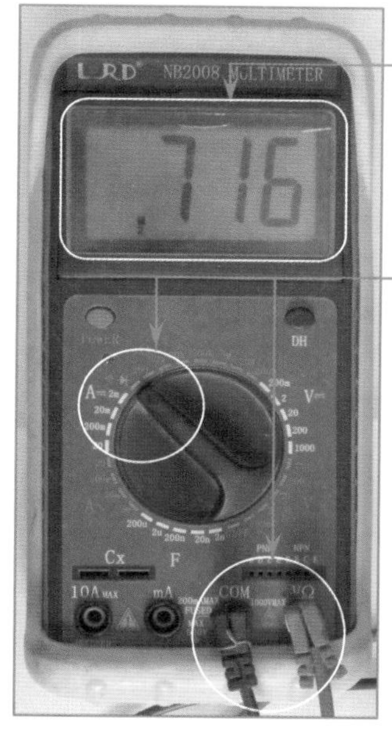

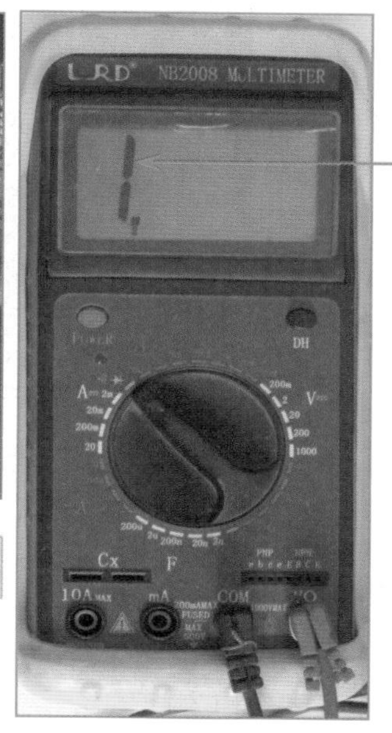

图 1-4　数字万用表测量二极管

测量结论：由于该硅二极管的正向压降约为 0.716V，与正常值 0.7V 接近，且其反向压降为无穷大，表明该硅二极管的质量基本正常。

1.2 学会使用指针万用表

指针万用表的主要特征是带有刻度盘和指针。指针万用表可以显示出所测电路连续变化的情况，且指针万用表电阻挡的测量电流较大，特别适合在电路检测元器件。本节将重点讲解指针万用表的结构和使用测量实战。

1.2.1 指针万用表的结构

指针万用表主要由表盘（包括表头指针和刻度）、表体（包括功能旋钮、欧姆调零旋钮、表笔插孔及三极管插孔等）组成，如图 1–5 所示。

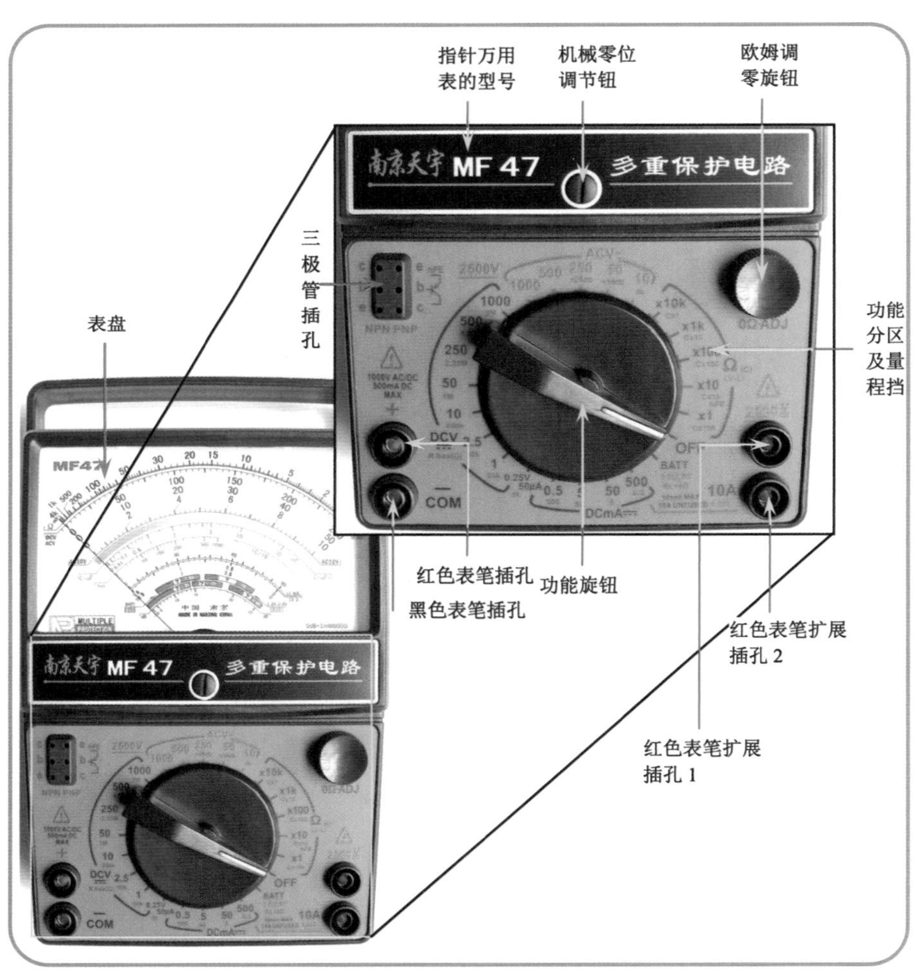

（a）指针万用表表体

图 1–5　指针万用表的结构

（b）指针万用表表盘

图 1–5　指针万用表的结构（续）

其中，功能旋钮可以将万用表的挡位在电阻挡（Ω）、交流电压挡（V~）、直流电压挡（V–）、交流电流挡（A~）、直流电流挡（A–）之间进行转换；COM 插孔用来插黑表笔；+、10A、2500V 插孔用来插红表笔；测量 1000V 以内电压、电阻、500mA 以内电流，红表笔插“+”插孔；测量大于 500mA 以上电流时，红表笔插 10A 插孔；测量 1000V 以上电压时，红表笔插 2500V 插孔；三极管插孔用来插三极管，用于检测三极管的极性和放大系数；欧姆调零旋钮用来给欧姆挡置零。

1.2.2　指针万用表量程选择方法

使用指针万用表测量时，第一步要选对合适的量程，这样才能测量得准确。指针万用表量程的选择方法如图 1–6 所示。

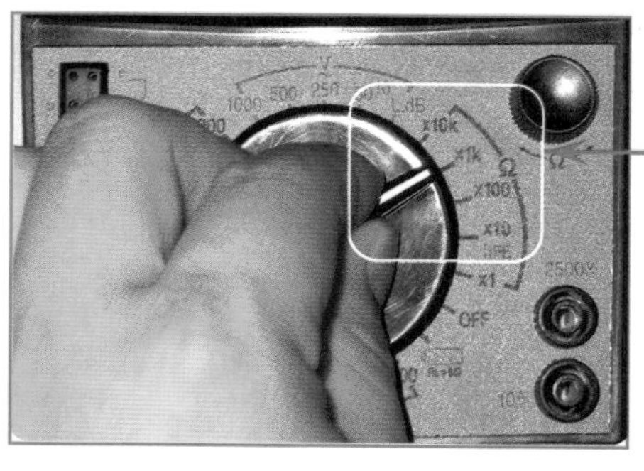

图 1–6　指针万用表量程的选择

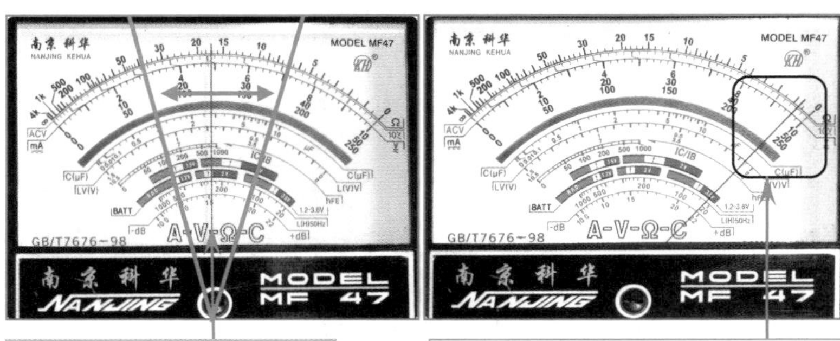

图 1–6　指针万用表量程的选择（续）

1.2.3　指针万用表欧姆调零的方法

指针万用表在量程选准以后且在正式测量之前必须进行欧姆调零操作，如图 1–7 所示。

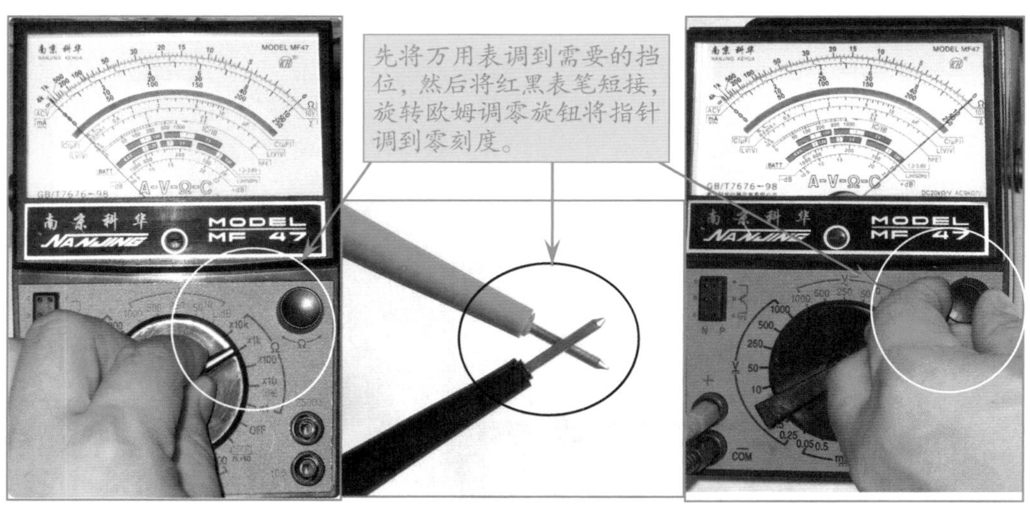

图 1–7　指针万用表的欧姆调零

注意：如果重新换挡，在测量之前也必须调零一次。

1.2.4　指针万用表操作实战

和数字万用表相比，指针万用表在测量前必须先进行调零，下面我们结合实战案例来讲解指针万用表的测量方法。

1. 用指针式万用表测电阻器实战

用指针式万用表测电阻器的方法如图 1–8 所示。

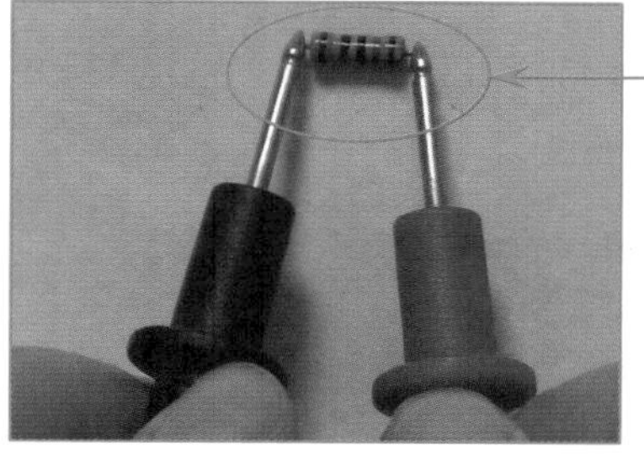

❶调零后，应将两表笔分别接触待测电阻的两极（要求接触稳定踏实），观察指针偏转情况。如果指针太靠左，那么需要换一个稍大的量程；如果指针太靠右，那么需要换一个较小的量程。直到指针落在表盘的中部（因表盘中部区域测量更精准）。

❷读取表针读数，然后将表针读数乘以所选量程倍数，如选用 R × 1k 挡测量，指针指向 17，则被测电阻值为 17 × 1k ＝ 17kΩ。

图 1–8　指针式万用表测电阻

2. 用指针万用表测量直流电流实战

用指针万用表测量直流电流的方法如图 1–9 所示。

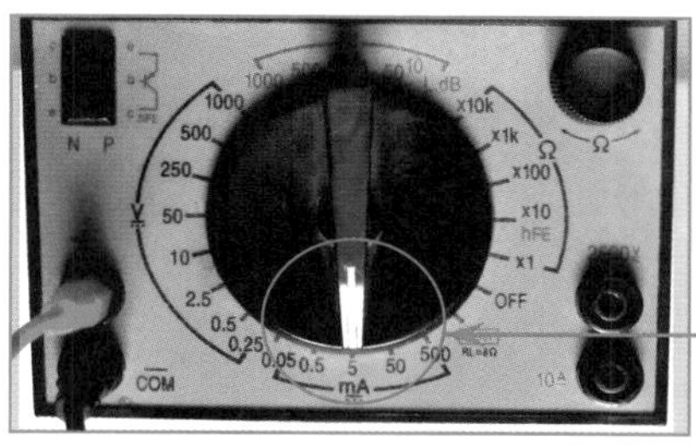

❶调零后，把转换开关拨到直流电流挡，估计待测电流值，选择合适量程。如果不确定待测电流值的范围需选择多大量程，粗测待测电流的范围后改用合适的量程。断开被测电路，将万用表串接于被测电路中，不要将极性接反，保证电流从红表笔流入，黑表笔流出。

❷根据指针稳定时的位置及所选量程，正确读数。读出待测电流值的大小，为万用表测出的电流值，万用表的量程为 5 mA，指针走了 3 个格，因此本次测得的电流值为3 mA。

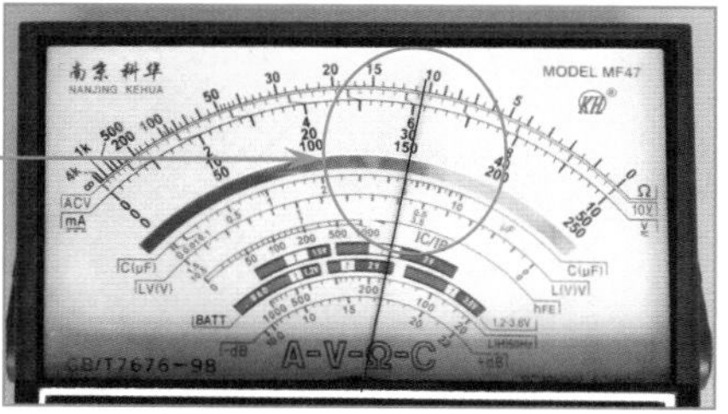

图 1–9　指针万用表测量直流电流

3. 用指针万用表测量直流电压实战

测量电路的直流电压时，选择万用表的直流电压挡，并选择合适的量程。当被测电压数值范围不清楚时，可先选用较高的量程挡，不合适时再逐步选用低量程挡，使指针停在满刻度的 2/3 处附近为宜。

指针万用表测量直流电压方法如图 1–10 所示。

❷读数，根据选择的量程及指针指向的刻度读数。由图可知，该次所选用的量程为 0~50V，共 50 个刻度，因此这次的读数为 19V。

❶调零后，把功能旋钮调到直流电压挡50量程。将万用表并联接到待测电路上，黑表笔与被测电压的负极相接，红表笔与被测电压的正极相接。

图 1–10　指针万用表测量直流电压

看图检修电路中的电阻器

电阻器在电路中的主要作用是稳定和调节电路中的电流和电压，即控制某一部分电路的电压和电流比例的作用。电阻器是电路元件中应用最广泛的一种，在电子设备中约占元件总数的30%。本章将通过实例来讲解电路板中电阻器的检修方法。

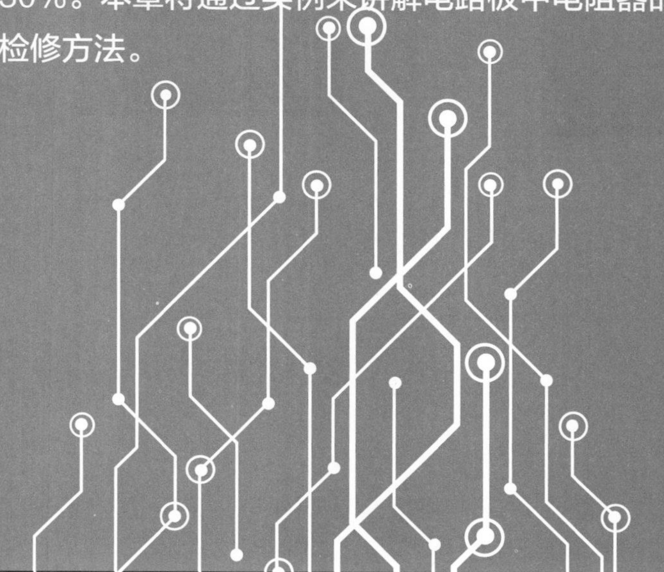

2.1 看图识电气设备中的电阻器

各种电气设备的电路板中有各种各样的电阻器，根据电阻器的种类不同，其外形也不一样。下面我们来辨识一下电路板中各式各样的电阻器及电阻器的符号和标注。

2.1.1 从电路板中识别电阻器

电路板中常用的电阻器包括贴片电阻器、金属膜电阻器、碳膜电阻器、熔断电阻器、排电阻器、热敏电阻器、压敏电阻器、可变电阻器等。

1. 贴片电阻器

如图 2–1 中所示的电阻器为贴片电阻器。贴片电阻器是金属玻璃铀电阻器中的一种，它是将金属粉和玻璃铀粉混合，采用丝网印刷法印在基板上制成的电阻器。贴片电阻是手机、计算机主板及各种电器的电路板上应用数量最多的一种元件，形状为矩形，颜色一般为黑色，电阻体上一般标注为白色数字。

（1）贴片电阻器的阻值一般直接用 3 位或 4 位数字标识（参考数标法的相关内容）。如图中标注的 330，阻值即为 $33\times10^0=33\Omega$；如标注为 103，则阻值为 $10\times10^3=10000\Omega=10\ k\Omega$。如标注为 1501，即为 $150\times10^1=1500\Omega$；另外，1Ω 以下的用 R 表示小数点，如 1R5，阻值为 1.5Ω。

（3）贴片电阻器耐潮湿、耐高温、耐温度系数小。贴片元件具有体积小、质量轻、安装密度高、抗震性强、抗干扰能力强、高频特性好等优点。

（2）贴片电阻器的额定功率主要有 1/20W、1/16W、1/8W、1/10W、1/4W、1/2W、1W 等，其中以 1/16W、1/8W、1/10W、1/4W 应用最多，一般功率越大，电阻器体积也越大，功率级别是随着尺寸逐步递增的。另外，相同的外形，颜色越深，功率值也越大。

图 2–1　贴片电阻器

2. 排电阻器

排电阻器（简称排阻）是一种将按一定规律排列的分立电阻器集成在一起的组合型电阻器，也称集成电阻器或电阻器网络，如图 2–2 所示。

排电阻器最常见为 8 引脚内置 4 个电阻器的排电阻器和 10 引脚内置 8 个电阻器的排电阻器。一般常使用标注为“220”“330”“472”等的排电阻器。一般会用在接口电路及上拉电阻器中。

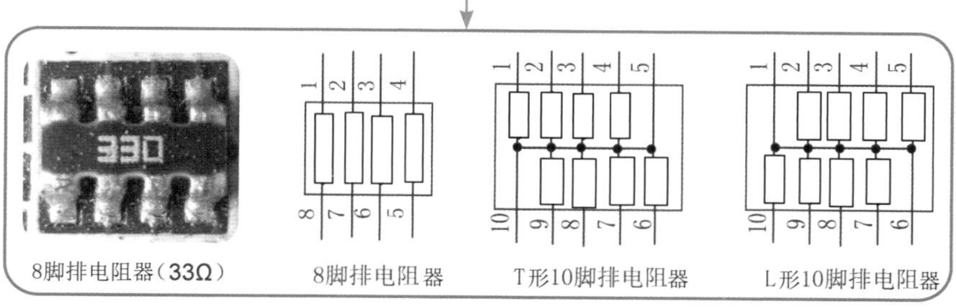

（a）贴片排电阻器及其内部结构图

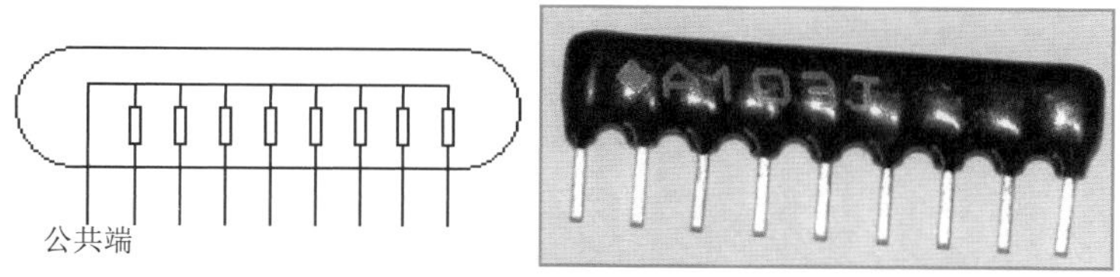

（b）直插式排电阻器及其内部结构

图 2-2　排电阻器及其内部结构

3. 金属膜电阻器和碳膜电阻器

金属膜电阻器是用碱金属制成，是将金属在真空中加热至蒸发，然后沉积在陶瓷棒或片上。通过仔细调整金属膜的宽度、长度和厚度来控制电阻值。金属膜电阻器非常便宜、尺寸较小，被认为是所有电阻器中综合性能最好的电阻器。与碳膜电阻器相比，它具有更低的温度系数，更低的噪声、更好的线性、更好的频率特性和精度（精度可以达到 0.01%）。

碳膜电阻器是最普通的电阻器之一。它是由在陶瓷衬底上涂特殊的碳混合物薄膜而制成。利用刻槽的方法或改变碳膜的厚度，可以得到不同阻值的碳膜电阻。

碳膜电阻器有较低的电阻温度系数和较小的误差，其温度系数值为 100~200ppm，一般情况下是负值；碳膜电阻器的阻值范围为 1Ω~10MΩ；额定功率有 0.125W、0.25W、0.5W、1W、2W、5W、10W 等。

图 2-3 所示为常见金属膜电阻器和碳膜电阻器。

碳膜电阻器的电压稳定性好，造价低。从外观看，碳膜电阻器有五个色环，均为蓝色。

金属膜电阻器体积小、噪声低、稳定性良好。从外观看，金属膜电阻器有四个色环，均为土黄色或是其他颜色。

图 2-3　金属膜电阻器和碳膜电阻器

4. 熔断电阻器

熔断电阻器又叫作保险电阻器，常见的有贴片熔断电阻和圆柱形熔断电阻，如图 2–4 所示。当电路遇到大的冲击电流和故障时，可使熔断电阻熔断开路，起到保护电路的作用。

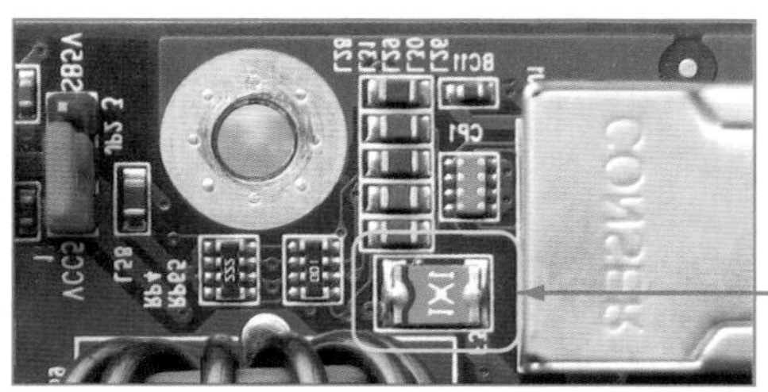

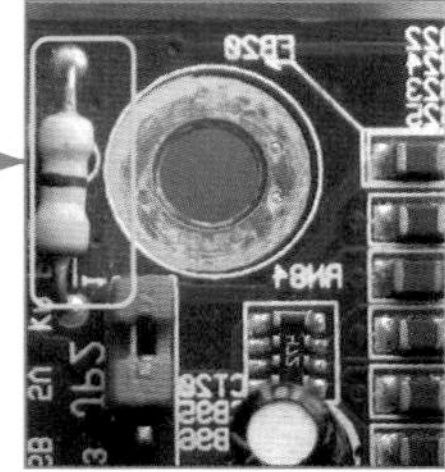

熔断电阻器具有电阻器和过流保护熔断丝双重作用。在正常情况下，熔断电阻器具有普通电阻器的功能。在工作电流异常增大时，熔断电阻器会自动断开，起到保护其他元器件不被损毁的作用。

图 2–4　熔断电阻器

5. 热敏电阻器

热敏电阻器是指电阻值随其温度的变化而显著变化的热敏元件。其大多由单晶或多晶半导体材料制成，如图 2–5 所示。热敏电阻器包括负的温度系数（NTC）热敏电阻和正的温度系数（PTC）热敏电阻。

PTC 热敏电阻是一种典型的具有温度敏感性的半导体电阻，超过一定的温度时，其电阻值随温度的升高呈阶跃性的增高。PTC 热敏电阻居里温度一般有 80℃、100℃、120℃、140℃等几种。一般情况下，居里温度要超过最高使用环境温度 20~40℃。

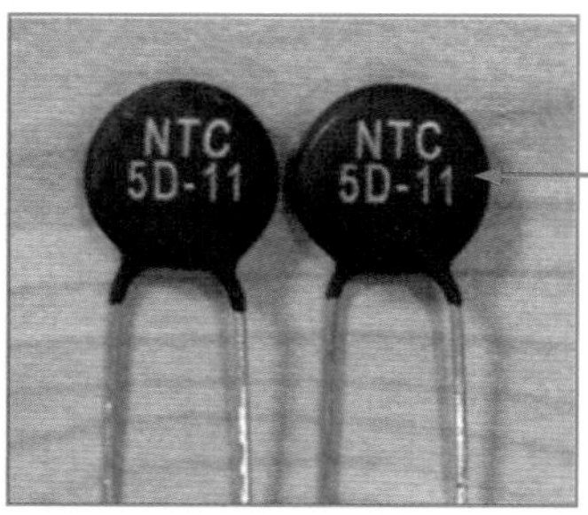

NTC 热敏电阻也是一种典型的具有温度敏感性的半导体电阻，它的电阻值随温度的升高呈阶跃性的减小。

图 2–5　热敏电阻器

6. 压敏电阻器

压敏电阻器是指对电压敏感的电阻器，是一种半导体器件，其制作材料主要是氧化锌。压敏电阻器的最大特点是当加在它上面的电压低于其阈值时，流过的电流极小，相当于一只关上的阀门；当电压超过阀值时，流过它的电流激增，相当于阀门被打开。利用这一功能，可以抑制电路中经常出现的异常过电压，保护电路免受过电压的损害。压敏电阻器的外形如图 2–6 所示。

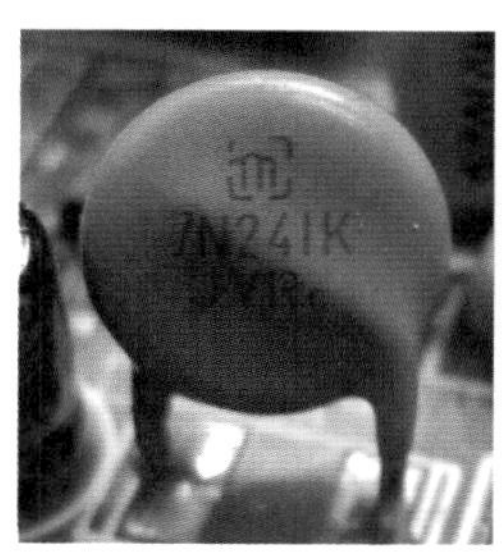

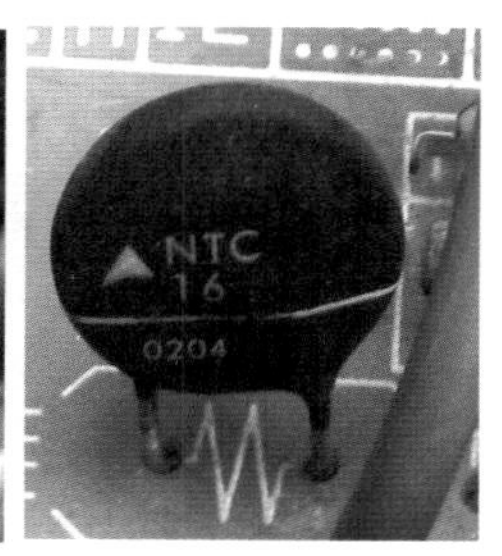

压敏电阻器主要用在电气设备交流输入端，用做过压保护。当输入电压过高时，它的阻值将减小，使串联在输入电路中的熔断管熔断，切断输入，从而保护电气设备。

图 2–6　压敏电阻器

7. 可变电阻器

可变电阻器通常称为电位器，因为它们的一个主要用途是作为可调分压器。可变电阻器一般有 3 个引脚，其中有两个定片引脚和一个动片引脚，设有一个调整口，可以通过改变动片，调节电阻值。可变电阻器的外形如图 2–7 所示。

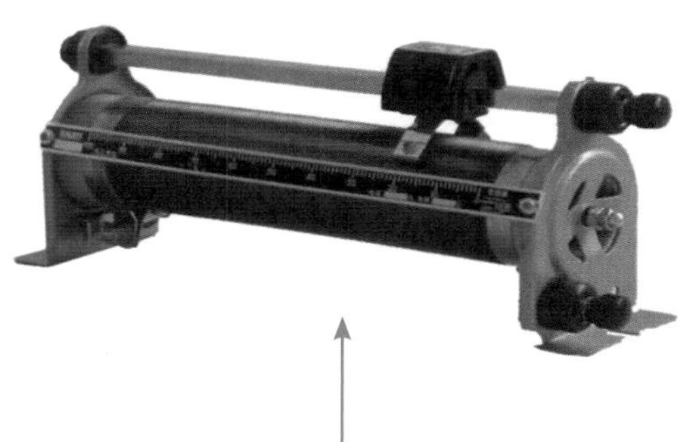

根据用途的不同，可变电阻器的电阻材料可以是金属丝、金属片、碳膜或导电液。对于一般大小的电流，常使用金属型的可变电阻器；在电流很小的情况下，则使用碳膜电阻器。

图 2–7　可变电阻器

2.1.2　电阻器的图形符号与文字符号

电阻器是电子电路中最常用的电子元件之一，一般用“R”文字符号来表示。电阻器的电路图形符号如图 2–8 所示；电阻器在电路图中的符号如图 2–9 所示。

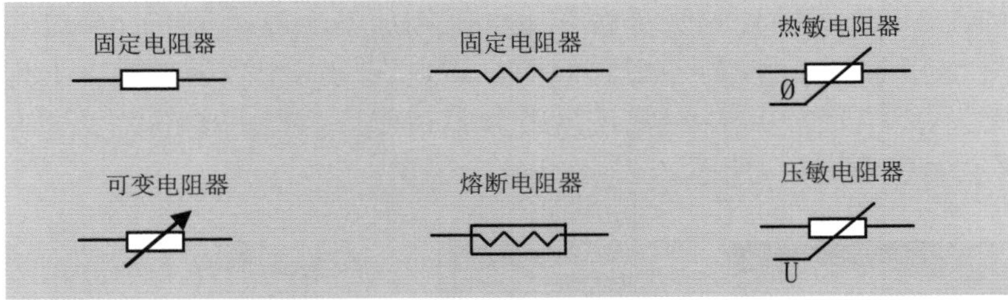

图 2-8　电阻器的电路图形符号

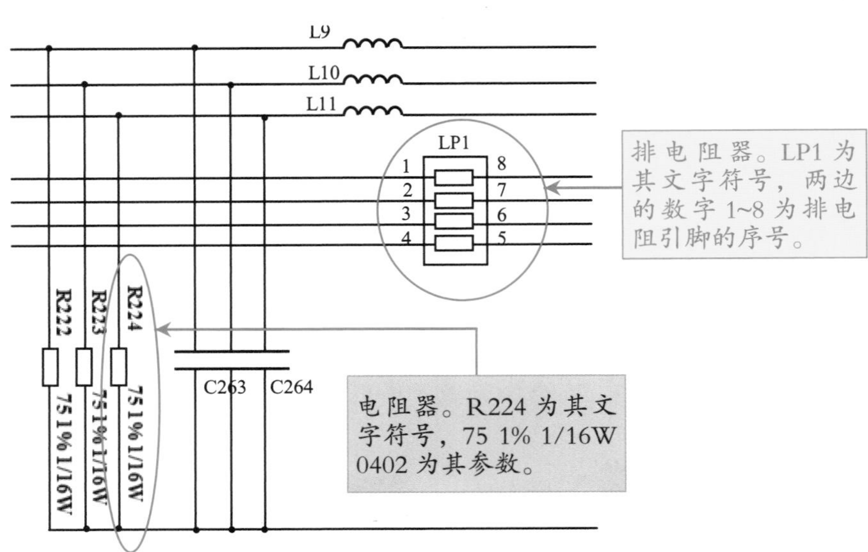

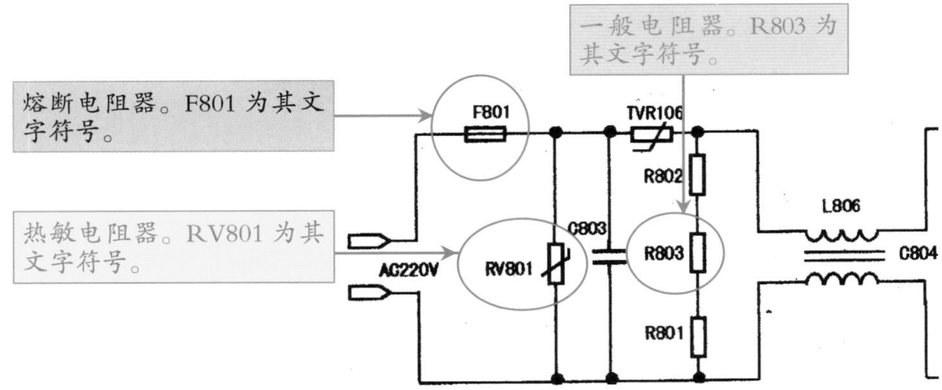

图 2-9　电阻器的符号

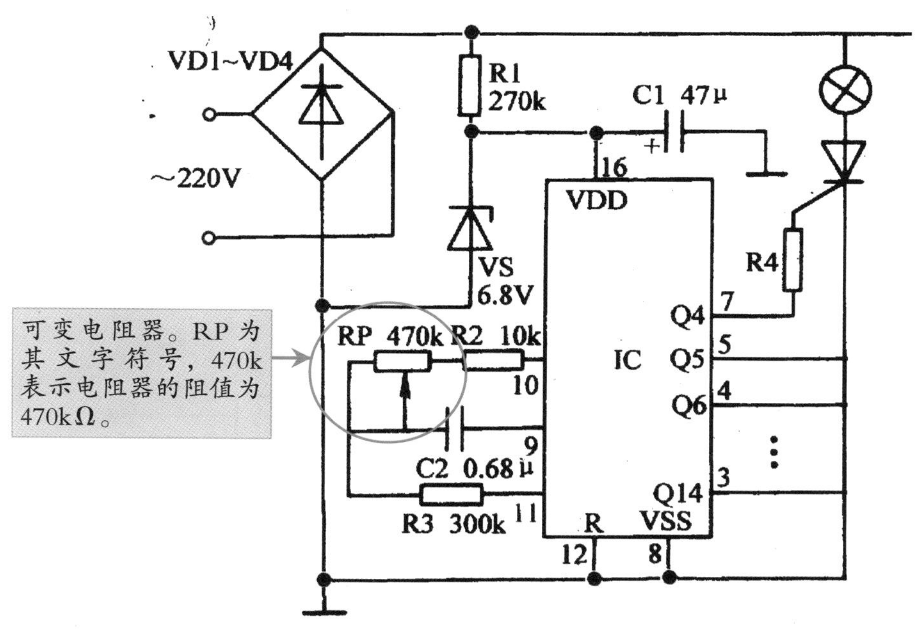

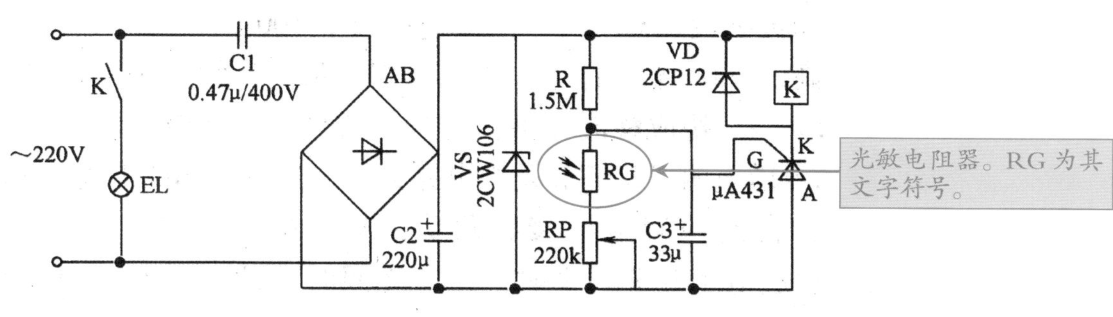

图 2-9　电阻器的符号（续）

2.1.3　读识电阻器上的标注

电阻器的阻值标注法通常有色标法和数标法。其中，色标法在一般的电阻器上比较常见；数标法通常用在贴片电阻器上。

1. 读识色标法标注的电阻器

色标法是指用色环标注阻值的方法，色环标注法使用最多，普通的色环电阻器用四环表示，精密电阻器用五环表示，紧靠电阻体一端头的色环为第一环，露着电阻体本色较多的另一端头为末环。

（1）常见色环电阻器的阻值说明

如果色环电阻器用四环表示，那么前面两位数字是有效数字，第三位是 10 的倍幂，第四环是色环电阻器的误差范围，如图 2–10 所示。

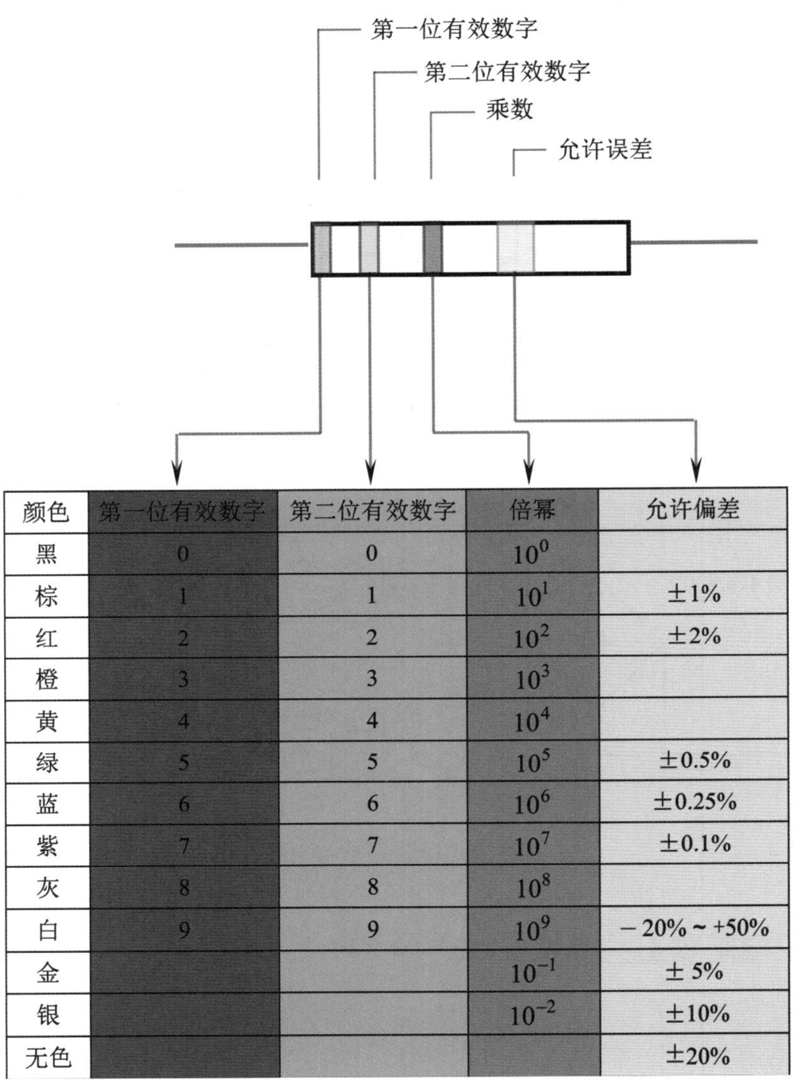

颜色	第一位有效数字	第二位有效数字	倍幂	允许偏差
黑	0	0	10^0	
棕	1	1	10^1	±1%
红	2	2	10^2	±2%
橙	3	3	10^3	
黄	4	4	10^4	
绿	5	5	10^5	±0.5%
蓝	6	6	10^6	±0.25%
紫	7	7	10^7	±0.1%
灰	8	8	10^8	
白	9	9	10^9	－20% ~ +50%
金			10^{-1}	± 5%
银			10^{-2}	±10%
无色				±20%

图 2–10　四环电阻器阻值说明

如果色环电阻器用五环表示，那么前面三位数字是有效数字，第四位是 10 的倍幂，第五环是色环电阻器的误差范围，如图 2–11 所示。

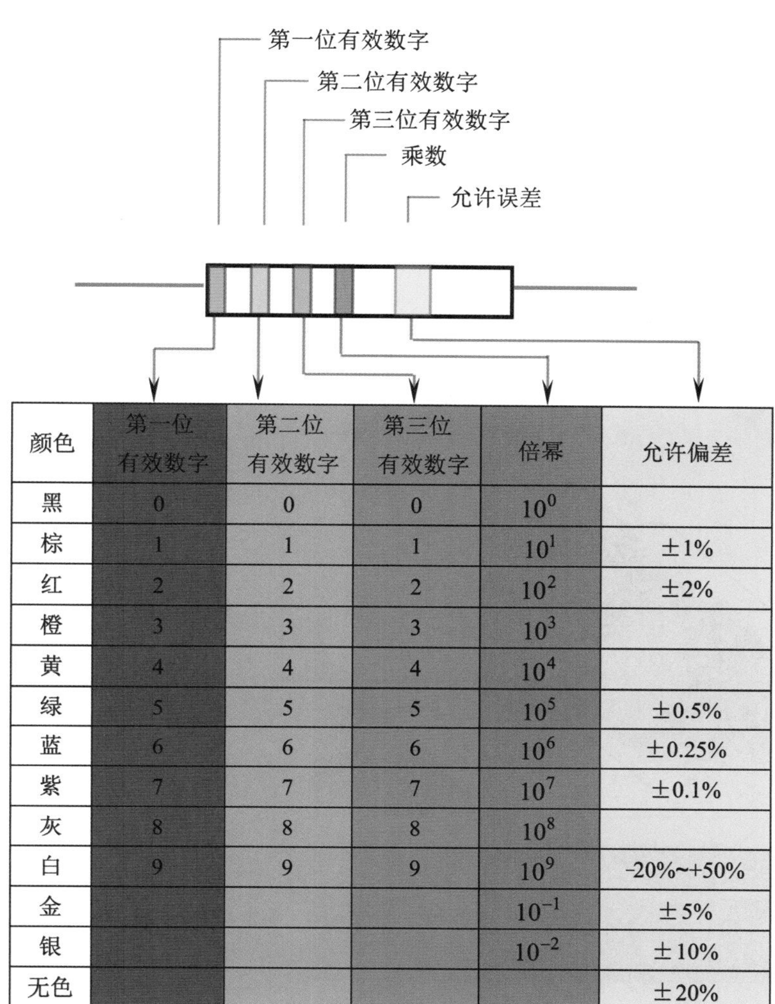

颜色	第一位有效数字	第二位有效数字	第三位有效数字	倍幂	允许偏差
黑	0	0	0	10^0	
棕	1	1	1	10^1	±1%
红	2	2	2	10^2	±2%
橙	3	3	3	10^3	
黄	4	4	4	10^4	
绿	5	5	5	10^5	±0.5%
蓝	6	6	6	10^6	±0.25%
紫	7	7	7	10^7	±0.1%
灰	8	8	8	10^8	
白	9	9	9	10^9	-20%~+50%
金				10^{-1}	±5%
银				10^{-2}	±10%
无色					±20%

图 2-11　五环电阻器阻值说明

根据电阻器色环的读识方法，可以很轻松地计算出电阻器的阻值，如图 2-12 所示。

电阻的色环为棕、绿、黑、白、棕五环，对照色码表，其阻值为 $150\times10^9\Omega$，误差为 ±1%。

电阻的色环为灰、红、黄、金四环，对照色码表，其阻值为 $82\times10^4\Omega$，误差为 ±5%。

图 2-12　计算电阻阻值

（2）如何识别首位色环

经过上述学习，聪明的读者会发现一个问题，我怎么知道哪个是首位色环啊？不知道哪个是首位色环，又怎么去核查？别急，下面我们将给您介绍首字母辨认的方法，并通过表格给您列示出基本色码对照表供您使用。

首色环判断方法大致有如下四种，如图 2–13 所示。

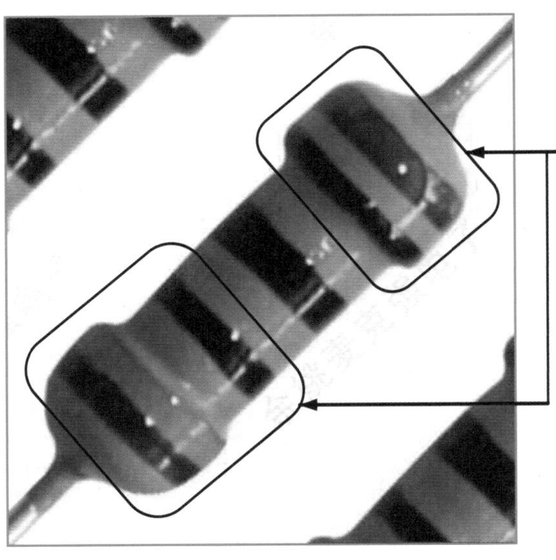

方法一：首色环与第二色环之间的距离比末位色环与倒数第二色环之间的间隔要小。

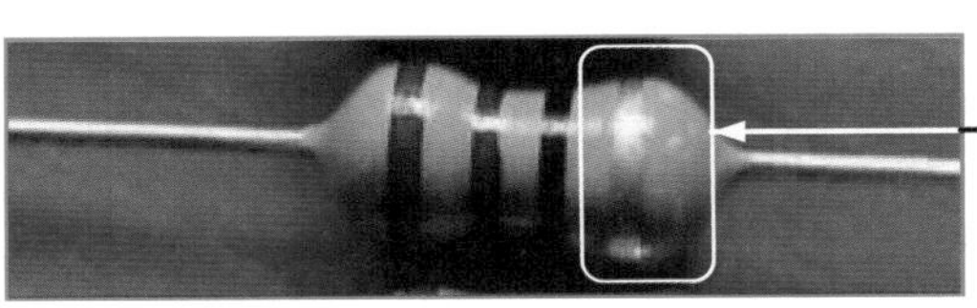

方法二：金、银色环常用做表示电阻误差范围的颜色，即金、银色环一般放在末位，则与之对立的即为首位。

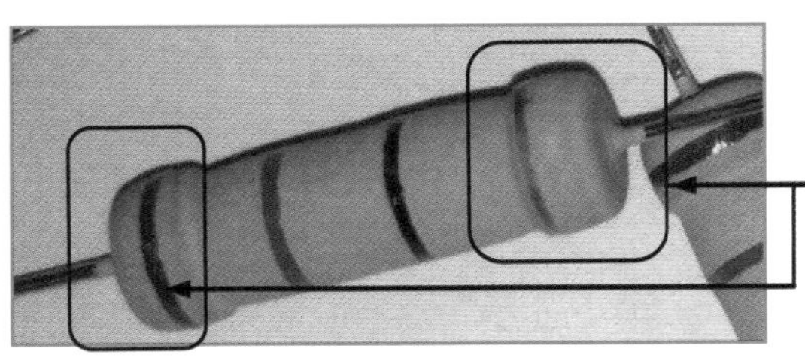

方法三：与末位色环位置相比，首位色环更靠近引线端，因此可以利用色环与引线端的距离来判断哪个是首色环。

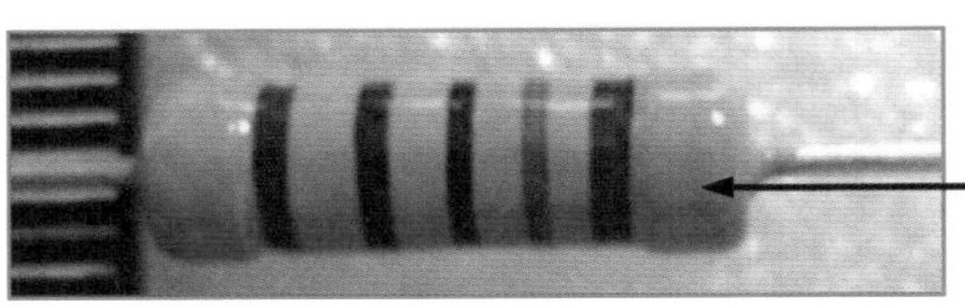

方法四：如果电阻上没有金、银色环，并且无法判断哪个色环更靠近引线端，可以用万用表检测一下，根据测量值即可判断首位有效数字及位乘数，对应的顺序就全都知道了。

图 2–13　判断首位色环

2. 读识数标法标注的电阻器

数标法用三位数表示阻值，前两位表示有效数字，第三位数字是倍率，如图 2–14 所示。

（2）可调电阻器在标注阻值时，也常用二位数字表示。第一位表示有效数字，第二位表示倍幂。如：“24”表示 2×10^4 = 20kΩ。在标注时用 R 表示小数点，如 R22=0.22Ω，2R2=2.2Ω。

图 2-14　数标法标注电阻器

2.2 电阻器的检修实战

通过对前面内容的学习，对电阻器有了一个基本了解，接下来通过实战案例来讲解使用万用表检测各种电阻器的方法。

2.2.1 检测计算机主板上的贴片电阻器

主板中常用的电阻器主要为贴片电阻器、贴片排电阻器和贴片熔断电阻器等。对于这些电阻器，一般可采用在路检测（即直接在电路板上检测），也可采用开路检测（即元器件不在电路中或者电路断开无电流情况下进行检测）。下面将实测主板中的电阻器。

检测计算机主板中的贴片电阻器时，一般情况下，先采用在路测量，如果在路检测无法判断电阻器的好坏，再采用开路测量。

测量计算机主板中贴片电阻器的方法如图 2–15 所示。

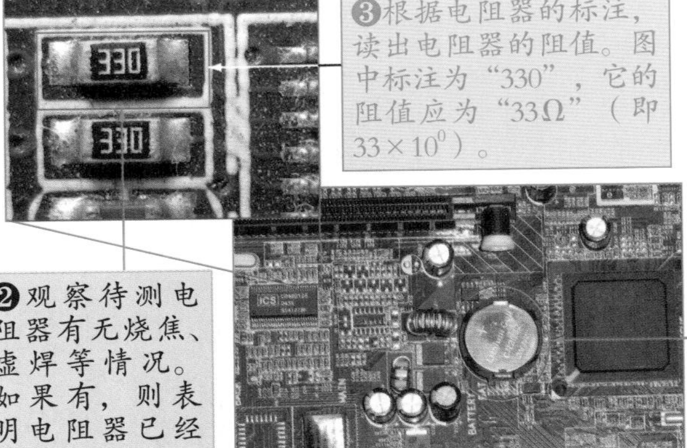

③根据电阻器的标注，读出电阻器的阻值。图中标注为"330"，它的阻值应为"33Ω"（即 33×10^0）。

②观察待测电阻器有无烧焦、虚焊等情况。如果有，则表明电阻器已经损坏了。

①先将计算机主板的电源断开，如果是检测主板 CMOS 电路中的电阻器，应该把电池也卸下。

④清洁电阻器的两端焊点，去除灰尘和氧化层。

⑤清洁完成后，开始准备测量。根据电阻器的标称阻值将数字万用表调到欧姆挡 200 量程。

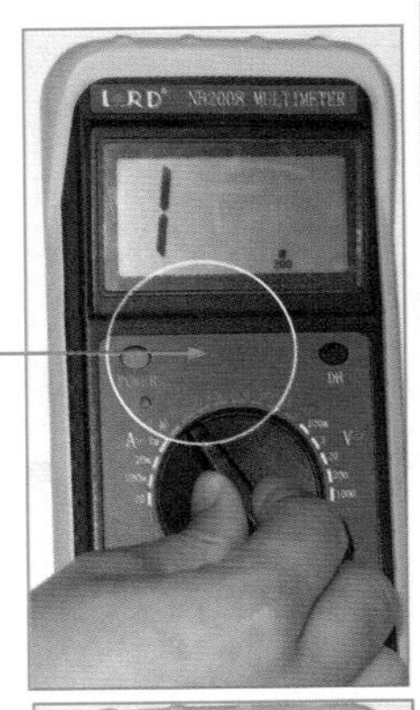

⑥将万用表的红、黑表笔分别搭在电阻器两端焊点处。

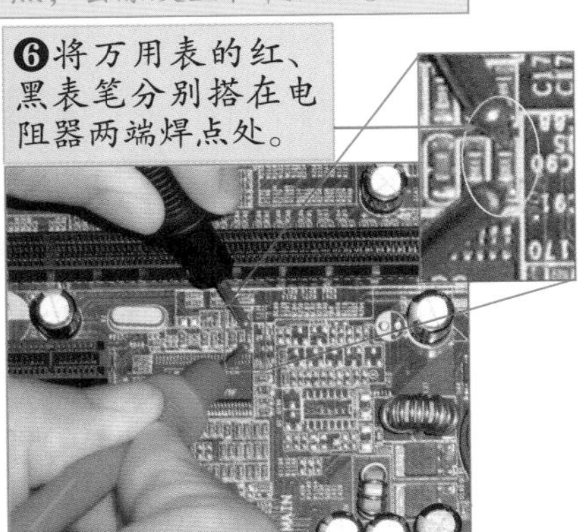

⑦观察万用表显示的数值，然后记录测量值 27.8。

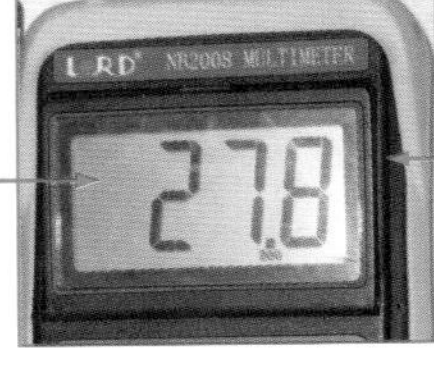

注意：万用表所设置的量程要尽量与电阻器标称值近似，如使用数字万用表，测量标称阻值为 100Ω 的电阻器，则最好使用 200 量程；若待测电阻的标称阻值为 60kΩ，则需要选择 200k 的量程。总之，所选量程与待测电阻器阻值尽可能相对应，这样才能保证测量的准确性。

图 2–15　贴片电阻器的检测方法

图 2-15　贴片电阻器的检测方法（续）

测量结论：比较两次测量的阻值，取较大的作为参考值，这里取“27.9”。由于 27.9Ω 与 33Ω 比较接近，因此可以断定该电阻器正常。

提示：如果测量的参考阻值大于被标称阻值，则可以断定该电阻器被损坏了；如果测量的参考阻值远小于标称阻值（即有一定阻值），此时并不能确定该电阻器是否被损坏，还可能是由于电路中并联有其他小阻值电阻器而造成的，这时就需要采用脱开电路板检测的方法进一步检测证实。

2.2.2　检测液晶显示器电路中的贴片排电阻器

贴片排电阻器的检测方法分为在路检测和开路检测两种，实际操作时一般都先采用在路检测，只有在路检测无法判断其好坏时，才采用开路检测。

测量液晶显示器电路中的贴片排电阻器的方法如图 2-16 所示。

图 2-16　贴片排电阻器的检测方法

❺将万用表的红、黑表笔分别搭在贴片排电阻器第二组的两个引脚的焊点上，测量的阻值为 9.99。

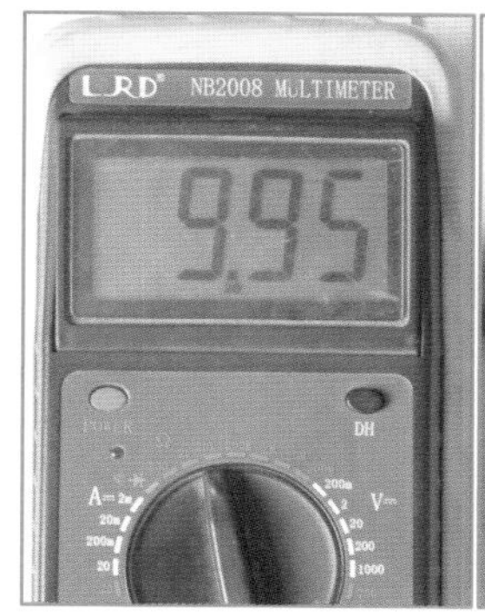

❻将万用表的红、黑表笔对调后，再次测量其阻值，测量的阻值为 9.95。

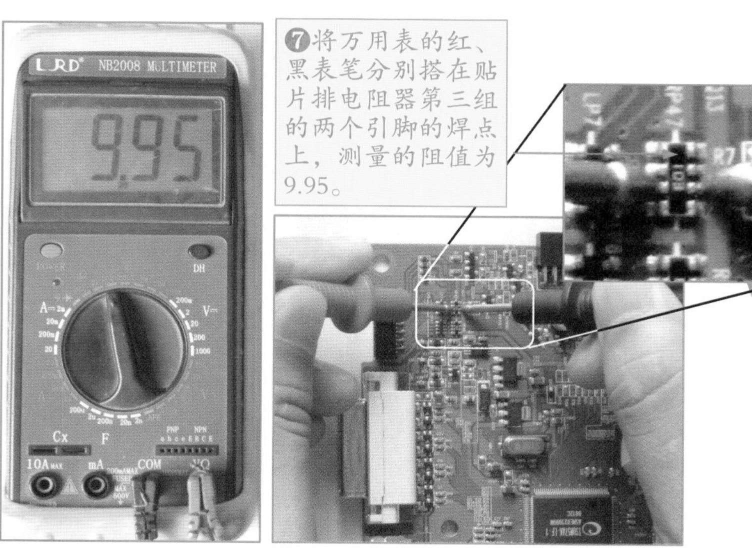

图 2-16　贴片排电阻器的检测方法（续）

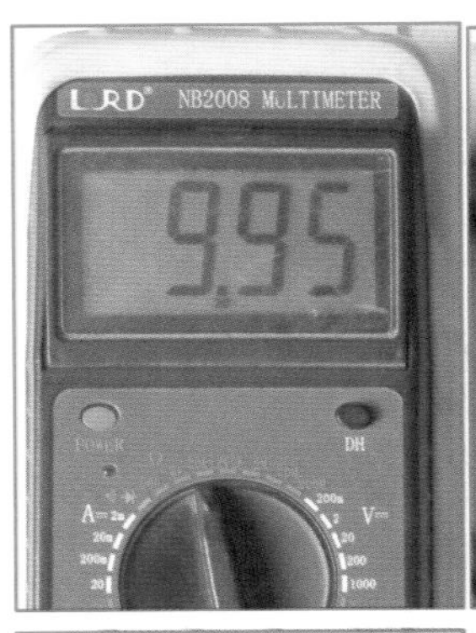

❽将万用表的红、黑表笔对调后，再次测量其阻值，测量的阻值为9.95。

❾将万用表的红、黑表笔分别搭在贴片排电阻器第四组的两个引脚的焊点上，测量的阻值为9.95。

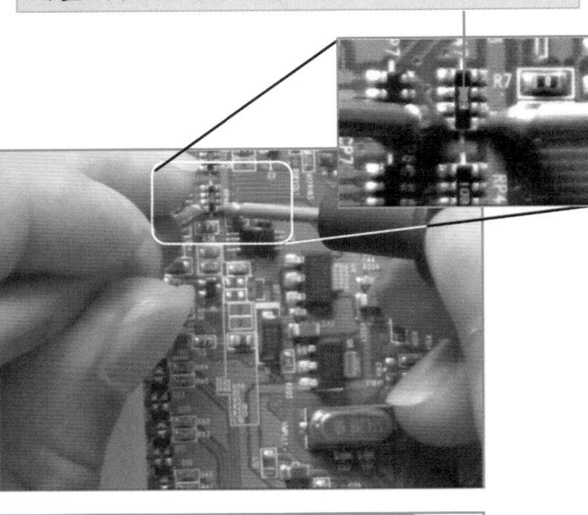

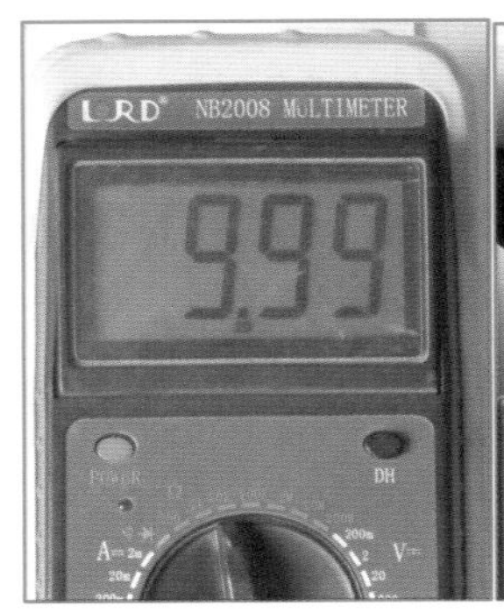

❿将万用表的红、黑表笔对调后，再次测量其阻值，测量的阻值为9.99。

图 2-16　贴片排电阻器的检测方法（续）

测量结论：这 4 次测量的结果分别为 9.95 kΩ、9.99 kΩ、9.95 kΩ、9.99 kΩ，与标称阻值 10 kΩ 相差不大，因此该贴片排电阻器可以正常使用。

2.2.3　检测开关电源板上的柱状固定电阻器

有些柱状固定电阻开路或阻值增大后其表面会有很明显的变化，比如裂痕、引脚断开或颜色变黑，此时通过直观检查法就可以确认其好坏。如果从外观无法判断好坏，则需要用万用表对其进行检测来判断其是否正常。用万用表测量电阻同样分为在路检测和开路检测两种方法。其中，开路测量一般将电阻器从电路板上取下或悬空一个引脚后对其进行测量。下面用开路检测的方法测量开关电源板上的柱状固定电阻器，如图 2–17 所示。

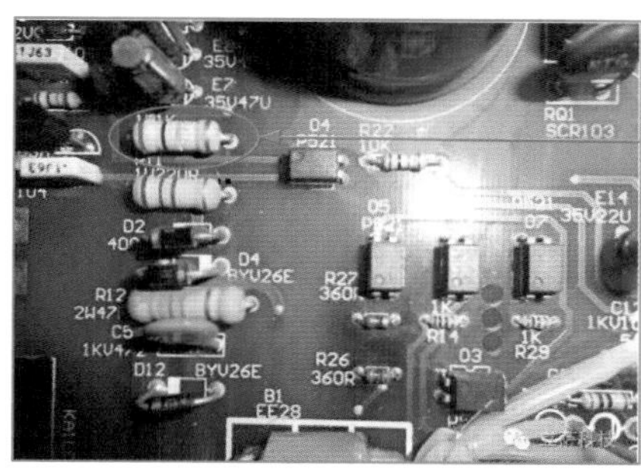

❶首先记录电阻器的标称阻值，本次开路测量的电阻器采用的是色标法。该电阻器的色环顺序为红黑黄金，即该电阻器的标称阻值为 200kΩ，允许偏差为 ±5%。

❷用电烙铁将电阻器从电路板上卸下来，也可以将其中一只引脚单独卸下。

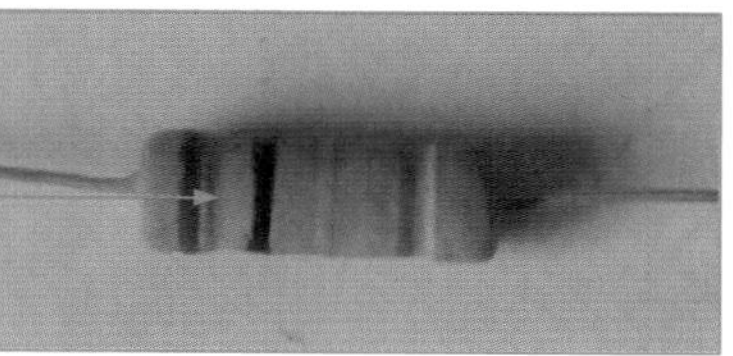

❸清理待测电阻器引脚的灰土，如果有锈渍，可以拿细砂纸进行打磨清理，否则会影响到检测结果。如果问题不大，拿纸巾轻轻擦拭即可。注意：擦拭时不可太过用力，以免将其引脚折断。

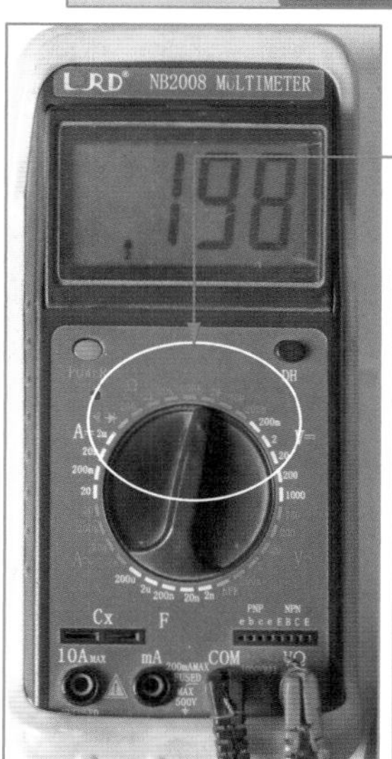

❹根据电阻器的标称阻值调节万用表的量程。因为被测电阻器为 200kΩ，允许偏差为 ±5%，测量结果可能比 200kΩ 大，所以应该选择欧姆挡为 2M 的量程进行测量。

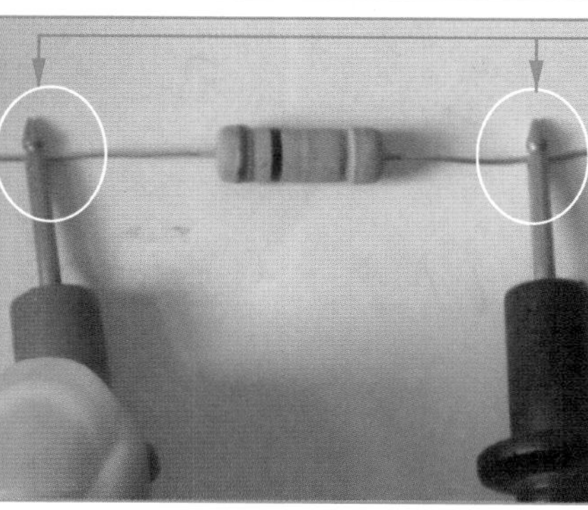

❺打开数字万用表电源开关，将万用表的红、黑表笔分别搭在电阻器两端的引脚处，不用考虑极性问题。在测量时人体一定不要同时接触两引脚，以免因和电阻器并联而影响测量结果。测量的数值为 0.198。

图 2–17　柱状固定电阻器的开路检测方法

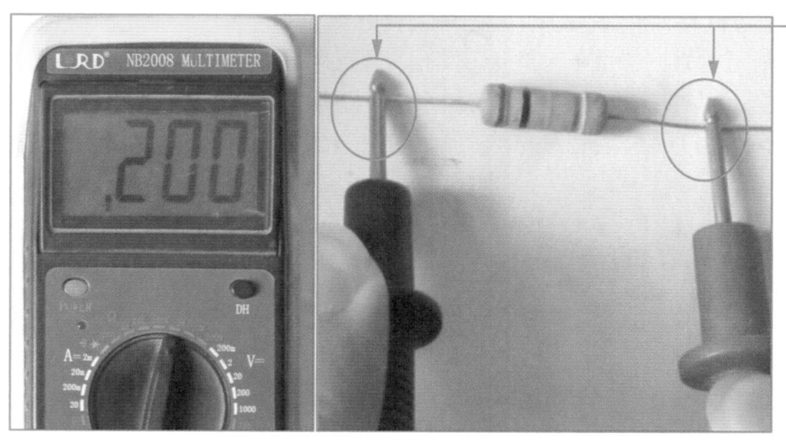

图 2-17　柱状固定电阻器的开路检测方法（续）

测量结论：取较大的数值作为参考，这里取 0.2，0.2MΩ=200kΩ。该值与标称阻值一致，因此可以断定，该电阻器可以正常使用。

2.2.4　检测计算机主板上的熔断电阻器

电路中的熔断电阻器一般有贴片熔断电阻器和直插式熔断电阻器。熔断电阻器的检测一般都采用在路检测，极少情况需要开路检测。下面讲解计算机主板上的贴片熔断电阻器的检测方法，如图 2-18 所示。

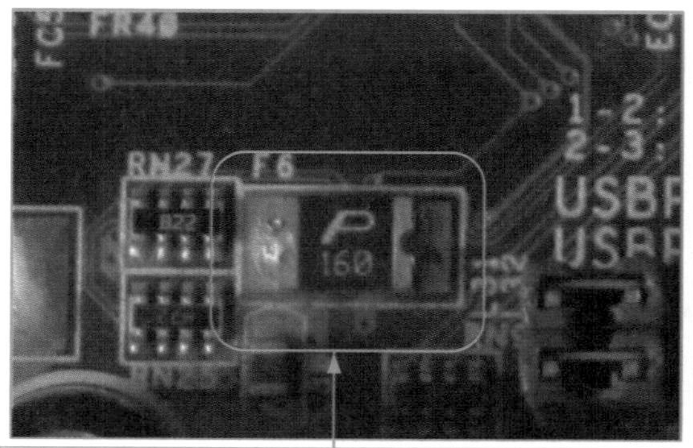

图 2-18　熔断电阻器的检测方法

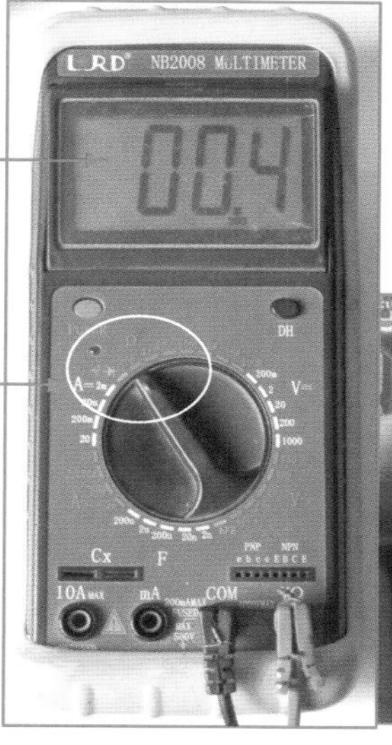

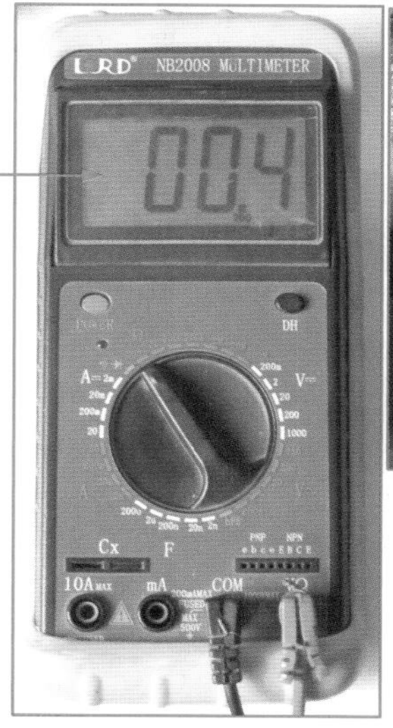

图 2-18　熔断电阻器的检测方法（续）

测量结论：两次测量结果均为 0.4Ω，与标称值 0Ω 非常接近，因此判断该熔断电阻器基本正常。

提示：如果两次测量熔断电阻器的阻值均为无穷大，则熔断电阻器已损坏；如果测量熔断电阻器的阻值较大，则需要采用开路测量进一步检测熔断电阻器的质量。

2.2.5　检测打印机电源电路板上的压敏电阻器

压敏电阻器主要用在电气设备交流输入端，用作过压保护。当输入电压过高时，它的阻值将减小，使串联在输入电路中的熔断管熔断，切断输入，从而保护电气设备。

压敏电阻器损坏后其表面会有很明显的变化，比如颜色变黑等，此时通过直观检查法就可以确认其好坏。如果从外观无法判断好坏，则需要用万用表对其进行检测。我们以打印机电源电路板上的压敏电阻器为例，讲解其检测过程，如图 2–19 所示。

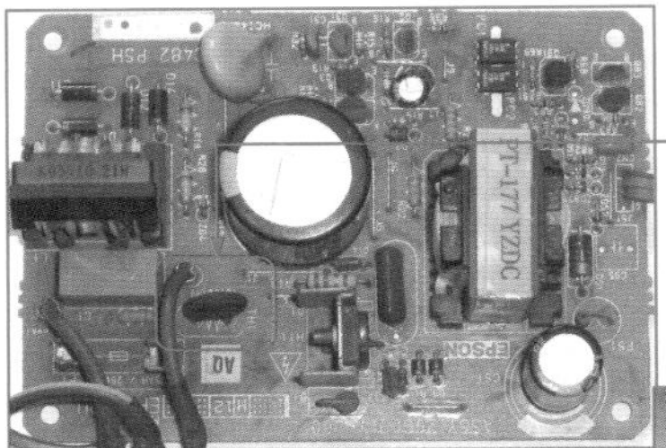

❶将打印机电路板的电源断开，观察压敏电阻器损坏有无烧焦发黑、开裂、引脚断裂或虚焊等情况。如果有，则表明压敏电阻器已损坏。

❷清洁压敏电阻器的两端焊点，去除灰尘和氧化层。

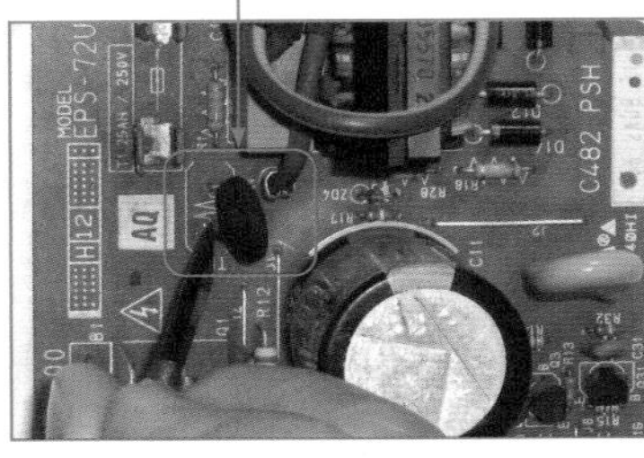

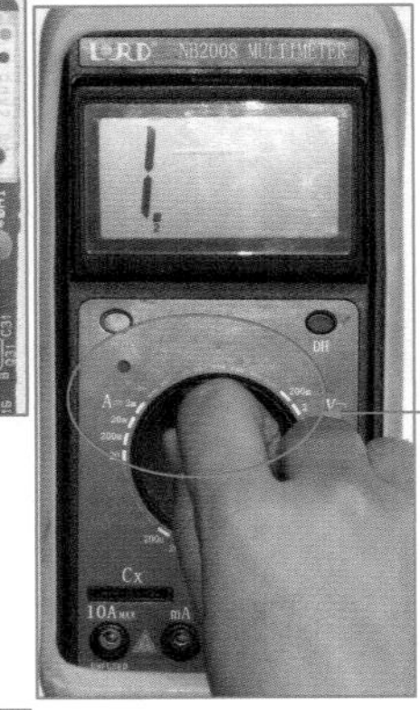

❸准备测量。将数字万用表调到欧姆挡 200 量程。

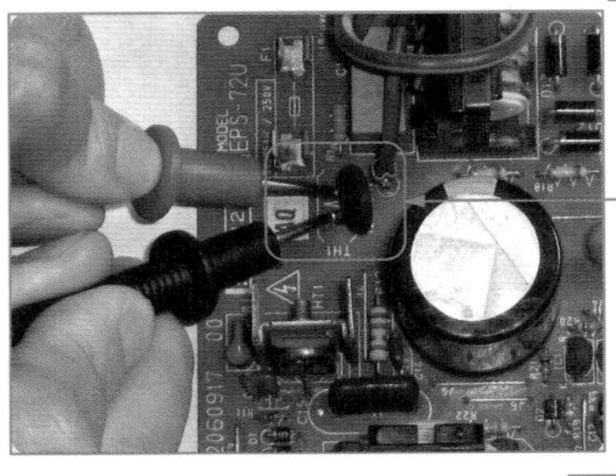

❹将万用表的红、黑表笔分别搭在压敏电阻器两端焊点处，观察万用表显示的数值，然后记录测量值。

❺记录测量值为 0.01。将两表笔对调，再次进行测量，测量的阻值也为 0.01。

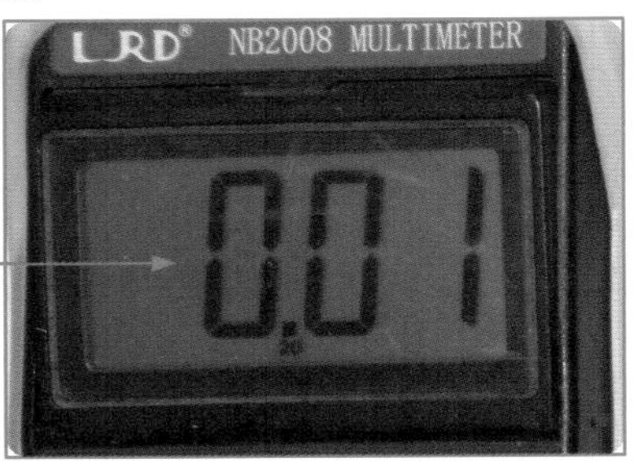

图 2–19　压敏电阻器的检测方法

测量结论：由于 0.01Ω 接近于 0Ω，因此可以判断此压敏电阻器正常。

2.2.6　检测 CPU 控制电路中的热敏电阻器

计算机主板中的热敏电阻器通常位于 CPU 插座附近，用来检测 CPU 的工作温度，此热敏电阻器一般为 NTC 热敏电阻器。检测此热敏电阻器时，需要同时给电阻器加热，同时观察电阻器阻值的变化。CPU 控制电路中热敏电阻器的测量方法如图 2–20 所示。

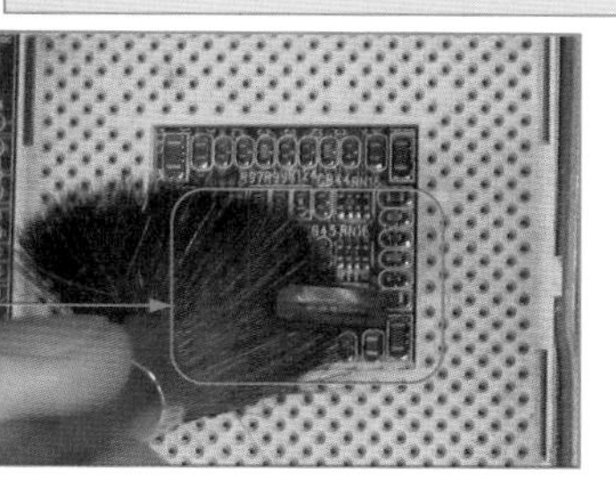

图 2–20　热敏电阻器的检测方法

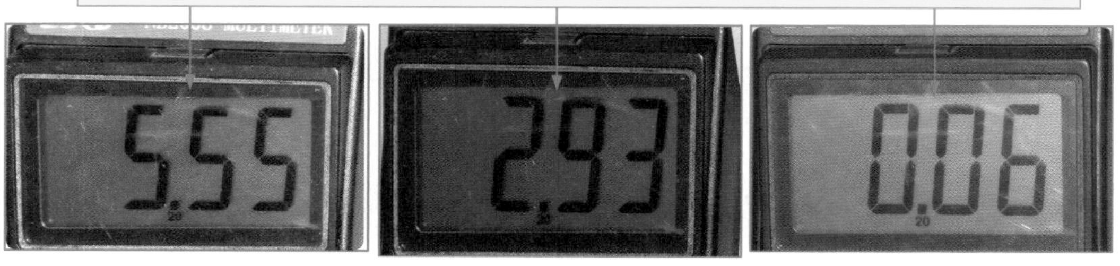

图 2-20 热敏电阻器的检测方法（续）

测量结论：由于常温下测量的热敏电阻器的阻值比温度升高后的阻值大，就表明该 NTC 热敏电阻器工作正常。

提示：如果在温度升高后所测得的热敏电阻器的阻值与正常温度下所测得的阻值相等或相近，则说明该热敏电阻器的性能失常；如果待测热敏电阻器工作正常，并且在正常温度下测得的阻值与标称值相等或相近，则说明该热敏电阻器无故障；如果在正常温度下测得的阻值趋近于 0 或趋近于无穷大，则可以断定该热敏电阻器已损坏。

2.3 电阻器检测经验总结

电阻器检测经验总结如下：

（1）电阻器的两个主要故障是内部短路和断路，当电阻器内部短路时，其阻值为 0，当电阻器内部断路时，其阻值为无穷大。因此在检测电阻器时，可以先用数字万用表的蜂鸣挡进行初测，如果阻值为 0 或无穷大，就说明电阻器已损坏。

（2）在测量电阻器阻值时，应先根据被测电阻标称阻值来选择万用表量程，然后将两表笔分别与电阻的两引脚相接测出实际电阻值。再根据电阻器的误差等级计算出误差范围，接着将电阻器的实测值与标称阻值进行对比。若实测值大于标称值，则说明该电阻已经不能继续使用了，若仍在误差范围内，则说明该电阻仍可继续可用。

（3）在检测熔断电阻器时，如果两次测量的阻值均为无穷大，则说明该熔断电阻器已损坏；如果测量熔断电阻器的阻值较大，则需要采用开路测量进一步检测熔断电阻器的质量。

看图检修电路中的电位器

电位器的主要用途是在电路中用作分压器或变阻器，用来调节电压和电流的大小。电位器在收音机、音箱、功放及一些控制设备中应用广泛，接下来本章将通过实例来讲解电路板中电位器的检修方法。

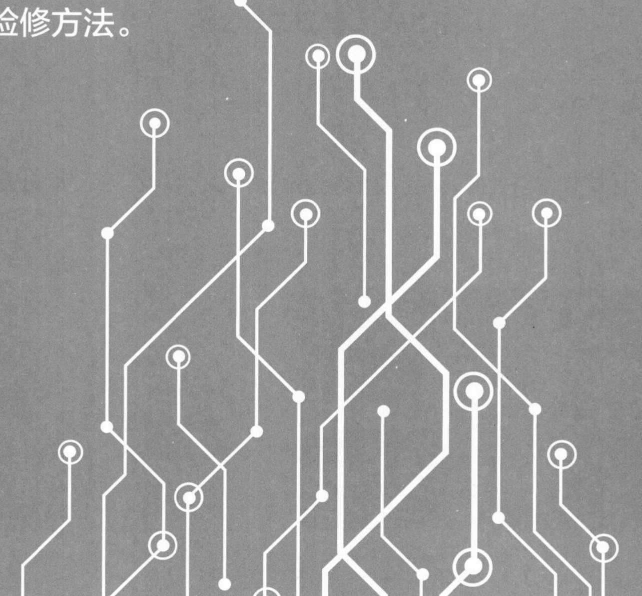

3.1 看图识电气设备中的电位器

日常使用的各种电气设备的电路板中有各种各样的电位器，根据电位器的种类不同，其外形也不一样。下面我们来辨识一下电路板中各式各样的电位器及电位器的符号和标注。

3.1.1 从电路板中识别电位器

电位器的种类很多，常见的电位器包括直滑式电位器、线绕电位器、合成碳膜电位器、实芯电位器、金属膜电位器、单联电位器和双联电位器等。下面我们在电路板中分别认识一下它们。

1. 直滑式电位器

直滑式电位器是一种采用直接滑动方式改变阻值大小的电位器，一般用于对音量的控制。图 3–1 所示为直滑式电位器。

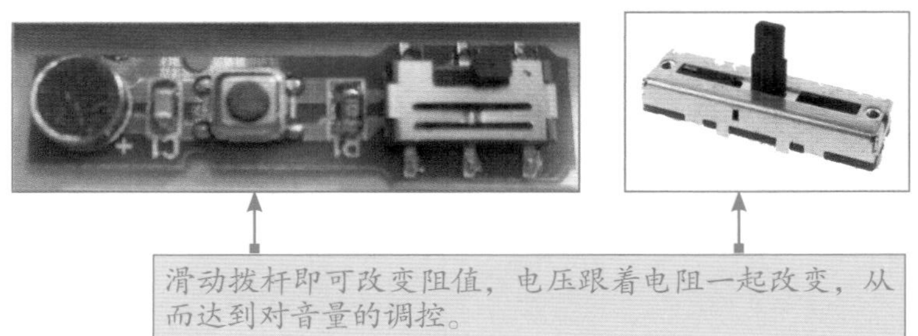

滑动拨杆即可改变阻值，电压跟着电阻一起改变，从而达到对音量的调控。

图 3–1　直滑式电位器

2. 线绕电位器

线绕电位器是用康铜丝和镍铬合金丝绕在一个环状支架上制成的。图 3–2 所示为线绕电位器。

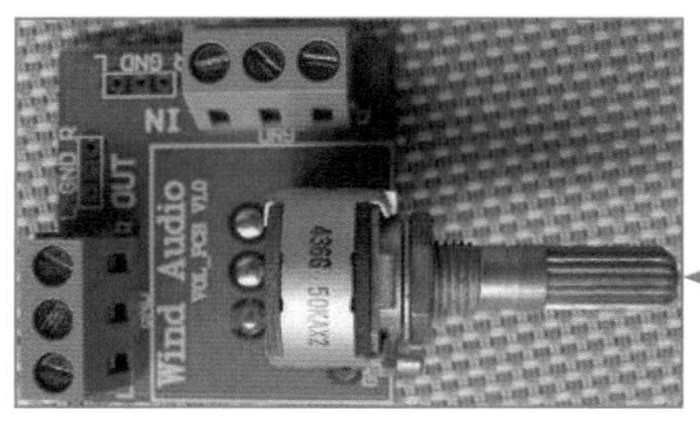

线绕电位器用途广泛，可制成普通型、精密型和微调型电位器，且额定功率做得比较大，电阻的温度系数小、噪声低、耐高压、稳定性好。

图 3–2　线绕电位器

3. 合成碳膜电位器

合成碳膜电位器是目前使用最多的一种电位器，其电阻体是用炭黑、石墨、石英粉、有机黏合剂等配制的悬浮液，涂在胶纸板或纤维板上制成的。外形如图 3–3 所示。

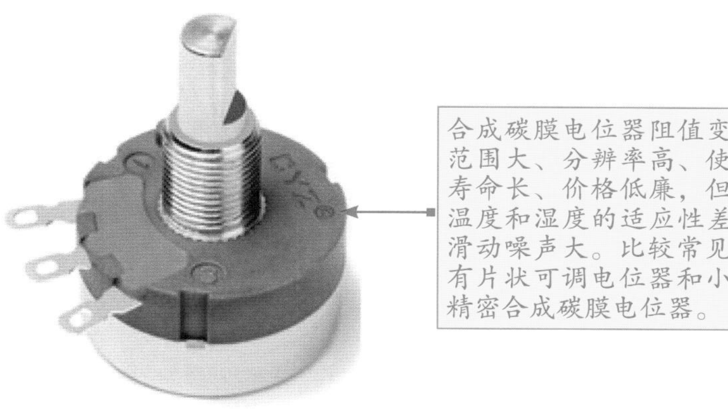

合成碳膜电位器阻值变化范围大、分辨率高、使用寿命长、价格低廉，但对温度和湿度的适应性差、滑动噪声大。比较常见的有片状可调电位器和小型精密合成碳膜电位器。

图 3–3　合成碳膜电位器

4. 实芯电位器

实芯电位器中比较常见的是有机实芯电位器，它是用石英粉、炭黑、石墨、有机黏合剂等材料混合加热后压在塑料基体上，再经加热聚合制成的，其外形如图 3–4 所示。

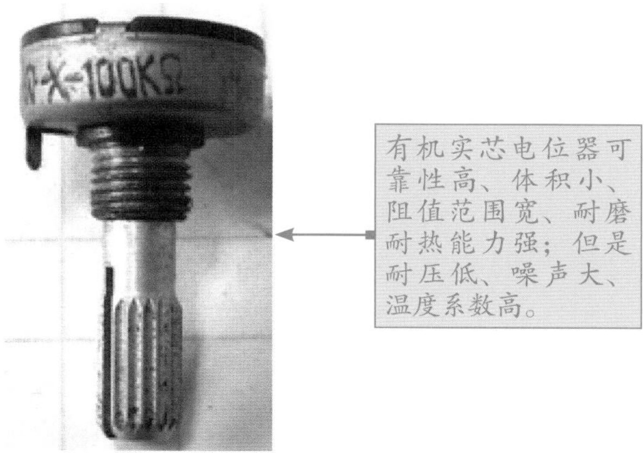

有机实芯电位器可靠性高、体积小、阻值范围宽、耐磨耐热能力强；但是耐压低、噪声大、温度系数高。

图 3–4　实芯电位器

5. 金属膜电位器

金属膜电位器的电阻体是用金属合金膜、金属复合膜、金属氧化膜、氧化钽膜材料通过真空技术沉积在陶瓷基体上制成的。图 3–5 所示为常见的金属膜电位器。

金属膜电位器具有分辨率高、耐高温、平滑性好、温度系数小、噪声小等优点；但它的阻值范围变换较窄，价格较贵，耐磨性也不是很好。

图 3-5　常见的金属膜电位器

6. 单联电位器与双联电位器

单联电位器由一个独立的转轴控制一组电位器，如图 3-6 所示。双联电位器通常是将两个规格相同的电位器装在同一转轴上，在调节转轴时，两个电位器的滑动触点同步转动，也有部分双联电位器为异步异轴，如图 3-7 所示。

单联电位器一般用于控制单声道收音设备中。

图 3-6　单联电位器

双联电位器一般用于高级收音机、电视机、录音机中的音量控制。

图 3-7　双联电位器

3.1.2　电位器的图形符号与文字符号

电位器是电子电路中最常用的电子元件之一，一般用字母“RP”表示。在电路图中，电位器的电路图形符号如图 3-8 所示。

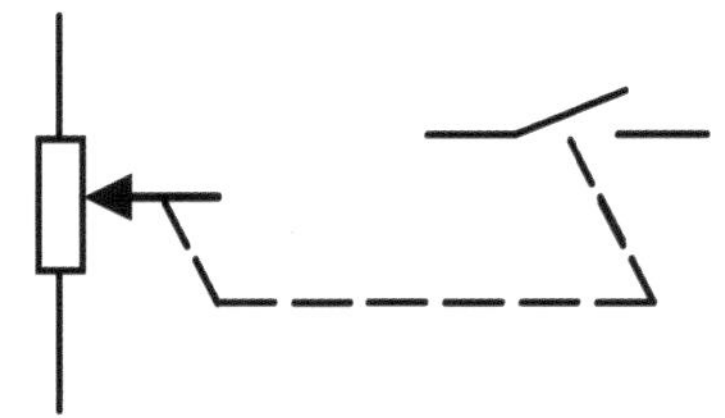

（a）表示带开关的电位器符号

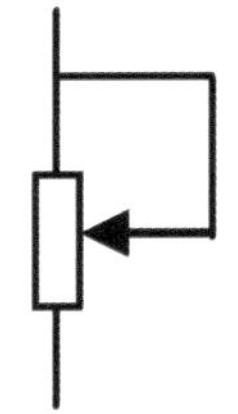

（b）作为可变电阻器使用的电位器符号

图 3-8　电位器图形符号

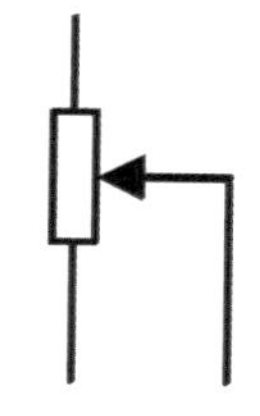

（c）普通电位器符号

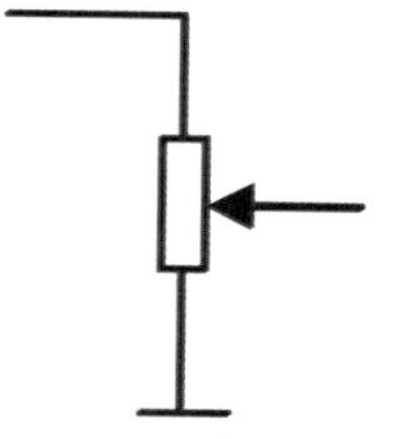

（d）双口电位器符号

图 3-8　电位器图形符号（续）

3.1.3　电位器的标注规则

电位器的标注一般都采取直标法，用字母和数字直接标注在电位器上。标注的内容一般有电位器的型号、标称阻值和额定功率等，有时还将电位器的输出特性的代号（其中，Z 表示指数、D 表示对数、X 表示线性）标注出来。如图 3-9 所示，该电位器采用直标法分别标出了电位器的型号和标称阻值。

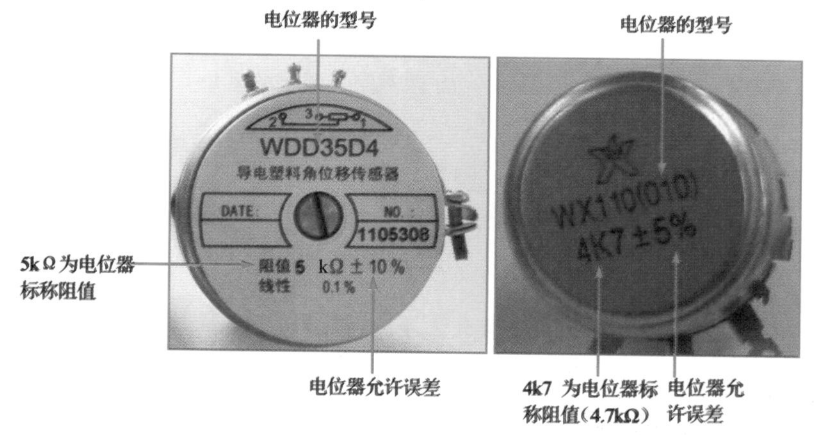

图 3-9　电位器的直标法

3.2 电位器的检修方法

通过前面内容的学习，读者已对电位器有了一个基本了解。接下来通过实战案例来讲解使用万用表检测各种电位器的方法。

3.2.1　用指针万用表检测电位器

开路法检测电位器是指将电位器从电路板中拆下，然后进行检测的方法。该方法的优点是可以排除电路板上其他元器件对测量造成的影响，只是操作起来比较麻烦。

开路法检测电位器的具体方法如图 3–10 所示。

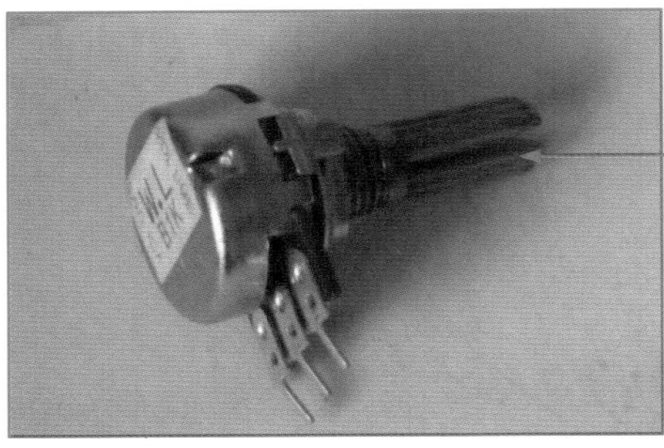

❶观察电位器的外观，看其是否有焦黑、虚焊、引脚断裂等明显损坏。经检查本次检测的电位器外观基本正常。

❷用纸巾对电位器的各引脚进行擦拭清洁，以保证测量的准确性。

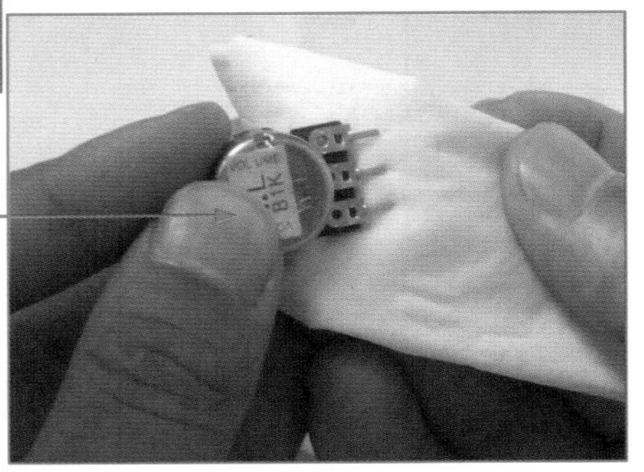

❸根据电位器的标称阻值，选择 R×100 挡位，并调零；然后将万用表的红、黑表笔分别搭在电位器两个定片的引脚上（无极性限制），测得阻值为 9.8×100Ω，与最大标称阻值基本接近。但此时，还不能说明该电位器真的就没有问题，还需要进一步测量。

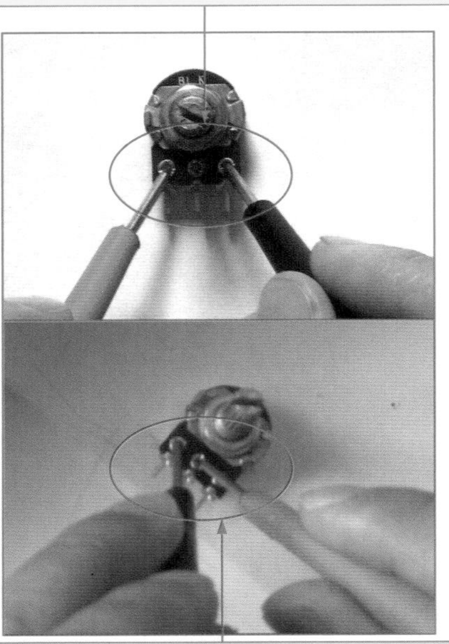

❹将电位器上的转柄转向其中一端直至不能转动，此时测量定片与动片之间的阻值为 9.98×100Ω 或为 0Ω。将黑表笔接在电位器的任意一个定片引脚上，将红表笔接在电位器的动片引脚上(中间的引脚)，测得此时的阻值为 9.98×100Ω。

图 3–10　电位器的检测方法

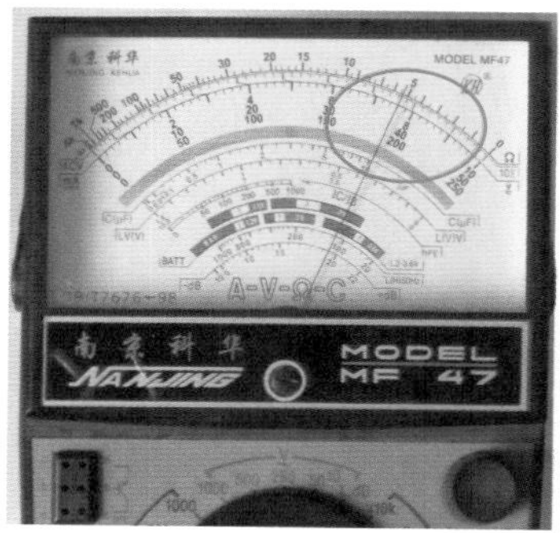

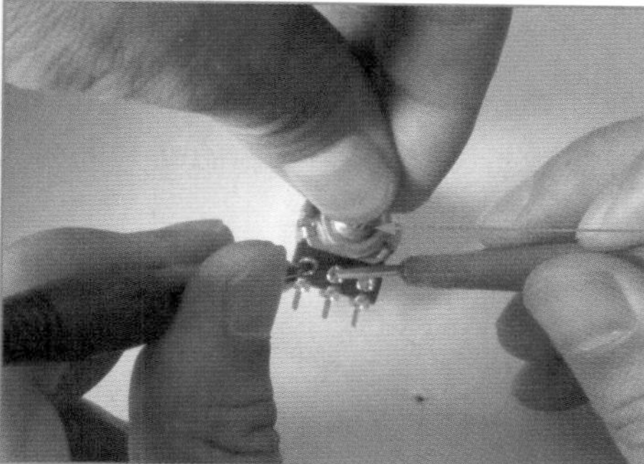

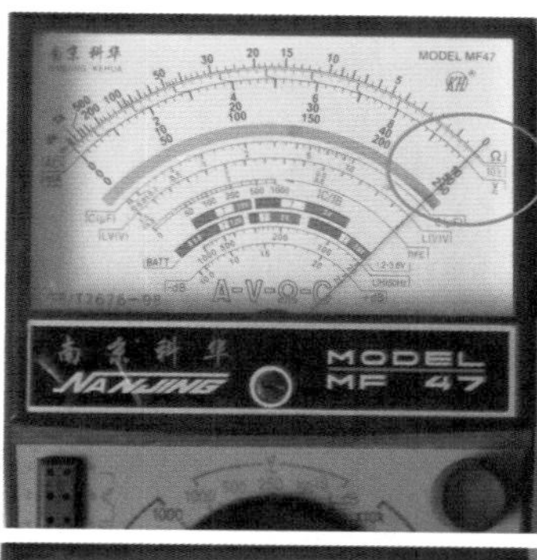

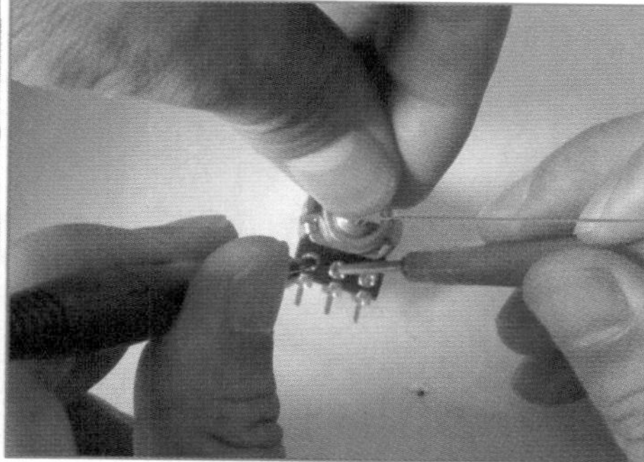

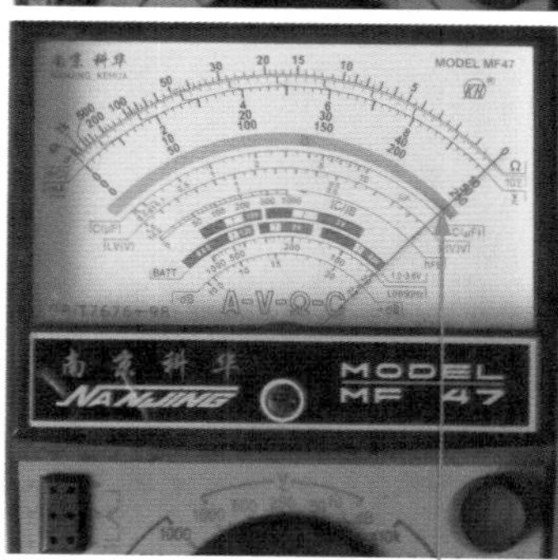

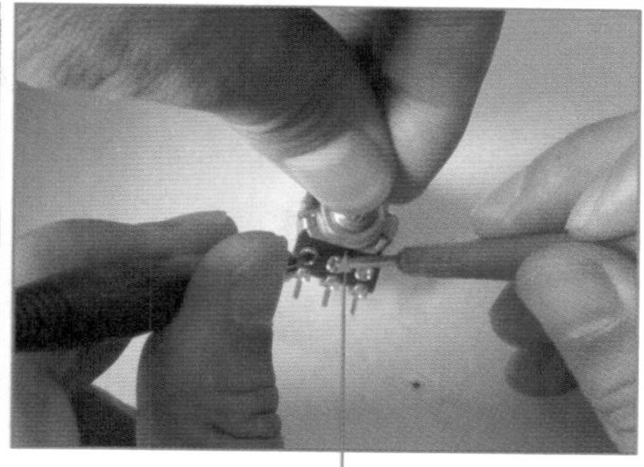

图 3-10　电位器的检测方法（续）

测量结论：由于电位器动片与定片间的最大阻值为 0.98kΩ，与电位器的额定阻值十分接近，动片与定片间的最小阻值为 0，且旋动转轴时阻值呈一定规律变动，因此判断此电位器工作基本正常。

提示：在转动转柄时，还应注意阻值是否会随转柄的转动而灵敏的变化，如果阻值的变化需要往复多次才能实现，则说明电位器的动片与定片之间存在接触不良的情况。

3.2.2 用数字万用表检测电位器

使用数字万用表检测电位器的方法如图 3–11 所示。

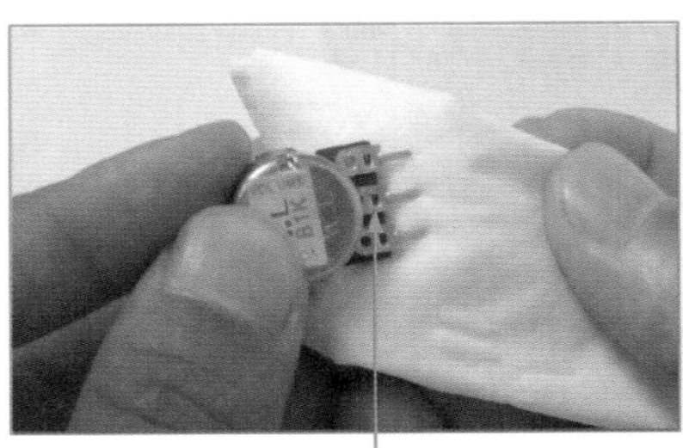

❶观察电位器的外观，确认其没有焦黑、虚焊、引脚断裂等明显损坏现象。然后用纸巾对电位器的各引脚进行清洁，以保证测量的准确性。

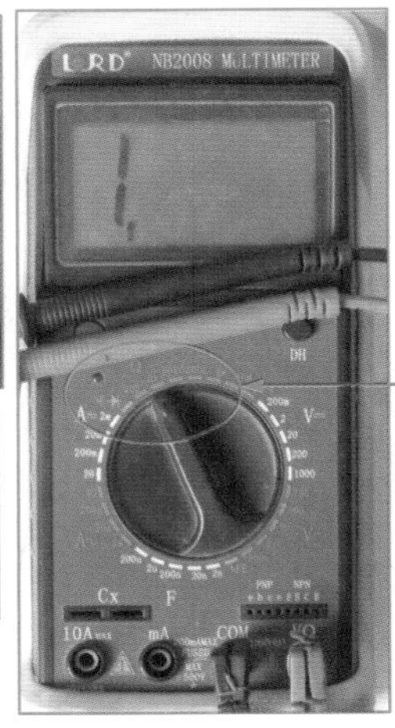

❷根据电位器的标称阻值选择适当的挡位。本次测量的电位器标称阻值为 1 kΩ，因此选择数字万用表的 2 k 挡，并将红表笔插进 VΩ 孔，黑表笔插进 COM 孔。

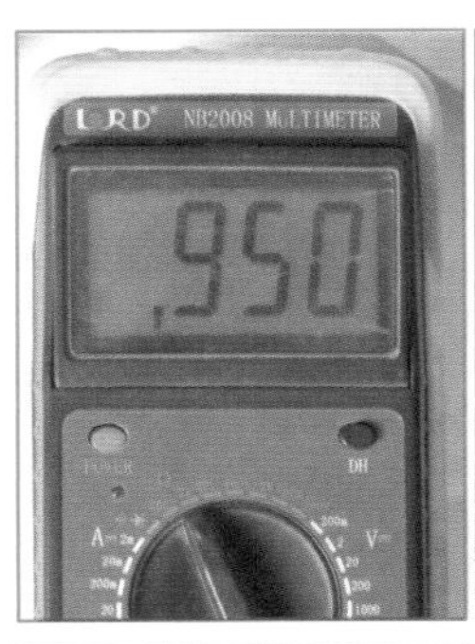

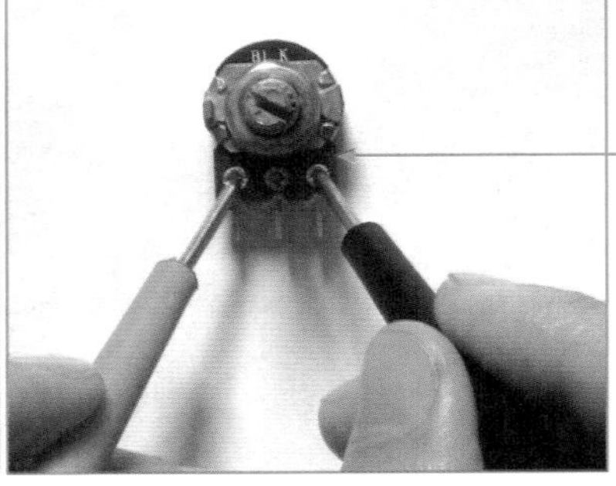

❸将万用表的红、黑表笔分别搭在电位器两个定片的引脚上（无极性限制），测得阻值为 950Ω，与最大标称阻值基本接近。但此时，还不能说明该电位器真的就没有问题，还需要进一步测量。

❹将电位器上的转柄转向其中一端直至不能转动。此时测量定片与动片之间的阻值为 9.50×100Ω 或为 0Ω。将黑表笔接在电位器的任意一个定片引脚上，将红表笔接在电位器的动片引脚上（中间的引脚），测得此时的阻值为 3Ω。在理论上，此次测量的阻值应为 0，但是在没有绝对精确的测量下，3Ω 相对于 950Ω 来讲，已经很接近于 0 了。因此此次测量结果基本可靠。

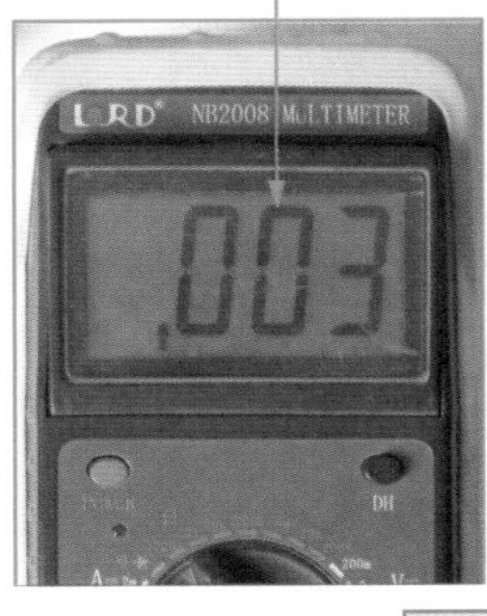

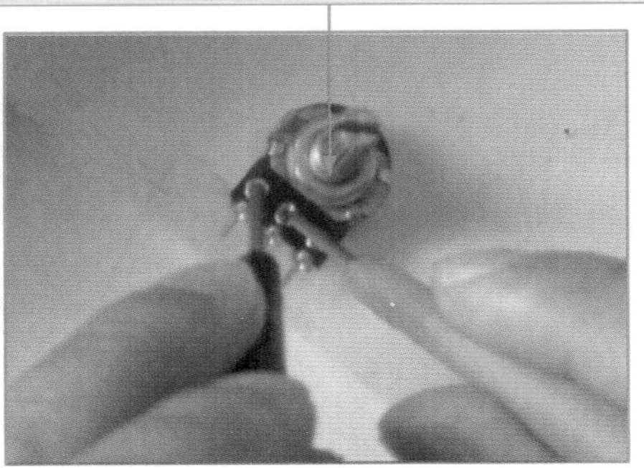

图 3–11　电位器的检测方法

❺向另一端旋转旋钮，发现此时阻值在逐渐增大，直到旋钮转到另一端阻值增大到 950Ω。

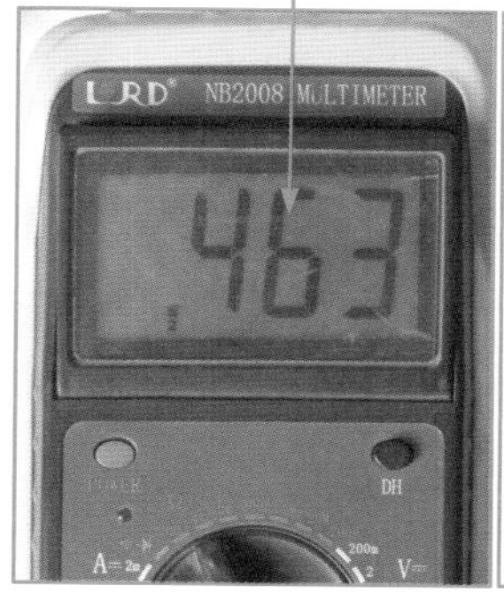

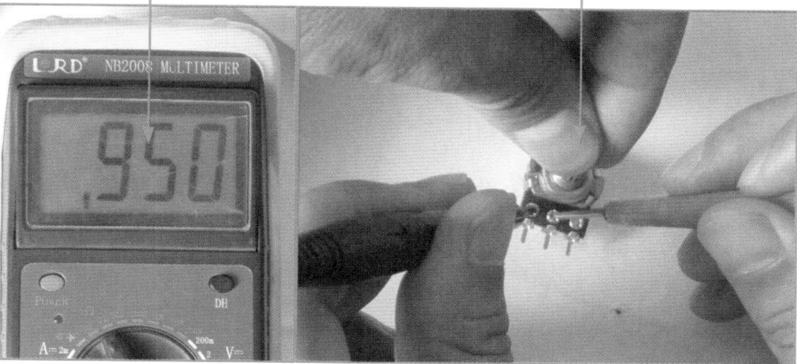

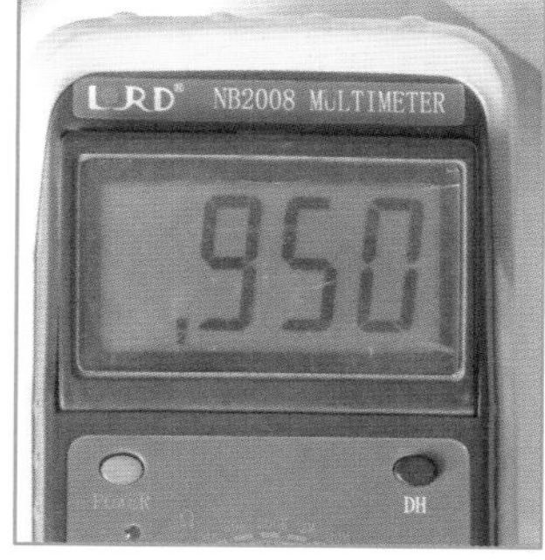

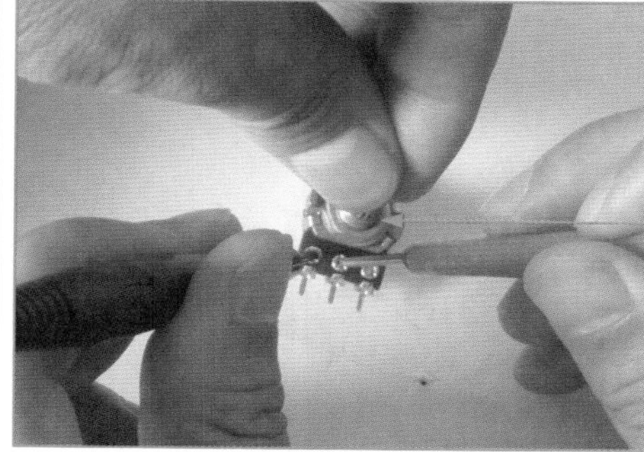

❻按相反方向旋动转柄直至无法转动，此时万用表显示的阻值又由 950Ω 减小到 3Ω。

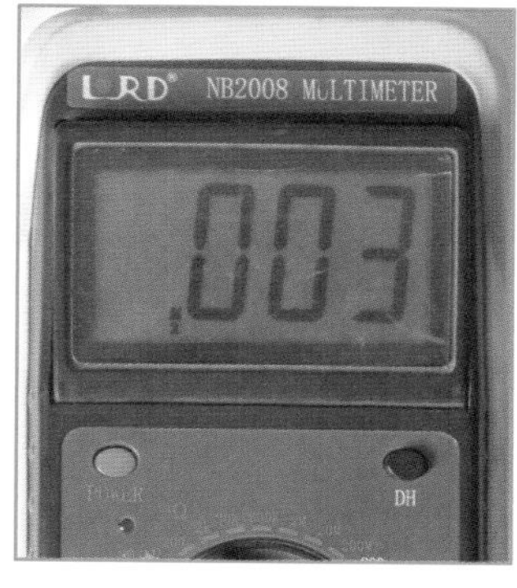

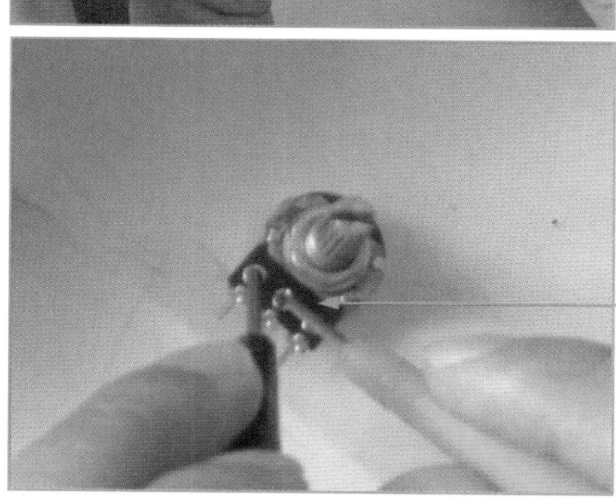

图 3-11　电位器的检测方法（续）

测量结论：由于电位器动片与定片间的最大阻值为 0.95kΩ，与电位器的额定阻值十分接近，动片与定片间的最小阻值为 3Ω，接近于 0，且旋动转轴时阻值呈一定规律变动，因此判断此电位器基本正常。

注意：在转动转柄时，同样应观察阻值是否会随转柄的转动而灵敏的变化。如果阻值的变化需要往复多次才能实现，则说明电位器的动片与定片之间存在接触不良的情况。

3.3 电位器检测经验总结

电位器检测经验总结如下：

（1）对于电位器的接触不良问题，可以先拆开外壳检查一下磨损的程度。如果只是由于轻度磨损造成的接触不良，可用无水酒精、四氯化碳将碳膜擦洗干净，然后适当调整滑臂在碳膜上的压力即可继续使用。

（2）由引脚内部断路或电阻体烧坏而造成开路的电位器，一般很难修理，可采用直接更换的方法解决故障问题。

（3）在测量电位器时，不但需要测量电位器的最大阻值，还要测量电位器的旋钮在旋转时的电阻值，看看阻值是否变化才能判断电位器的好坏。

（4）对于带开关的电位器，首先用检测普通电位器的方法对电位器主体进行监测，经过以上检测后还应对开关进行检测。选用万用表的 R×1 挡，将两支表笔分别接在电位器开关的两个外接焊片上。接通开关，此时万用表显示的阻值应由无穷大变为零；断开开关后，阻值会由零变回无穷大；否则，说明电位器的开关已损坏。

看图检修电路中的电容器

电容器是在电路中应用最广泛的元器件之一。其由两个相互靠近的导体极板中间夹一层绝缘介质构成，是一种重要的储能元件。本章将通过实例来讲解电路板中电容器的检修方法。

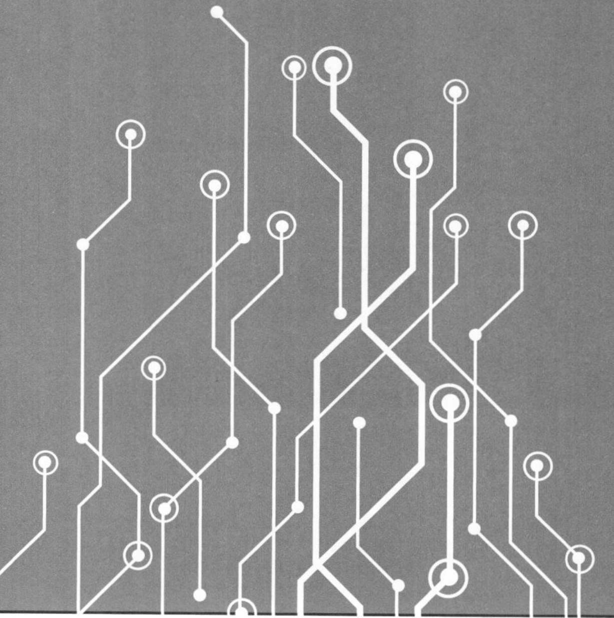

看图识电气设备中的电容器

各种电气设备的电路板中有各种各样的电容器，根据电容器的种类不同，其外形也不一样。下面我们来辨识一下电路板中各式各样的电容器及电容器的符号和标注。

4.1.1 从电路板识别各种电容器

电路板中常用的电容器包括贴片电容器、铝电解电容器、瓷介电容器、固态电容器、陶瓷电容器、安规电容器、独石电容器、纸介电容器等。

1. 贴片电容器

贴片电容器是电路板上应用数量较多的一种元件，形状为矩形，颜色有黄色、青色和青灰色，以半透明浅黄色者为常见（陶瓷电容器）。容量在皮法级的小容量电容体上一般无标识，容量在微法级的电容体上才有标识。电容器又分为有极性电容器和无极性电容器，如图 4-1 所示。

有极性电容器的正极符号

有极性贴片电容器也就是平时所称的电解电容器，由于其紧贴电路板，所以要求温度稳定性较高。贴片电容器以钽电容为多，根据其耐压不同，贴片电容器又可分为 A、B、C、D 四个系列，A 类封装尺寸为 3216，耐压为 10V；B 类封装尺寸为 3528，耐压为 16V；C 类封装尺寸为 6032，耐压为 25V；D 类封装尺寸为 7343，耐压为 35V。

在无极性电容器中，0805、0603 两类封装最为常见。其中，08 表示长度是 0.08 英寸[①]、05 表示宽度为 0.05 英寸。

图 4-1 贴片电容器

① 1 英寸≈ 2.54 厘米

2. 铝电解电容器和瓷介电容器

铝电解电容器是由铝圆筒作为负极，里面装有液体电解质，插入一片弯曲的铝带作为正极而制成的。电解电容器是一种低频电容器，容量越大的电解电容器其高频特性越差。

瓷介电容器以陶瓷为介质，其是由涂覆金属薄膜经高温烧结而制成电极，再在电极上焊上引出线，外表涂以保护磁漆，或用环氧树脂及酚醛树脂包封制成。图 4–2 所示为电路板中的铝电解电容器和瓷介电容器。

铝电解电容器的特点是容量大、漏电大、稳定性差，适用于低频或滤波电路，有极性限制，使用时不可接反。

瓷介电容器高频特性好，电容损耗小，稳定性好且耐高温，温度系数范围宽，且价格低、体积小，但电容值最大只能为 0.1μF。

图 4–2　电路板中的铝电解电容器和瓷介电容器

3. 固态电容器和陶瓷电容器

固态电容器全称为固态铝质电解电容器，它与普通电容器（即液态铝质电解电容器）的最大差别在于采用了不同的介电材料，液态铝电容器的介电材料为电解液，而固态电容器的介电材料则为导电性高的分子材料。

陶瓷电容器用高介电常数的电容器陶瓷挤压成圆管、圆片或圆盘作为介质，并用烧渗法将银镀在陶瓷上作为电极而制成。

图 4–3 所示为电路板中的固态电容器和陶瓷电容器。

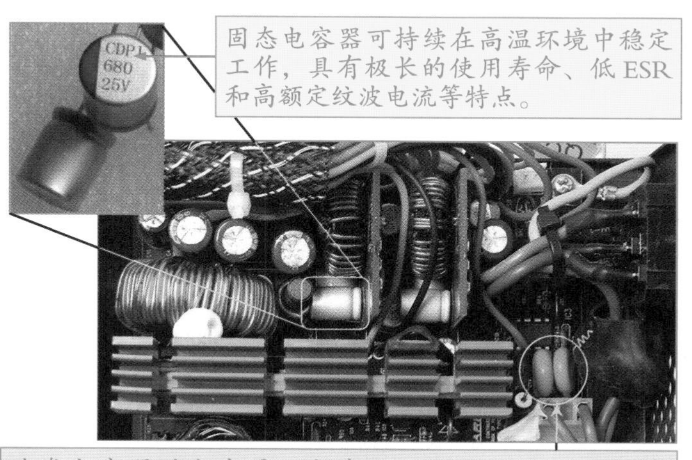

陶瓷电容器的电容量一般在 10pF~4.7μF，额定电压在 50~500V。

图 4–3　电路板中的固态电容器和陶瓷电容器

4. 安规电容器和独石电容器

安规电容器是指在电容器失效后，不会导致电击，不危及人身安全。安规电容器通常用于抑制电源电磁干扰，因此它们多用在电源电路的抗干扰电路中，起到电源滤波作用。

独石电容器属于多层片式陶瓷电容器，它具有一个多层叠合的结构，是多个简单平行板电容器的并联体。独石电容器广泛应用于各种小型电子设备的谐振、耦合、滤波、旁路电路等。图 4-4 所示为电路板中的安规电容器和独石电容器。

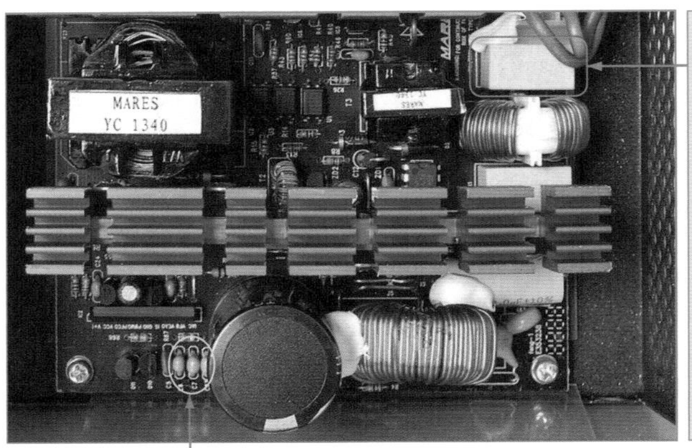

图 4-4　电路板中的安规电容器和独石电容器

5. 纸介电容器

纸介电容器是由厚度很薄的纸作为介质，铝箔作为电极，经过掩绕、浸渍，用外壳封装或环氧树脂灌封组成的电容器。纸介电容器属于无极性固定电容器，外形如图 4-5 所示。

图 4-5　纸介电容器

4.1.2　电容器的图形符号和文字符号

电容器是电子电路中最常用的电子元件之一，一般用“C”文字符号表示。电容器的电路图形符号如图 4–6 所示；电路图中的电容器如图 4–7 所示。

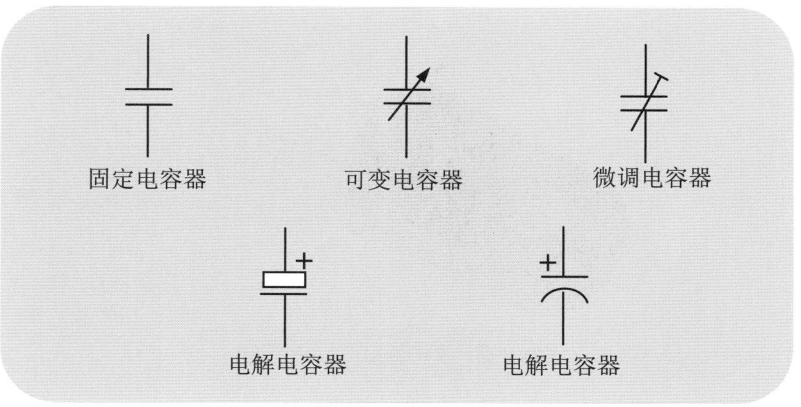

图 4–6　电容器图形符号

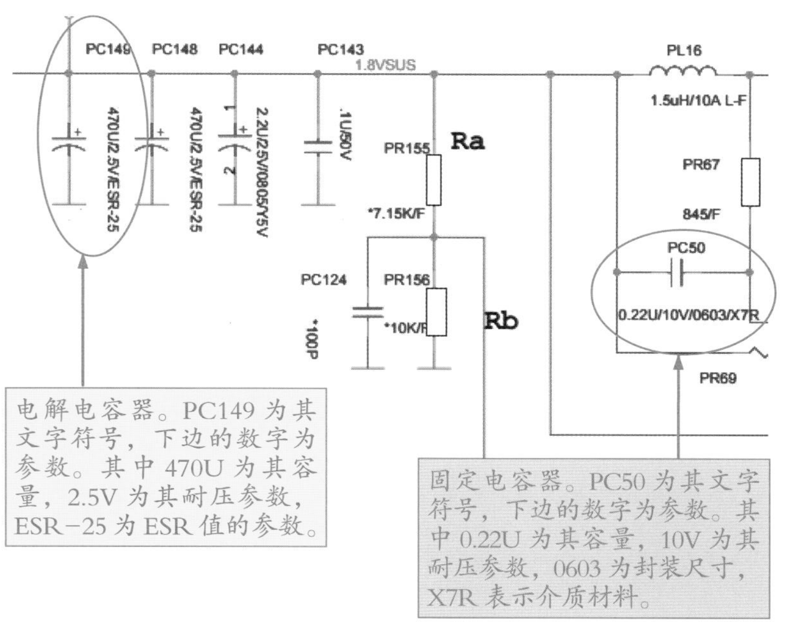

图 4–7　电路图中的电容器符号

4.1.3　读识电容器上的标注

电容器的参数标注方法主要有直标法、数标法、数字符号法和色标法四种。

1. 直标法电容器读识

直标法就是用数字或符号将电容器的有关参数（主要是标称容量和耐压）直接标识在电容器的外壳上，这种标注法常见于电解电容器和体积稍大的电容器上。直标法的标注方法如图 4–8 所示。

电容器上标注为 68μF 400V，表示容量为 68μF，耐压为 400V。

有极性电容器，在负极引脚端会有负极标识“–”，通常负极端颜色和其他地方的不同。

图 4–8　直标法的标注方法

2. 数标法电容器读识

数标法电容器是指用数字和字母标注的电容器，其标注方法如图 4–9 所示。

贴片钽电容器读识：107 表示 10×10^{7} = 100000000pF=100μF，16V 为耐压参数。

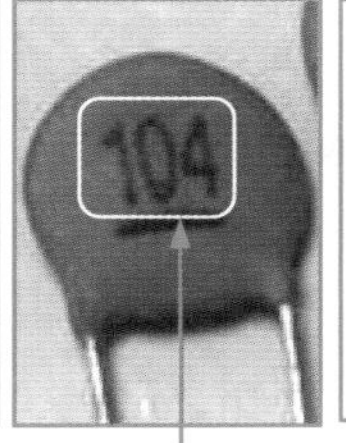

常采用三位数进行标注，前两位数表示有效数，第三位数表示倍幂，单位为 pF。如：104 表示 10×10^{4} = 100000pF=0.1μF。

如果数字后面跟字母，则字母表示电容容量的误差，其误差值含义。G 表示 ±2%，J 表示 ±5%，K 表示 ±10%，M 表示 ±20%，N 表示 ±30%，P 表示 +100%，–0%，S 表示 +50%，–20%，Z 表示 +80%，–20%。

贴片铝电解电容读识：1000 表示电容容量，单位为 μF，即容量为 1000μF；10V 表示耐压参数，RVT 表示产品系列（使用温度范围：–55℃ ~ + 105℃，寿命为 1000h）。

图 4–9　数字标注电容器的方法

3. 数字符号法电容器读识

将电容器的容量用数字和单位符号按一定规则进行标称的方法，称为数字符号法。具体方法是：容量的整数部分 + 容量的单位符号 + 容量的小数部分。容量的单位符号 F（法）、m（毫法）、μ（微法）、n（纳法）、p（皮法）。采用数字符号法标注电容器的方法如图 4–10 所示。

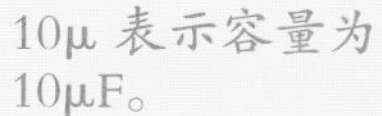

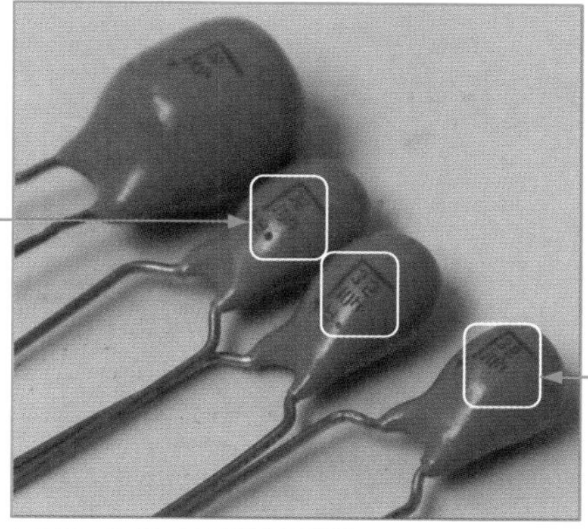

图 4-10　数字符号法标注电容器的方法

4. 色标法电容器读识

采用色标法标注的电容器又称色标电容器，即用色码表示电容器的标称容量。电容器色环识别的方法如图 4-11 所示。

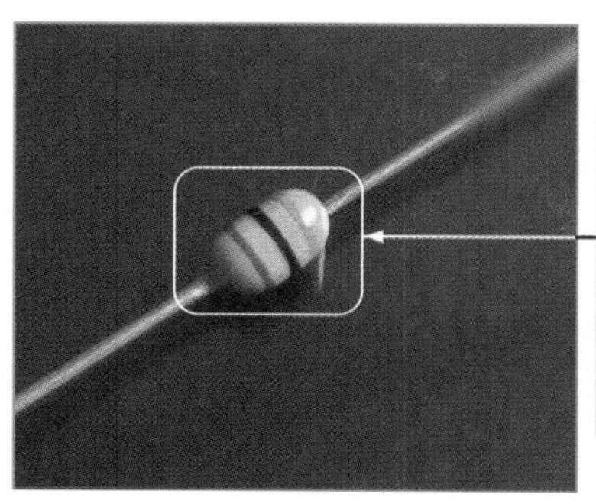

图 4-11　电容器色环识别的方法

表 4-1 列出了色环颜色和表示的数字的对照表。

表 4-1　色环颜色和表示的数字的对照表

色环颜色	黑色	棕色	红色	橙色	黄色	绿色	蓝色	紫色	灰色	白色
表示数字	0	1	2	3	4	5	6	7	8	9

例如：色环的颜色分别为黄色、紫色、橙色，它的容量为 47×10^3pF=47000pF。

4.2 电容器的检修方法

实践出真知，接下来本节将通过电容器现场检修实战，来讲解各种电容器的检修方法。

4.2.1 使用数字万用表检测贴片电容器

数字万用表一般都有专门用来测量电容器的插孔，但贴片电容器并没有一对可以插进去的合适引脚。因此只能使用万用表的欧姆挡对其进行粗略的测量。

用数字万用表检测贴片电容器的方法如图 4–12 所示。

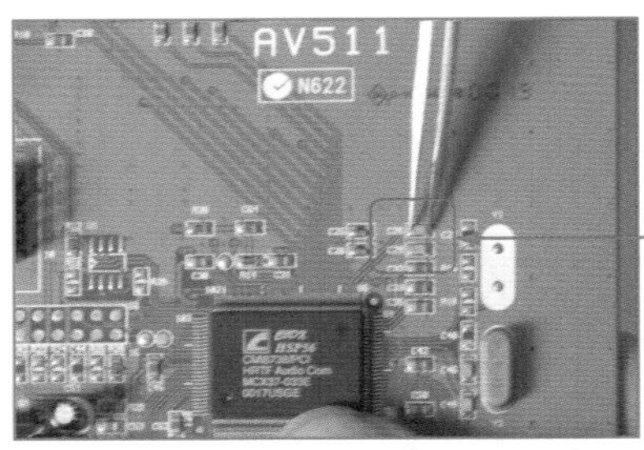

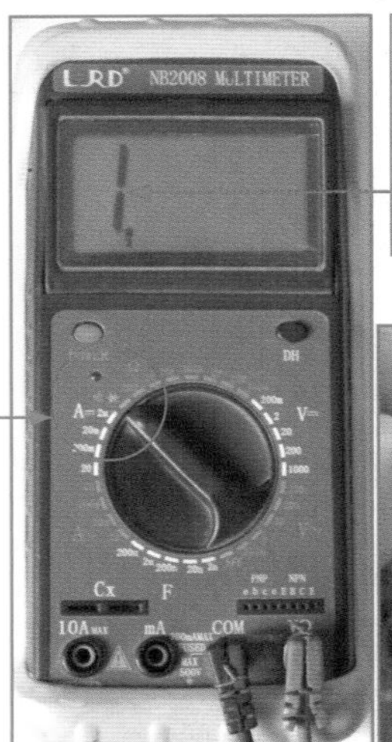

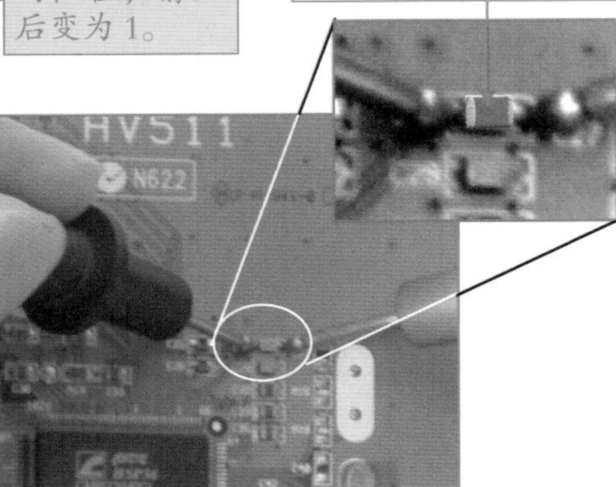

图 4–12　用数字万用表检测贴片电容器

图 4-12　用数字万用表检测贴片电容器（续）

测量结果：两次测量数字表均先有一个闪动的数值，而后变为 1.，即阻值为无穷大，所以该电容器基本正常。如果用上述方法检测，万用表始终显示一个固定的阻值，就说明电容器存在漏电现象；如果万用表始终显示 000，就说明电容器内部发生短路；如果始终显示 1.（不存在闪动数值，直接为 1.），就说明电容器内部极间已发生断路现象。

4.2.2　使用指针万用表检测打印机电路中的薄膜电容器

打印机电路中的薄膜电容器主要应用在电源供电电路板中，在测量薄膜电阻时，可以采用在路法测量电容的工作电压，同时也可以采用开路法测量电容的好坏。通常在路测量无法准确判断好坏的情况下，才采用开路测量。

运用开路法测量薄膜电容器的具体步骤如图 4-13 所示。

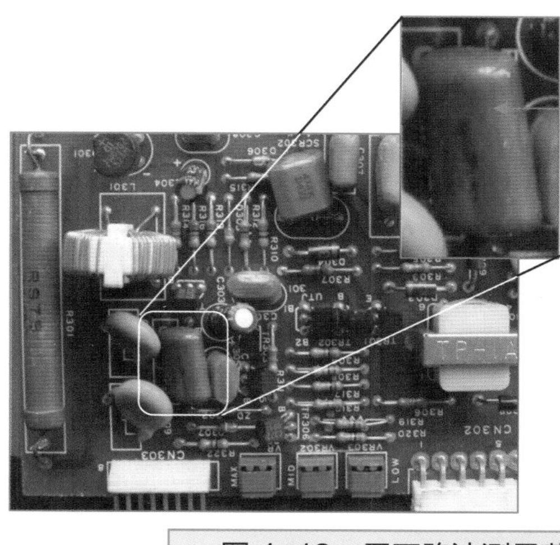

图 4-13　用开路法测量薄膜电容器

❷将待测薄膜电容器从电路板上卸下，并清洁电容器的两端引脚，去除两端引脚下的污物，可确保测量时的准确性。

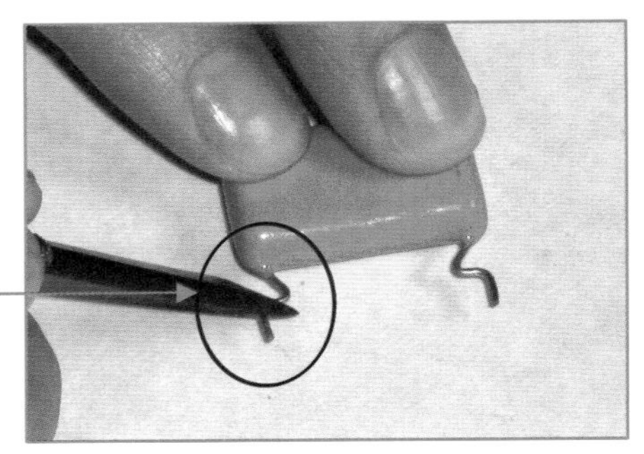

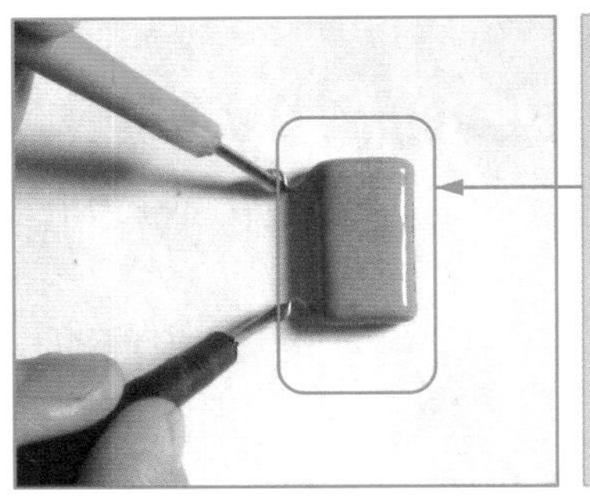

❸将万用表的功能旋钮旋至R×10k挡，短接表笔并调零；然后将两只表笔分别接电容器的两只引脚进行测量。观察万用表的表盘，发现在接触的瞬间，指针有一个小的偏转，在表针静止后，指针变为无穷大。

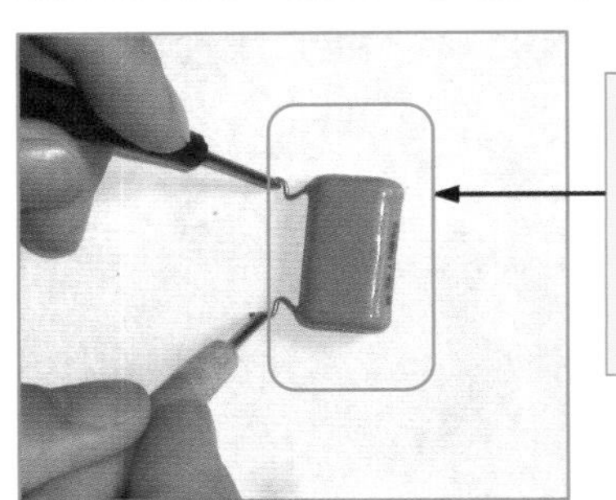

❹将两只表笔对调再次进行测量。观察万用表的表盘，发现在接触的瞬间，指针依然有一个小的偏转，在表针静止后，指针变为无穷大。

图 4-13　用开路法测量薄膜电容器（续）

测量结论：经观察，两次表针均先朝顺时针方向摆动，然后又慢慢地向左回归到无穷大，表明该电容器功能基本正常。

提示：若测出阻值较小或为零，则说明该电容器存在漏电或内部击穿现象；若指针从始至终未发生摆动，则说明电容器两极之间已发生断路。

4.2.3　使用数字万用表检测主板电路中的电解电容器

一般地，数字万用表中都带有专门的电容挡，用来测量电容器的容量。下面就用数字万用表中的电容挡测量电容器的容量，其具体测量方法如图 4-14 所示。

❶观察并确认待测电解电容器无物理损坏后将其卸下并清洁引脚，以确保检测的准确性。

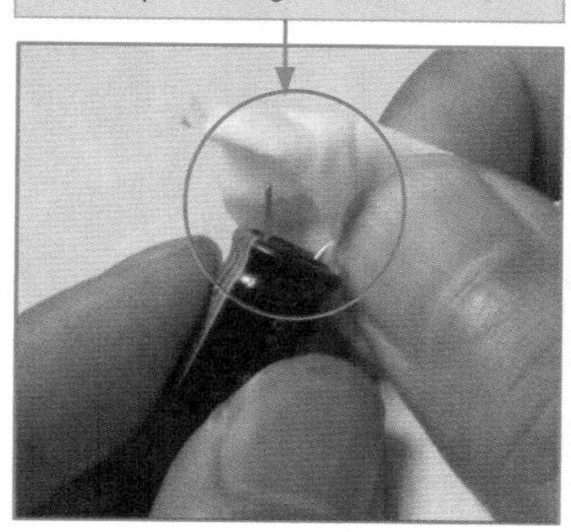

❷对电解电容器进行放电。将小阻值电阻器的两个引脚与电解电容器的两个引脚相连或用镊子夹住两个引脚进行放电。

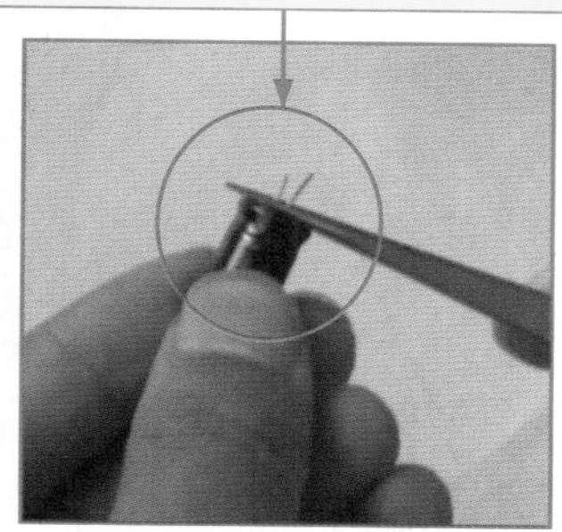

❸根据电解电容器的标称容量（100μF），将数字万用表的旋钮调到电容挡的 200μ 量程。

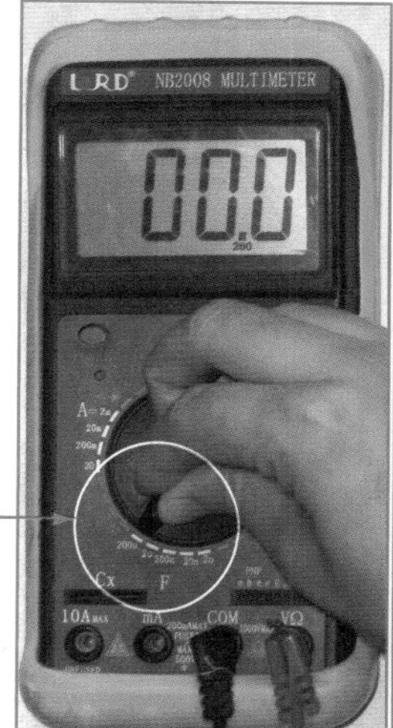

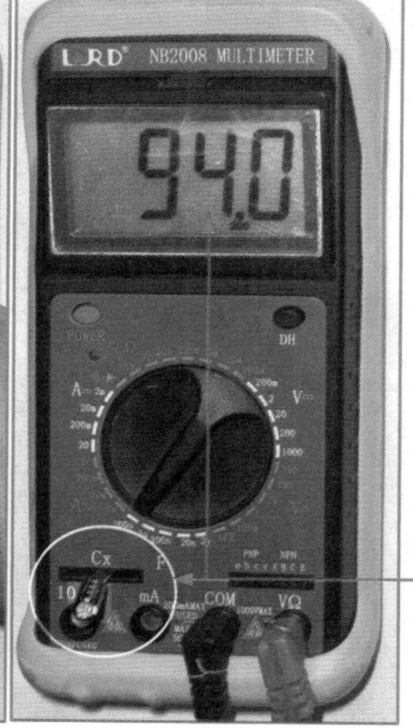

❹将电解电容器插入到万用表的电容测量孔中，然后观察表盘，显示测量的值为 94.0。

图 4–14　主板电路中电解电容器的检测方法

测量结论：由于测量的容量值为“94μF”，与电容器的标称容量“100μF”比较接近，因此可以判断电容器正常。

提示：如果拆下电容器的引脚太短或为贴片固态电容器，可以将电容器的引脚接长测量。如果测量的电容器的容量与标称容量相差较大或为 0，则说明电容器已损坏。如果测量的电容器的标称容量超出了数字万用表的量程，则可以用 3.2.2 节讲解的测量方法进行测量。

4.2.4　使用指针万用表检测打印机电路中的纸介电容器

打印机电路中的纸介电容器主要应用在电源供电电路板中，由于纸介电阻的容量相对较小，因此一般用指针万用表来检测。

将打印机的电源断开，对纸介电容器进行观察，看待测电容器是否存在烧焦、虚焊等损坏现象。如果没有，就按图 4–15 所示的方法进行检测。

❶清洁电容器的两端引脚，去除两端引脚下的污物，确保测量时的准确性。

❷用斜口钳将纸介电容器的其中一个引脚剪断（防止干扰）。

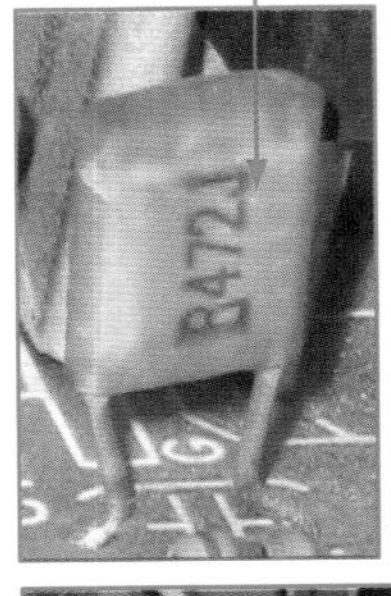

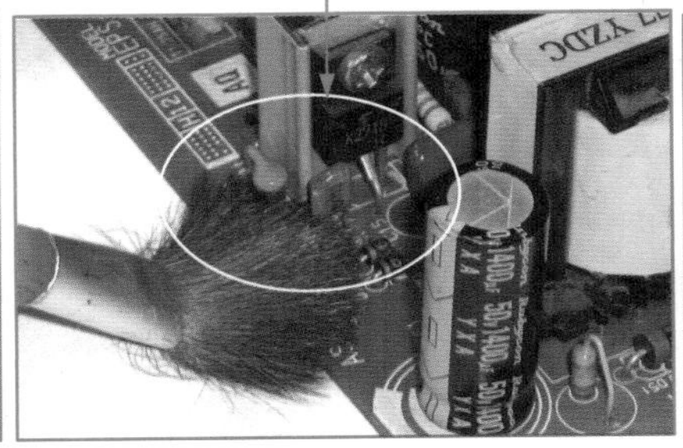

❸将万用表的功能旋钮旋至R×10k挡，短接表笔并调零；然后用两表笔任意接电容器的两个引脚，发现指针指在了无穷大处。

❹将两只表笔对调，再次进行测量，发现电容器的阻值依然为无穷大。

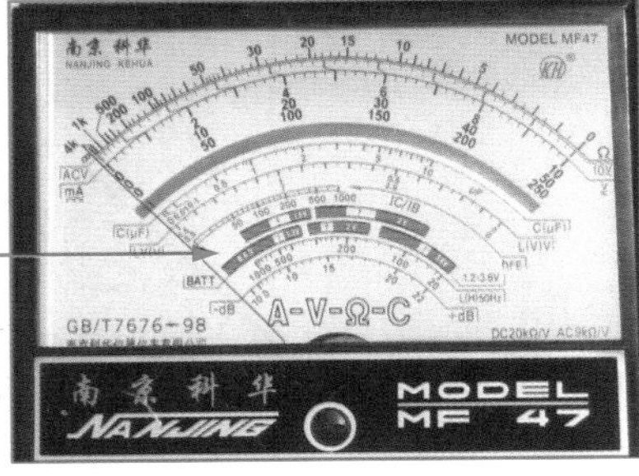

图 4-15　纸介电容器的检测方法

测量结论：由于两次测量的阻值都为无穷大，因此可以判断此纸介电容器正常。

提示：如果在以上测量过程中，万用表的指针向右摆动，并测出阻值（没有回到无穷大处），则说明该纸介质电容器存在漏电或内部击穿现象。

4.3 电容器检测经验总结

电容器检测经验总结如下：

（1）在用万用表测量电容器的阻值时，如果万用表的指针向右摆动，测出了阻值，并且万用表的指针没有回到无穷大处，则说明电容器存在漏电或内部击穿现象。

（2）在用万用表测量电容器阻值时，如果表笔接触到电解电容器引脚后，表针摆动到一个角度后随即向回稍微摆动一点，即并未摆回到无穷大或较大的阻值，可以说明该电解电容器漏电严重；如果表笔接触到电解电容器引脚后，表针并未摆动，仍提示阻值很大或趋于无穷大，则说明该电解电容器中的电解质已干涸，失去了电容量。

（3）在用开路法检测电容器时，如果拆下电容器的引脚太短或是贴片固态电容器，就无法利用万用表的电容插孔进行测量，可以将电容器的引脚接长再进行测量。

（4）当怀疑电路中某电容器出现故障时，可以用一只同型号的、质量好的电容器去代替它工作。如果在替换后电路正常运行，故障消失，就说明原先的电容器有故障；如果在替换后电路故障依旧，就说明原先的电容器没有损坏，需要进一步查找故障。

看图检修电路中的电感器

电感器是一种能够把电能转化为磁能并储存起来的电子元器件，其常与电容器组合用于滤波电路（阻止交流干扰）、振荡电路（与电容器组成谐振电路）、波形变换等。在电路中，电感器被广泛使用，特别是电源电路中。本章将通过实例来讲解电路板中电感器的检修方法。

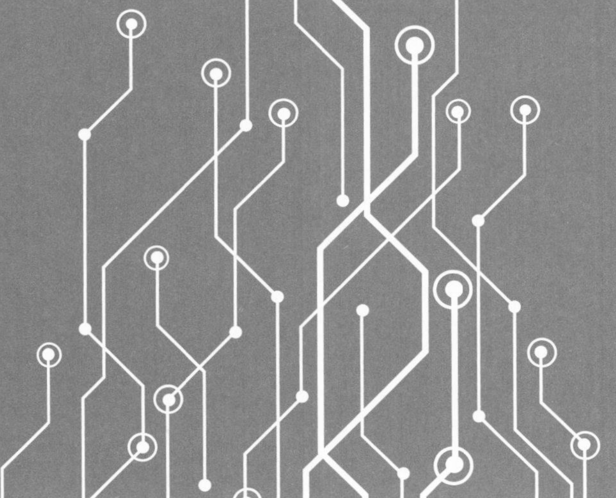

5.1 看图识电气设备中的电感器

各种电气设备的电路板中有很多电感器，根据电感器的种类不同，其外形也不一样。下面我们来辨识一下电路板中各式各样的电感器及电感器的符号和标注。

5.1.1 从电路板中识别电感器

电路板中常用的电感器包括屏蔽式电感器、贴片电感器、大电流扼流电感器、环形电感器、共模电感器和空心电感器等。下面我们在电路板中认识一下它们。

1. 屏蔽式电感器

屏蔽式电感器是一种将线圈完全密封在一绝缘盒中制成的。这种电感器是为了减少或防止磁耦合及电磁干扰。特别是在高密度的电路板中（如计算机主板），为避免信号耦合会使用大量的屏蔽式电感器。电路板中常见的屏蔽式电感器如图 5-1 所示。

屏蔽式电感器性能更加稳定，常应用在DC/DC转换电路、计算机、电信设备、手机、滤波电路中。

超薄贴片式铁氧体电感器。此电感器以锰锌铁氧体、镍锌铁氧体作为封装材料。散热性能、电磁屏蔽性能较好，封装厚度较薄。

全封闭式超级铁素体（SFC）电感器。此电感器可以依据当时的供电负载，来自动调节电力的负载。

封闭式电感器。此电感器是一种将线圈完全密封在一绝缘盒中制成的。这种电感器减小了外界对其自身的影响，性能更加稳定。

图 5-1　屏蔽式电感器

超合金电感器是用几种合金粉末压合而成，具有铁氧体电感器和磁圈的优点，可以实现无噪声工作，工作温度较低（35℃）。

全封闭铁素体电感。此电感器以四氧化三铁混合物封装，相比陶瓷电感器而言，具备更好的散热性能和电磁屏蔽性能。

图 5-1　屏蔽式电感器（续）

2. 贴片电感器

贴片电感器又被称为功率电感器、大电流电感器。贴片电感器具有小型化、高品质、高能量储存和低电阻的特性，一般由在陶瓷或微晶玻璃基片上沉淀金属导片而制成。

贴片电感器有圆形、方形和矩形等封装形式，颜色多为黑色。带铁芯电感器（或圆形电感器），从外形上看易于辨识。但有些矩形电感，从外形上看，更像是贴片电阻元件。图 5-2 所示为电路板中常见的贴片电感器。

贴片电感器一般用于高密度 PCB 板，如计算机、手机等。贴片电感器较小的几何尺寸和较短引线还可以减少 EMI 辐射和信号的交叉耦合。因此用于 EMI 电路、LC 谐振电路、A/D 转换电路、RF 放大电路、信号发生器等电路中。

图 5-2　电路板中常见的贴片电感器

3. 大电流扼流电感器

大电流扼流电感器主要利用铁氧体铁芯或粉末铁芯体，在匝数少、体积小的条件下可获得比较大的电感值。匝数少使得直流电阻低，这是大电流应用中比较关键的一个特性，如图 5–3 所示。

图 5–3　大电流扼流电感器

4. 环形电感器

环形电感器的基本结构是在磁环上绕制线圈制成的，磁环是由铁氧化体或粉末铁芯体制成。环形铁氧化体可获得比较大的电感量，而且自屏蔽性比较好。环形电感器一般匝数比较少，这使得它的直流电阻比其他密绕螺线管电感器的电阻小。

环形电感器不易受其他组件的电磁干扰，因为线圈的感应电流与外界干扰抵消，如图 5–4 所示。磁环的存在大大提高了线圈电感的稳定性，磁环的大小以及线圈的缠绕方式都会对电感造成很大的影响。

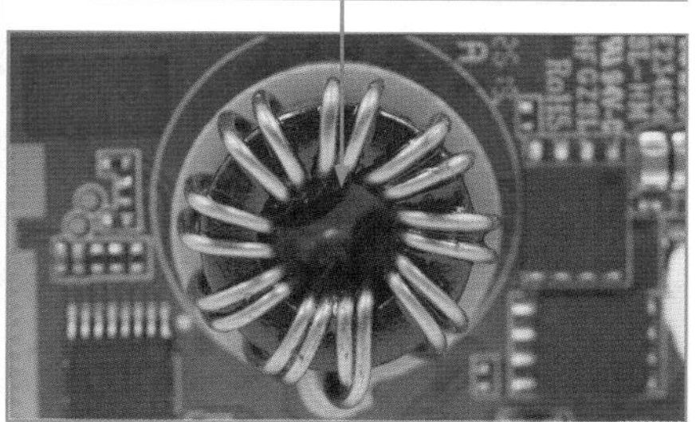

图 5–4　环形电感器

5. 共模电感器

共模电感器用于消除交流电中的高频干扰信号（共模噪声），防止其进入开关电源电路，同时也防止开关电源的脉冲信号不会对其他电子设备造成干扰。共模电感器由 4 组线圈对称绕制而成，一般采用铁氧化体磁芯，如图 5–5 所示。

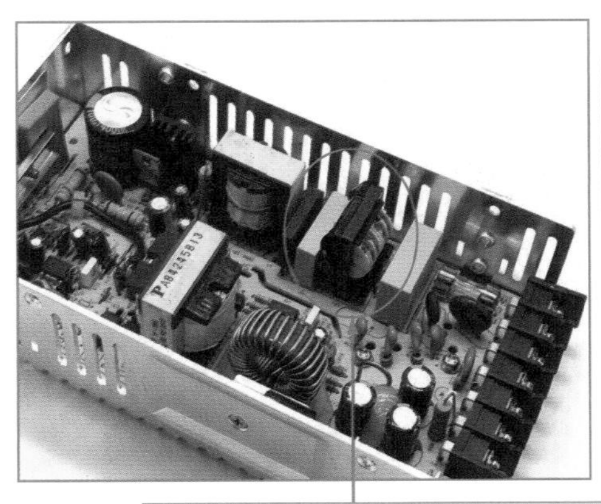

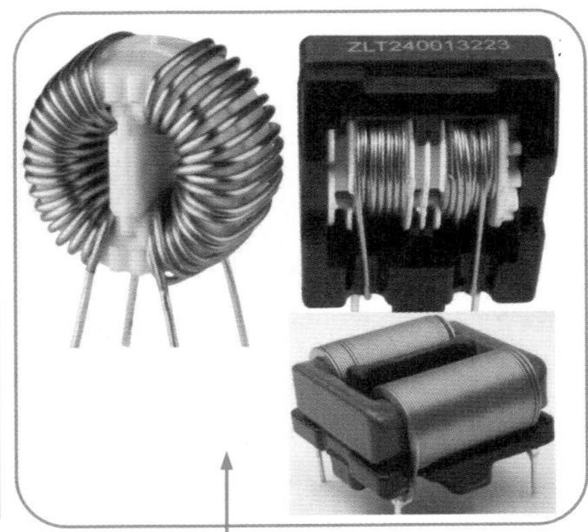

共模电感器主要用于各种电气设备供电电路中的 EMI 电路中。

图 5–5 共模电感器

6. 空芯电感器

空芯电感器中间没有磁芯，如图 5–6 所示。通常电感量与线圈的匝数成正比，即线圈匝数越多，电感量越大；线圈匝数越少，电感量就越小。在需要微调空芯线圈的电感量时，可以通过调整线圈之间的间隙得到自己需要的数值。但此处需要注意的是，通常对空芯线圈进行调整后要用石蜡加以密封固定，这样可以使电感器的电感量更加稳定，而且还可以防止潮损。

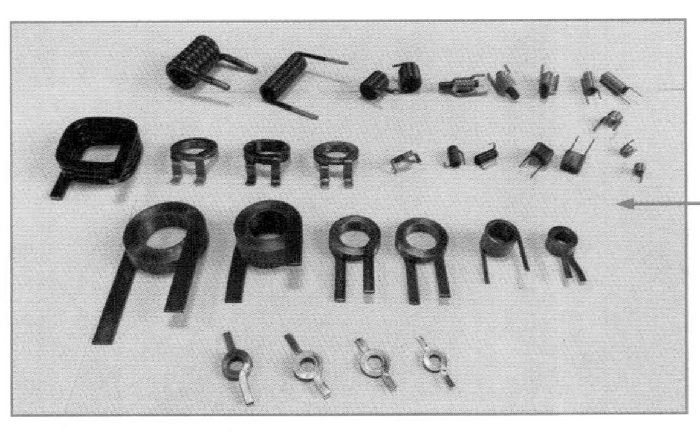

空芯电感器用于要求高品质因数的高频电路中，因为它不会产生损耗与失真。由于空芯电感器电感值较小，一般用于射频谐振电路、调频电路、门控电路、脉冲发生器、对讲机、遥控玩具等电路和设备中。

图 5–6 空芯电感器

5.1.2 电感器的图形符号与文字符号

电感器是电子电路中最常用的电子元件之一，其文字符号为“L”。电感器的电路图形符号如图 5–7 所示；电路图中的电感器符号如图 5–8 所示。

可调电感器

有芯电感器

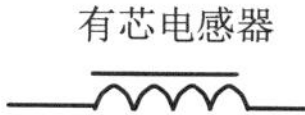

空芯电感器

图 5-7　电感器图形符号

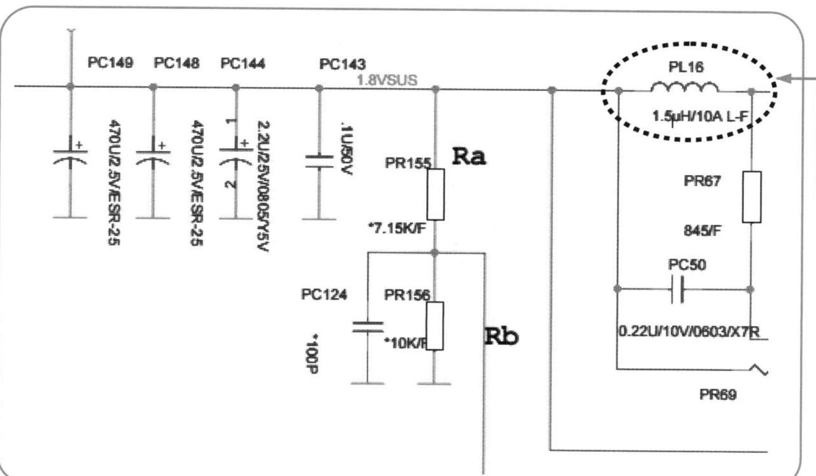

电感器。PL16 为其文字符号，下边的数字为参数。其中 1.5μH 为其电感量，10A 为其额定电流参数，L-F 为误差。

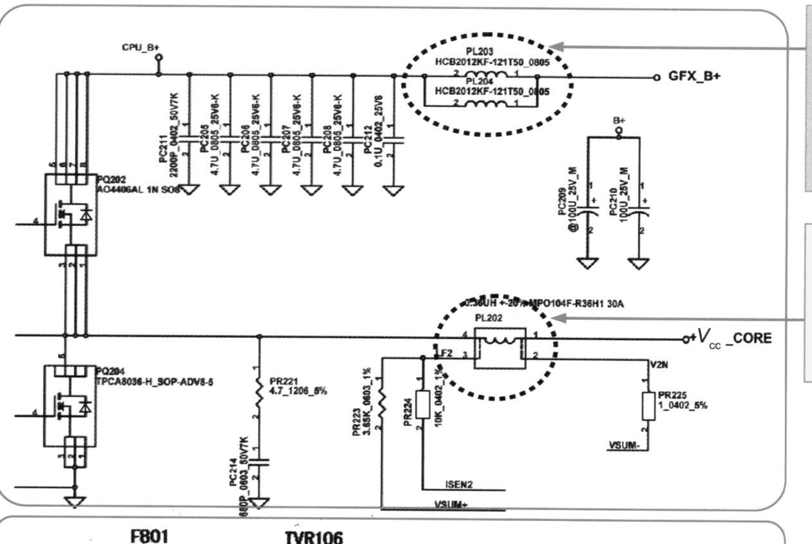

双电感器。PL203 和 PL204 两个电感器同时连接到一个电路中形成共模电感器，起到 EMI 滤波的作用。

电感器 PL202 和其连接的电容器组成 LC 滤波电路，将储存的电能输出给负载。

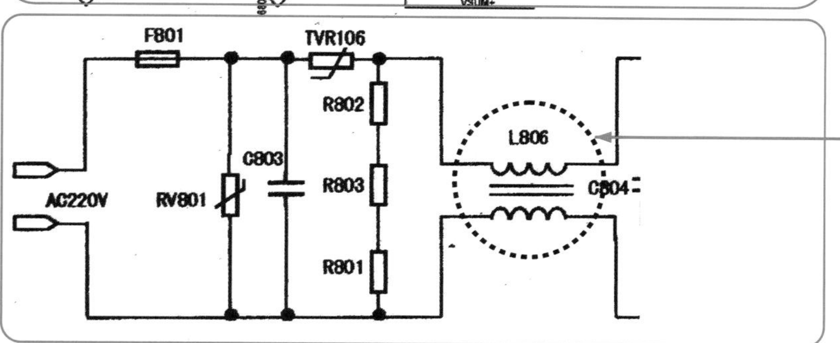

共模电感器 L806。其两个线圈绕在同一铁芯上，匝数和相位都相同，用于过滤共模的电磁干扰信号。

图 5-8　电路图中的电感器

5.1.3 读识电感器上的标注

电感器的标注方法主要数字符号法、数码法、色标法等几种，下面详细介绍。

1. 读识数字符号法标注的电感器

数字符号法是将电感的标称值和偏差值用数字和文字符号法按一定的规律组合标识在电感体上。数字符号法标注电感器的方法如图 5–9 所示。

（1）采用文字符号法表示的电感器通常是一些小功率电感器，单位通常为 nH 或 pH。用 pH 做单位时，“R”表示小数点；用“nH”做单位时，“N”表示小数点。

（2）R47 表示电感量为 0.47 μH，而 4R7 则表示电感量为 4.7 μH；10N 表示电感量为 10nH。

图 5–9　数字符号法标注电感器

2. 读识数码法标注的电感器

数码法标注电感器的方法如图 5–10 所示。

数码法标注的电感器，前两位数字表示有效数字，第三位数字表示倍幂，如果有第四位数字，则表示误差值。这类电感器的电感量的单位一般都是微亨（μH）。例如 100，表示电感量为 10×10^0=10μH

图 5–10　数码法标注电感器

3. 读识色标法标注的电感器

在电感器的外壳上，用色环表示电感量的方法称为色标法。电感的色标法同电阻的色标法，即第一个色环表示第一位有效数字，第二个色环表示第二位有效数字，第三个色环表示倍幂，第四个色环表示允许误差。比如：当电感器的色标分别为“红黑橙银”时，对照色码表可知，其电感量为 20×103μH，允许误差为 ±10%。

在色环标称法中，色环的基本色码意义可对照表 5–1。

表 5-1　基本色码对照表

颜色	有效数字	倍幂	阻值偏差	颜色	有效数字	倍幂	阻值偏差
黑色	0	10^0		紫色	7	10^7	± 0.1%
棕色	1	10^1	± 1%	灰色	8	10^8	—
红色	2	10^2	± 2%	白色	9	10^9	—
橙色	3	10^3	—	金色	-1	10^{-1}	± 5%
黄色	4	10^4	—	银色	-2	10^{-2}	± 10%
绿色	5	10^5	± 0.5%	无色	—	—	± 20%
蓝色	6	10^6	± 0.25%				

5.2 电感器的检修方法

通过前面内容的学习，对电感器有了一个基本了解。接下来通过实战案例来讲解使用万用表检测各种电感器的方法。

5.2.1　使用数字万用表检测封闭式电感器

封闭式电感器是一种将线圈完全密封在绝缘盒中制成的。这种电感器减小了外界对其自身的影响，性能更加稳定。封闭式电感器可以使用数字万用表测量，也可以使用指针式万用表进行检测。为了测量的准确性，可对电感器采用开路测量。由于封闭式电感器结构的特殊性，只能对电感器引脚间的阻值进行检测以判断其是否发生断路。

用数字万用表检测电路板中封闭式电感器的方法如图 5-11 所示。

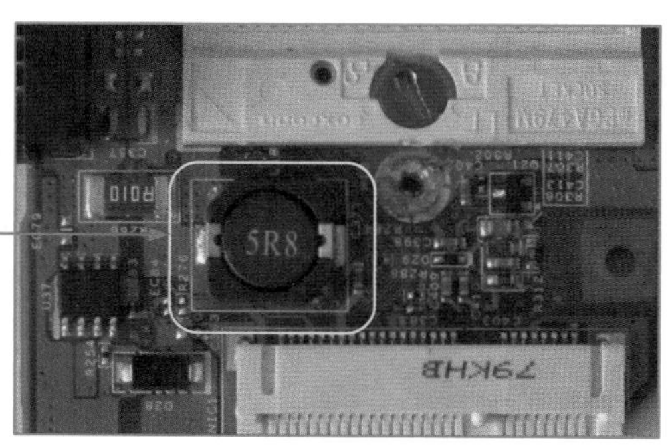

图 5-11　使用数字万用表检测封闭式电感器

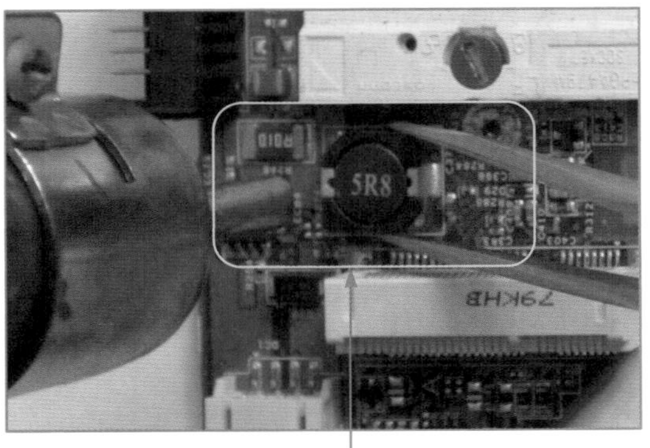

❷用电烙铁将待测封闭式电感器从电路板上焊下，并清洁电感器两端的引脚，去除两端引脚上存留的污物，以确保测量时的准确性。

❸将万用表的旋钮旋至欧姆挡的 200 挡，把红、黑表笔分别搭在待测封闭式电感器两端的引脚上，检测两引脚间的阻值。观察数字万用表的读数为 0.4。

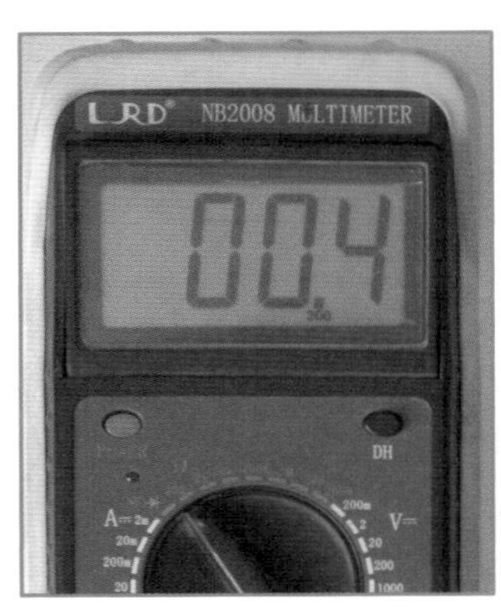

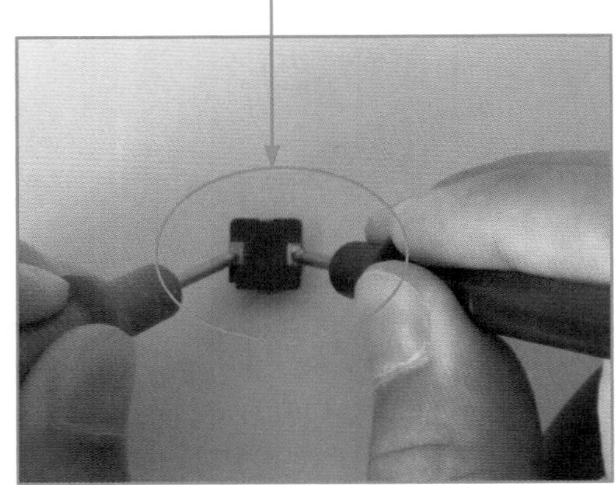

图 5-11　使用数字万用表检测封闭式电感器（续）

测量结论：由于测得封闭式电感器的阻值非常接近于 0，因此可以判断该电感器没有断路故障。

5.2.2　使用数字万用表检测主板电路中的贴片电感器

主板电路中的贴片电感器主要在键盘 / 鼠标接口电路、USB 接口电路、南北桥芯片组附近。主板中的贴片电感器可以使用数字万用表测量，也可以使用指针万用表进行检测，为了测量准确，通常采用开路测量。

使用数字万用表测量主板电路中贴片电感器的方法如图 5-12 所示。

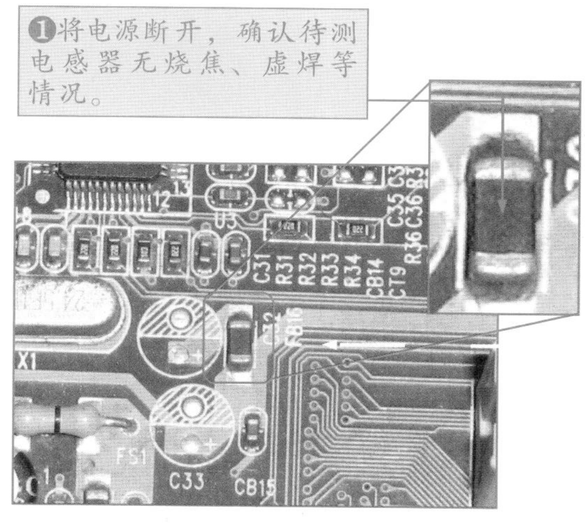

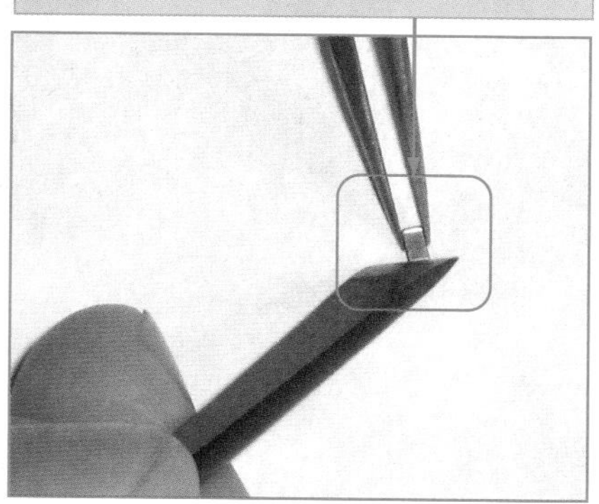

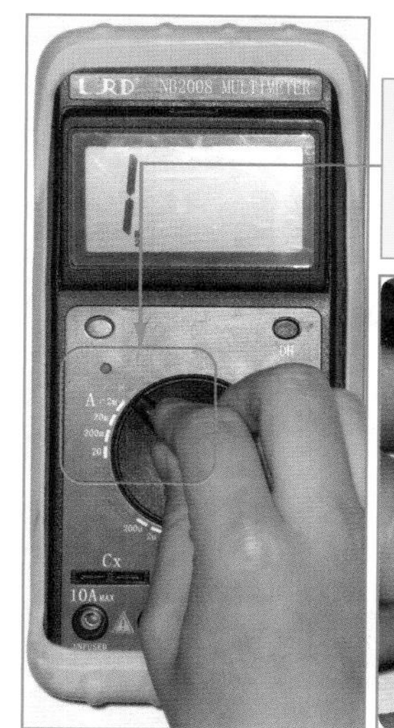

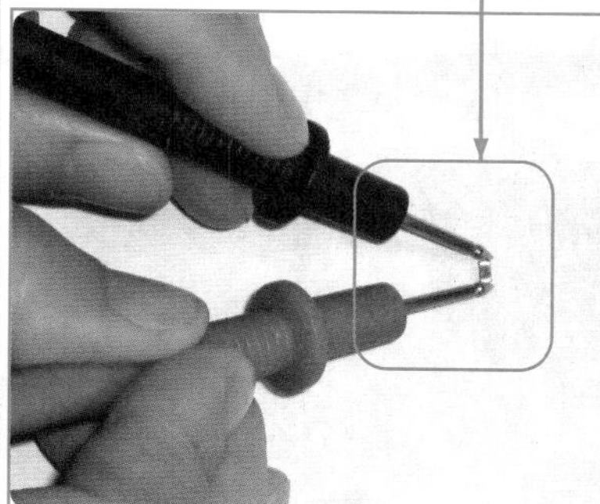

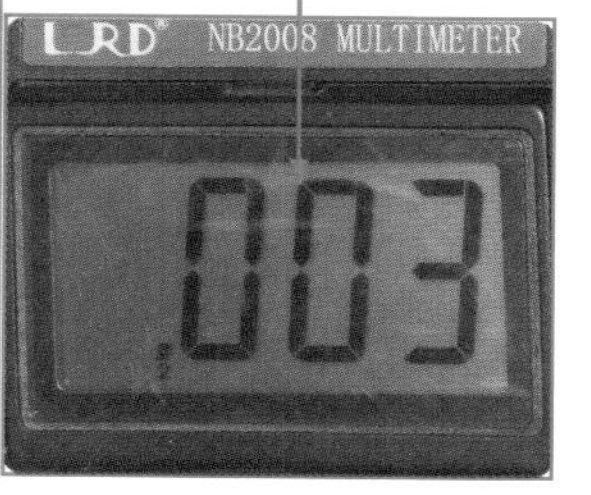

图 5-12　用数字万用表检测主板电路中贴片电感器

测量结论：由于测量的电感器的读数接近于 0，因此判断此电感器正常。

提示：测量时，如果万用表的读数偏大或为无穷大，则表示电感器已损坏。

5.2.3　使用指针万用表检测打印机电源电路中的滤波电感器

打印机电路中的电源滤波电感器主要在电源供电板中，一般使用指针万用表对其进行检测。为了测量准确，通常采用开路测量。

用指针万用表测量打印机电路中电源滤波电感器的方法如图 5-13 所示。

❶将打印机电路板的电源断开，观察并确认待测电感器无烧焦、虚焊等情况。

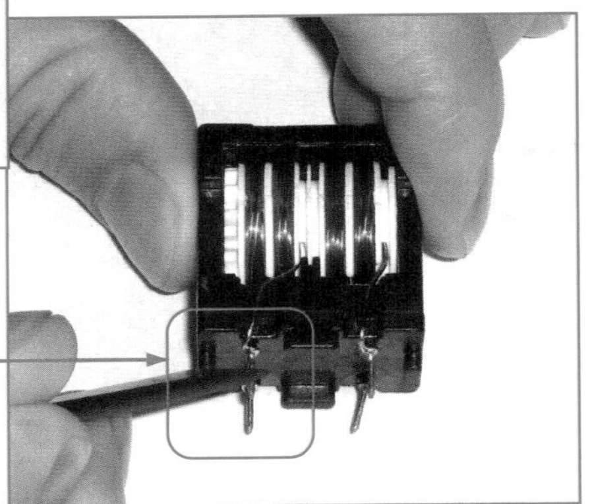

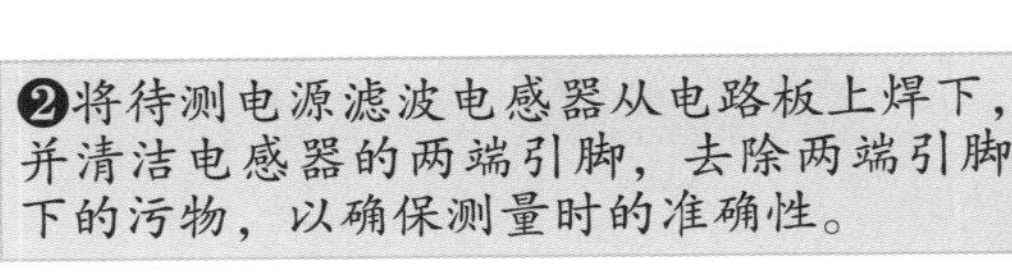

❸指针万用表调至欧姆挡的 R×10 挡，短接表笔并调零；然后将万用表的红、黑表笔分别搭在电源滤波电感器第一组电感器的两个引脚上。观察表盘，测得当前电感器的阻值接近 0。

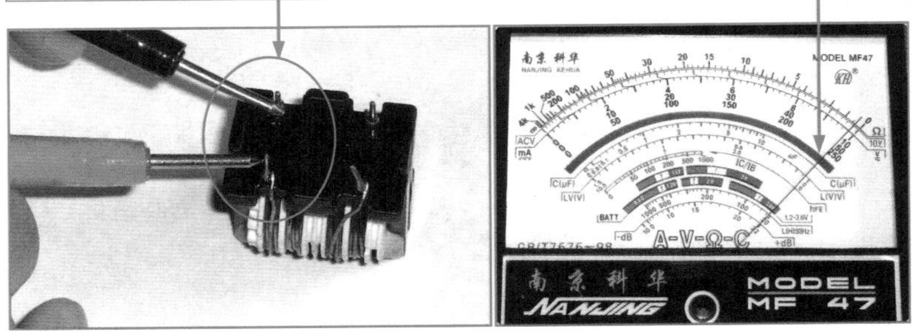

❹测完第一组电感器后，接着将万用表的红、黑表笔分别搭在电源滤波电感器第二组电感器的两个引脚上。观察表盘，测得当前电感器的阻值也接近 0。

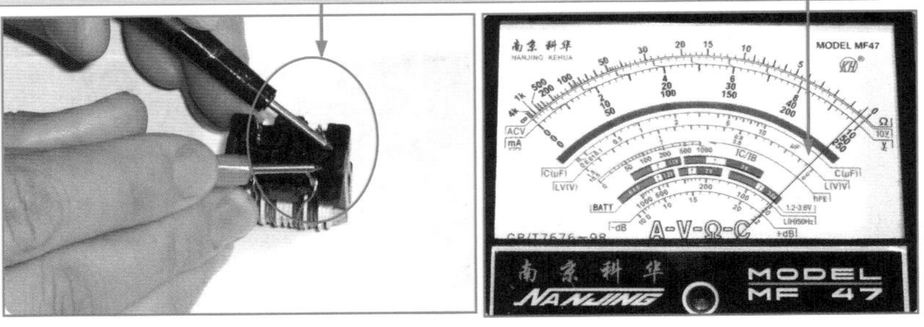

图 5-13　用指针万用表检测打印机电路中的电源滤波电感器

测量结论：由于测量的电源滤波电感器中两组电感器的阻值均接近 0，因此可以判断，此电源滤波电感器正常。

提示：对于电感量较大的电感器，由于线圈圈数较多，直流电阻相对较大，因此万用表可以测量出一定阻值。另外，如果被测电感的阻值趋于无穷大，就选择最高阻值量程继续检测，阻值仍趋于无穷大，则表明被测电感器已损坏。

5.2.4　使用指针万用表检测主板电路中的磁环电感器

主板中的磁环 / 磁棒电感器主要应用在各种供电电路中。为了测量准确，对于主板中的磁环 / 磁棒电感器的检测通常采用开路测量。

用指针万用表测量主板电路中磁环电感器的方法如图 5–14 所示。

❶将主板的电源断开，观察并确认待测电感器无烧焦、虚焊等情况。

❷将待测磁环电感器从电路板上焊下，并清洁电感器的两端引脚，去除两端引脚下的污物，以确保测量时的准确性。

❸指针万用表调至欧姆挡的 R×1 挡，短接表笔并调零；然后将万用表的红、黑表笔分别搭在磁环电感器的两端引脚上测量。此时，测得当前电感器的阻值接近于 0。

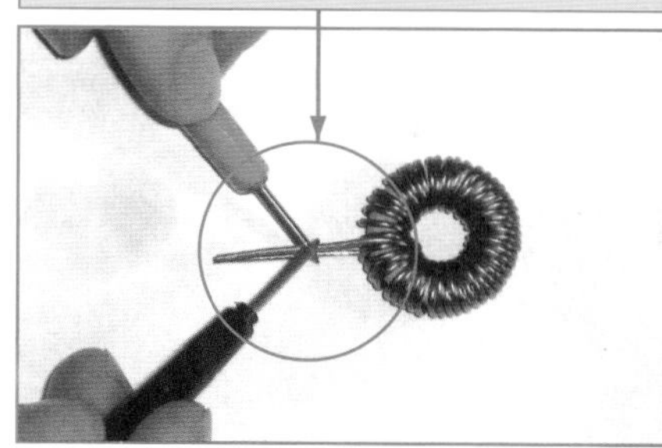

图 5–14　用指针万用表检测主板电路中的磁环电感器

测量结论：由于测量的磁环电感器的阻值接近于 0，因此可以判断，此电感器没有断路故障。

5.3 电感器检测经验总结

电感器检测经验总结如下：

（1）用万用表测量电感器的阻值时，如果万用表的读数偏大或为无穷大，则说明电感器已损坏。

（2）对于电感量较大的电感器，由于线圈圈数较多，直流电阻相对较大，因此万用表可以测量出一定阻值。另外，如果被测电感器的阻值趋于无穷大，就选择最高阻值量程继续检测，阻值仍趋于无穷大，则表明被测电感器已损坏。

（3）用万用表测量电感器的阻值时，如果电感器的阻值趋于 0Ω 时，则表明电感器内部存在短路的故障。

（4）若电感器损坏，则多表现为发烫或电感磁环明显损坏；若电感线圈不是严重损坏，而又无法确定时，可用电感表测量其电感量或用替换法来判断。

看图检修电路中的变压器

变压器是利用电磁感应的原理来改变交流电压的装置。它可以把一种电压的交流电能转换成相同频率的另一种电压的交流电。变压器是电路中常见的元器件之一，在电源电路中被广泛使用。本章将通过实例来讲解电路板中变压器的检修方法。

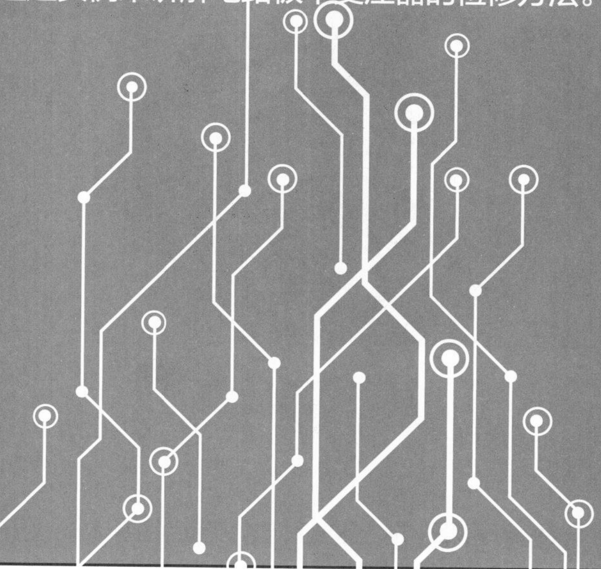

6.1 看图识电气设备中的变压器

各种电气设备的电源电路中都有变压器，根据变压器的种类不同，其外形也不一样。下面我们来辨识一下电路板中各式各样的变压器及变压器的符号和标注。

6.1.1 从电路板中识别变压器

电路板中常用的变压器包括开关变压器、音频变压器、自耦变压器、中频变压器、高频变压器等。下面我们在电路板中分别认识一下它们。

1. 开关变压器

开关变压器是指开关电源里面所用的变压器。它工作在开关脉冲状态下。开关变压器的工作频率一般在十几到几十千赫兹，铁芯一般采用铁氧体材料。

开关变压器通常和开关管一起构成一个自激（或他激）式的间歇振荡器，从而把输入直流电压调制成一个高频脉冲电压。如图 6–1 所示为开关变压器。

开关变压器是小型电气设备的电源中常用的元件之一，它可以实现功率传送、电压变换和绝缘隔离。当交流电流流于其中之一组线圈时，于另一组线圈中将感应出具有相同频率之交流电压。

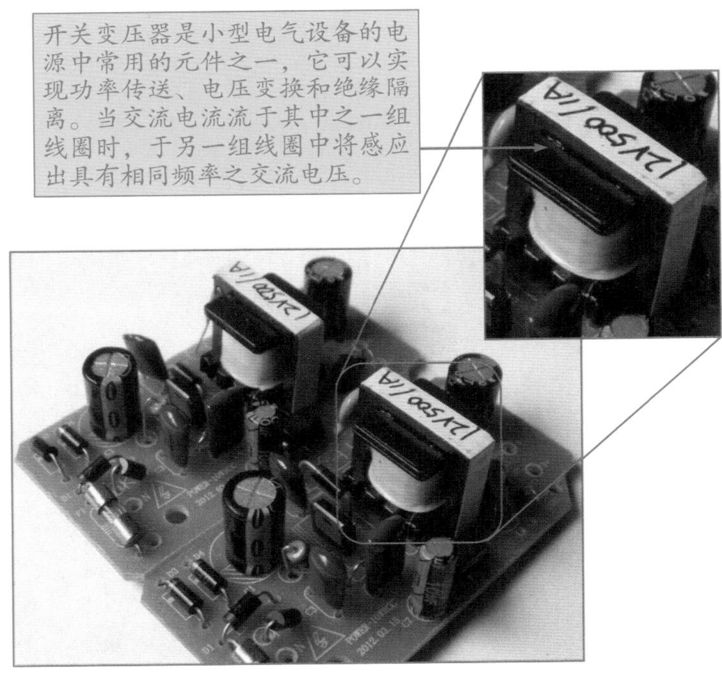

图 6–1　开关变压器

2. 音频变压器

音频变压器又称低频变压器，是一种工作在音频范围内的变压器。其常用于信号的耦合以及阻抗的匹配。在一些纯功放电路中，对变压器的品质要求比较高。图 6–2 所示为常用音频变压器。

音频变压器是工作在音频范围的变压器，又称低频变压器。工作频率范围一般为 10～20000Hz。音频变压器在工作频带内频率响应均匀，其铁芯由高导磁材料叠装而成，原、副绕组耦合紧密，这样穿过原绕组的磁通几乎全部与副绕组相连，耦合系数接近 1。

图 6–2　音频变压器

3. 自耦变压器

自耦变压器是指它的初级绕组和次级绕组在同一条绕组上的变压器，即初级、次级绕组直接串联，自行耦合的变压器。这样的变压器看起来仅有一个绕组，故也称“单绕组变压器”，如图 6–3 所示。

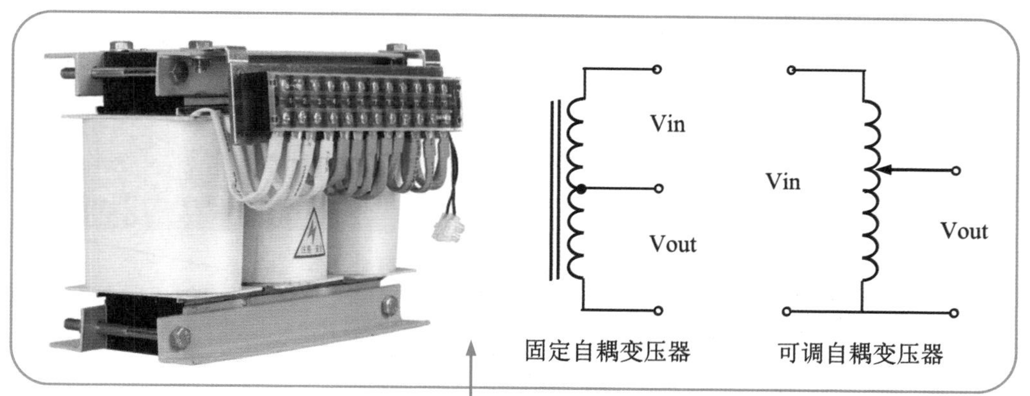

（1）自耦变压器的初级绕组和次级绕组不像标准变压器一样是电绝缘的，因为它们的初级绕组和次级绕组是同一线圈，这两个线圈之间没有电绝缘。
（2）自耦变压器通常用在阻抗匹配中，也用在少量地增大或减小电源电压的电路中。自耦变压器根据结构的不同可分为可调式和固定式。

图 6–3　自耦变压器

4. 中频变压器

中频变压器又被称作“中周”，是超外差式收音机特有的一种元件。整个结构都装在金属屏蔽罩中，下有引出脚，上有调节孔。图 6–4 所示为常见的中频变压器。

中频变压器不仅具有普通变压器变换电压、电流及阻抗的特性，还具有谐振某一特定频率的特性。

图 6–4　常见的中频变压器

5. 高频变压器

高频变压器通常是指工作于射频范围的变压器，又叫作开关变压器。其主要应用于开关电源中。通常情况下，开关变压器的体积都很小。图 6–5 所示为升压高频变压器。

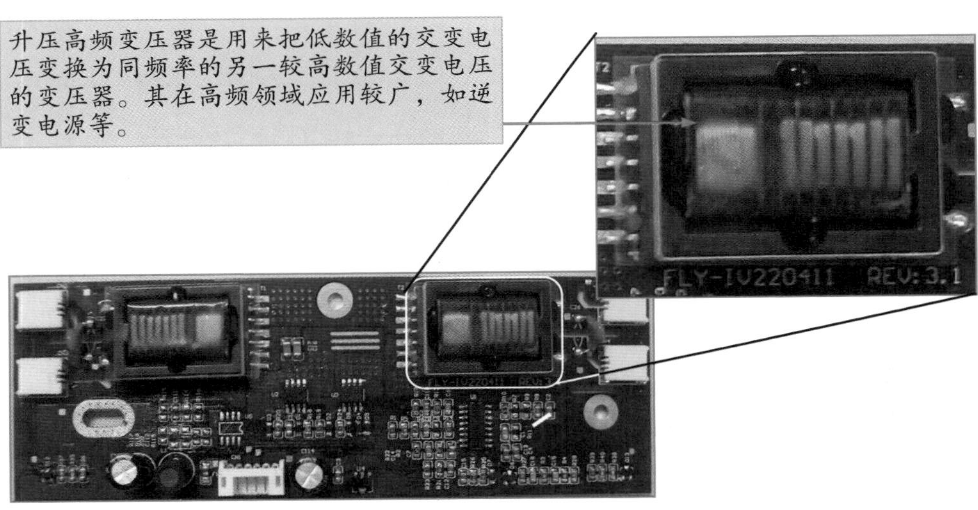

升压高频变压器是用来把低数值的交变电压变换为同频率的另一较高数值交变电压的变压器。其在高频领域应用较广，如逆变电源等。

图 6–5　升压高频变压器

6.1.2　变压器的图形符号与文字符号

在电路中，变压器的文字符号为“T”，其图形符号如图 6–6 所示，电路图中的变压器符号如图 6–7 所示。

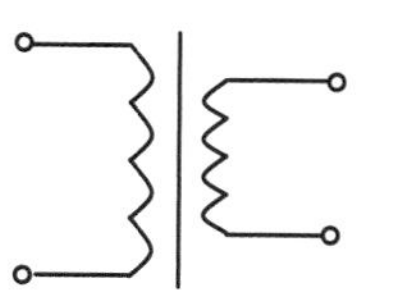

单二次绕组变压器

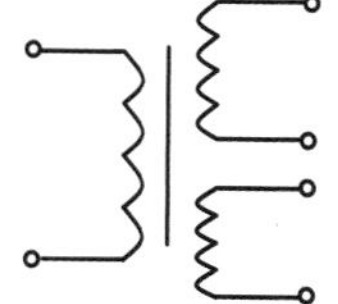

多次绕组变压器

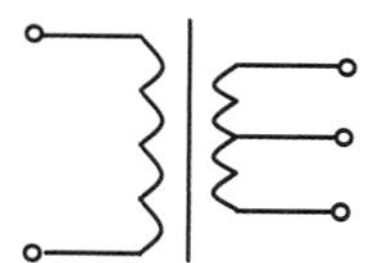

二次绕组带中心抽头变压器

图 6-6　变压器的图形符号

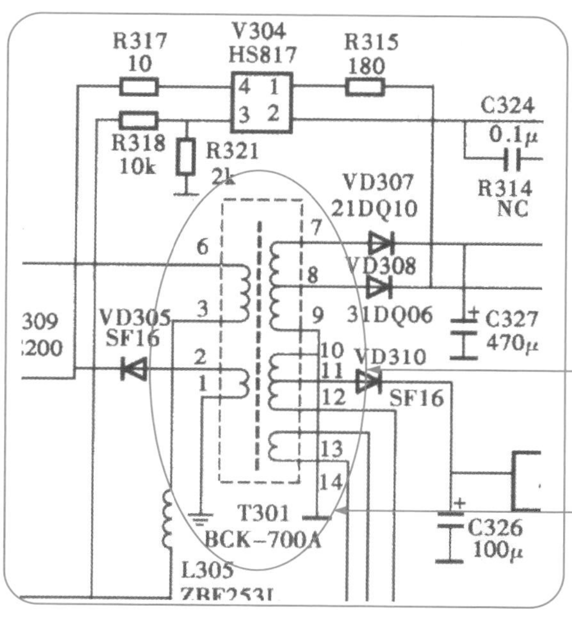

变压器中间的虚线表示变压器初级线圈和次级线圈之间设有屏蔽层。变压器的初级有两组线圈可以输入两种交流电压，次级有 3 组线圈，并且其中两组线圈中间还有抽头，可以输出 5 种电压。

多次绕组变压器。T301 为其文字符号，下边的 BCK-700A 为型号。

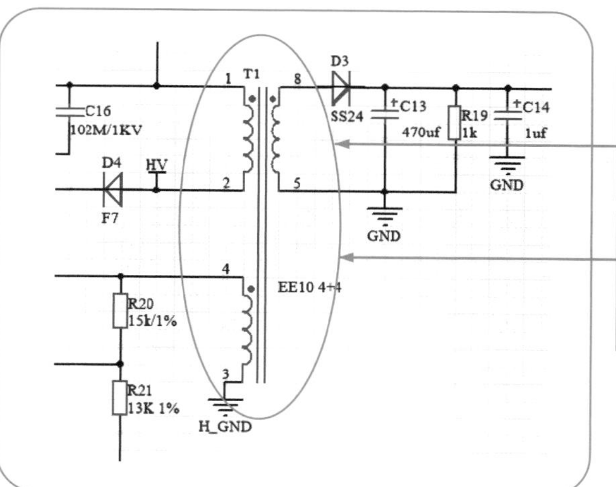

电源变压器。T1 为其文字符号，TRANS66 为其型号。实线表示变压器中心带铁芯。

该变压器的初级线圈有两组线圈，可以输入两种交流电压，次级线圈有一组线圈，但中间有一个抽头。

图 6-7　电路图中的变压器

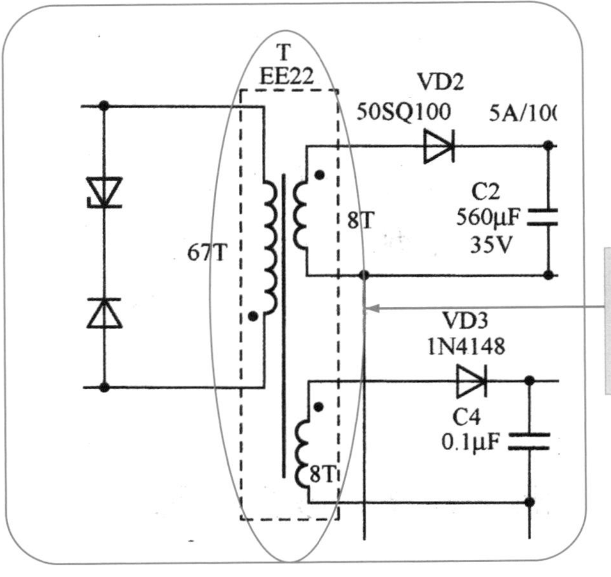

图 6-7　电路图中的变压器（续）

6.2 变压器的检修实战——检修打印机电路中的电源变压器

通过对前面内容的学习，读者对变压器已经有了一个基本了解，接下来以打印机电路中变压器为例，通过实战案例来讲解使用万用表检测变压器的方法。打印机电路中常用的变压器为电源变压器，对于电源变压器，一般采用开路检测。

打印机电路中电源变压器的检测方法如图 6-8 所示。

❶将打印机电路板的电源断开，观察并确认待测变压器无烧焦和虚焊等情况。

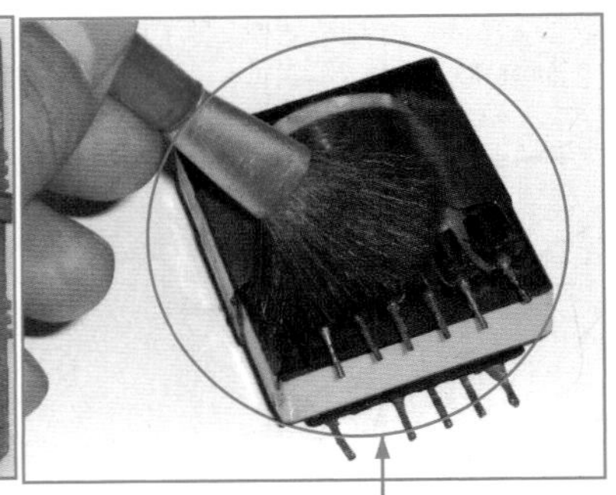

❷将待测电源变压器从电路板上焊下，并清洁变压器的引脚，去除引脚下的污物，以确保测量时的准确性。

图 6-8　打印机电路中变压器测量方法

❸将指针万用表的功能旋至欧姆挡的 R×1 挡，短接表笔并调零；将万用表的红、黑表笔分别搭在电源变压器初级绕组的第一组引脚上（测量的电源变压器初级绕组有 11 个引脚，其内部包含 5 个初级绕组）。

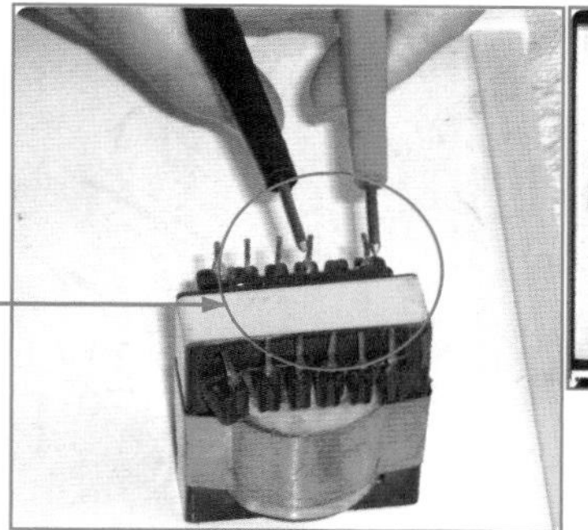

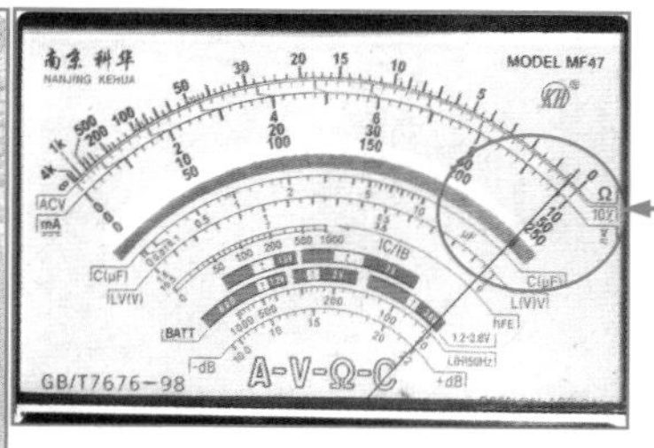

❹观察表盘，测得当前变压器的阻值为 0.5。

提示：如果测量的值为 0 或无穷大，则说明此绕组存在短路或断路故障。

❺用同样的方法测量初级绕组的其他两组初级绕组，测量值分别为 1 和 1.5。

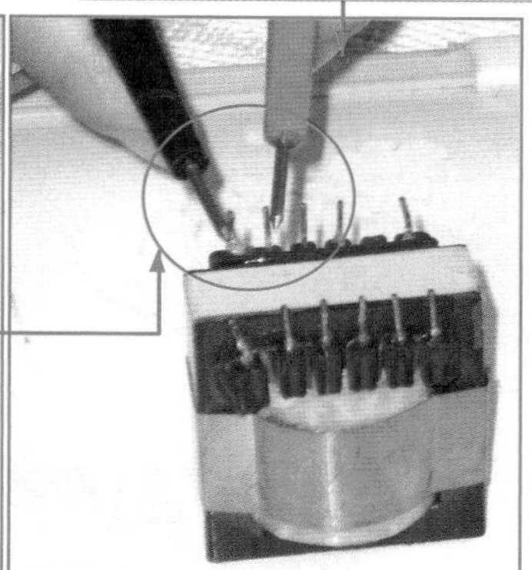

结论 1：由于初级绕组中的 3 个绕组的电阻值为固定值，因此可以判断此变压器的初级绕组正常。

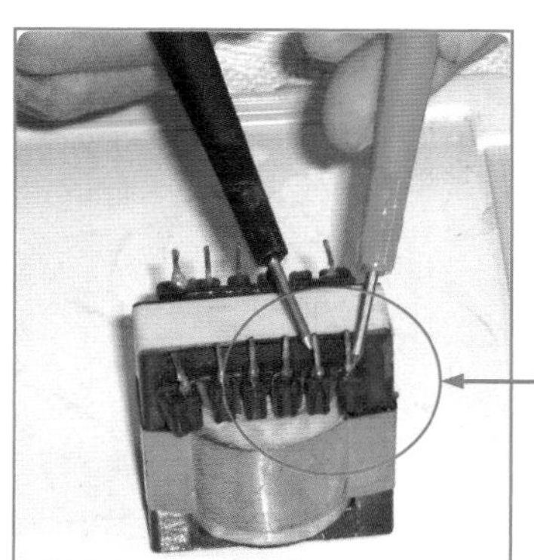

❻用同样的方法测量次级绕组中的 3 组绕组，测量的值分别为 0.5、1 和 0.8。

图 6-8　打印机电路中变压器测量方法（续）

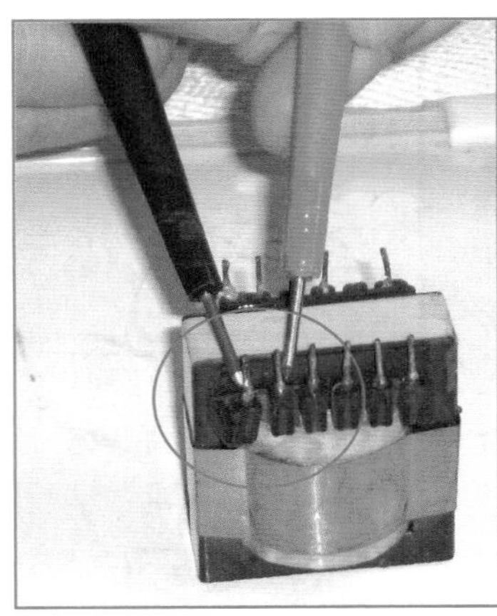
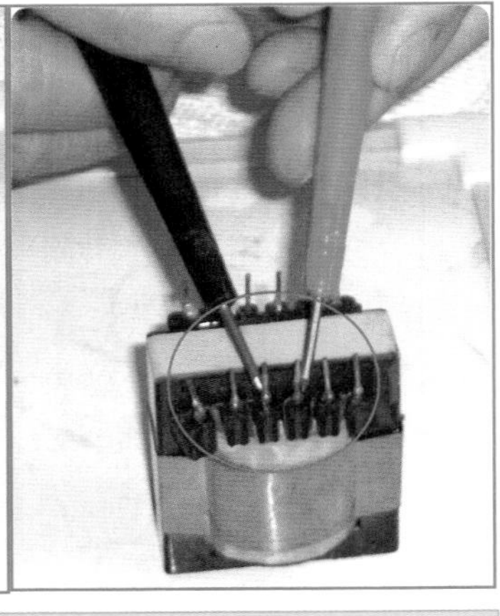

结论 2：由于次级绕组中的 3 个绕组的电阻值为固定值，因此可以判断此变压器的次级绕组正常。

图 6-8 打印机电路中变压器测量方法（续）

在测量完初级和次级绕组后，将万用表调到欧姆挡的 R×10k 挡，并进行调零校正。然后用万用表分别测量初级绕组和次级绕组与铁芯间的绝缘电阻，测量的阻值均为无穷大。

测量结论：由于初级绕组和次级绕组正常，且初级绕组和次级绕组与铁芯间的绝缘电阻均为无穷大，就说明变压器的绝缘性正常。

6.3 变压器检测经验总结

变压器检测经验总结如下：

（1）使用电压法检查变压器时，在加电情况下，用万用表交流电压挡，测量变压器次级交流电压。若测得为零，则再测变压器初级电压；若为 220V 电压，则表明变压器存在故障。

（2）使用电阻法检测变压器时，用万用表电阻挡，分别测量变压器初级和次级电阻值。初级绕组电阻一般在 50~150Ω 之间，次级绕组电阻一般小于几欧姆。如果阻值过大，就表明有故障。

（3）在变压器损坏后，一般只能更换。对有内置温度熔断器的变压器，可仔细拆开绕组外的保护层，找到温度熔断器，直接连通温度熔断器的两个引脚，可作为应急使用。

（4）变压器断路故障一般引出线断线较常见，应该细心检查，把断线处重新焊接好。如果是内部断线或外部都能看出有烧毁的痕迹，那只能换新件或重绕。

（5）如果变压器内部线圈发生断路，变压器就会损坏。检测时，将指针万用表调到 R×1 挡进行测试。如果测量某个绕组的电阻值为无穷大，则说明此绕组有断路性故障。

（6）变压器短路故障检测：切断变压器的一切负载，接通电源，看变压器的空载温升，如果温升较高（烫手），就说明一定是内部局部短路。如果接通电源 15~30min 后，温升正常，就说明变压器正常。

（7）在变压器正常工作的时候，应听不到特别大的响声，若有响声，则说明变压器的铁芯没有固定好，或者变压器过载。对于这种故障，应先减小负载后再进行诊断。如果故障依旧，就需要断电检查铁芯了。

第7章 看图检修电路中的二极管

二极管是诞生最早的半导体器件之一，其应用非常广泛，几乎在所有的电子电路中，都要用到二极管。本章将通过实例来讲解电路板中二极管的检修方法。

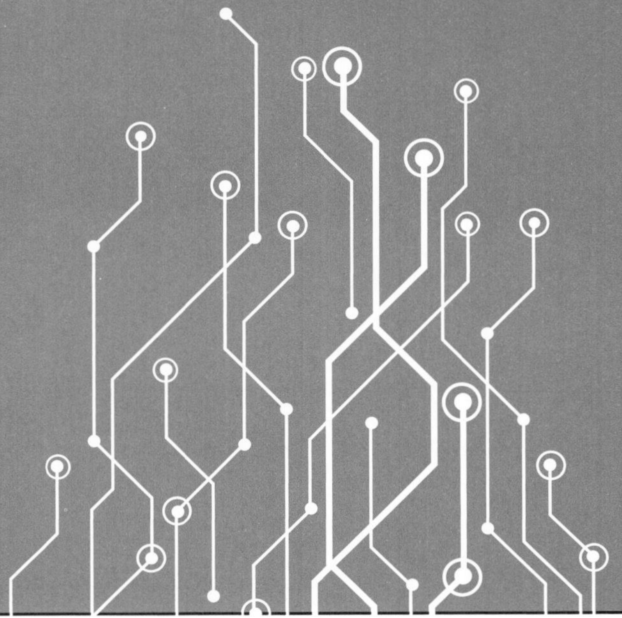

7.1 看图识电气设备中的二极管

各种电气设备的电路中有各种各样的二极管，根据二极管的种类不同，其外形也不一样。下面我们来辨识一下电路板中各式各样的二极管及二极管的符号和标注。

7.1.1 从电路板中识别二极管

电路板中常用的二极管包括检波二极管、整流二极管、开关二极管、稳压二极管、快恢复二极管、发光二极管、光电二极管、变容二极管等。下面我们从电路板分别认识一下它们。

1. 检波二极管

检波（也称解调）二极管的作用是利用其单向导电性将高频或中频无线电信号中的低频信号或音频信号分检出来的器件。检波二极管常由锗材料制成，通常以 100mA 电流为界限，电流小于 100mA 的称为检波。图 7–1 所示为检波二极管。

检波二极管广泛应用于半导体收音机、收录机、电视机及通信设备的小信号电路中，它具有较高的检波效率和良好的频率特性。

图 7–1　检波二极管

2. 整流二极管

将交流电能转变为直流电能的二极管称为整流二极管。整流二极管具有明显的单向导电性，主要用于整流电路。利用二极管的单向导电功能将交电流变为直流电。

整流二极管多为硅面接触型结构，结面积较大，能通过较大电流。通常高压大功率整流二极管都用高纯度单晶硅制造，主要应用于各种低频整流电路中。图 7–2 所示为整流二极管。

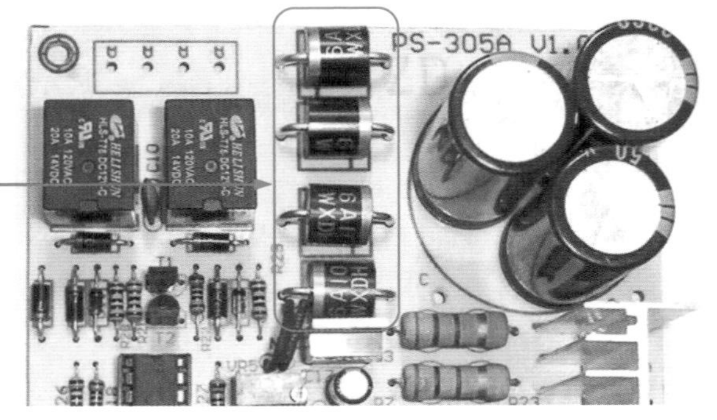

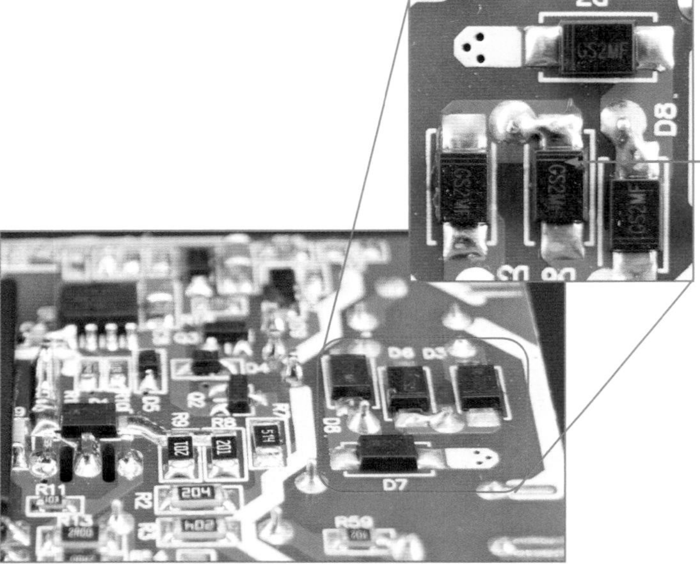

图 7-2 整流二极管

3. 开关二极管

开关二极管是利用二极管的单向导电性，在半导体 PN 结加上正向偏压后，在导通状态下，电阻很小（几十到几百欧）；加上反向偏压后截止，其电阻很大（硅管在 100MΩ 以上）。开关二极管是利用正向偏压时二极管电阻很小、反向偏压时电阻很大的单向导电性，在电路中对电流进行控制，起到接通或关断的作用。开关二极管的正向电阻很小，反向电阻很大，开关速度很快，如图 7-3 所示。

4. 稳压二极管

稳压二极管利用二极管反向击穿时端电压不变的原理来实现稳压限幅、过载保护。稳压二极管加正向电压时二极管导通，有较大的正向电流流过二极管；加反向电压时，只有很小的反向电流流过二极管。当反向电压达到一定程度时，反向电流会突然增大，这时二极管便进入了击穿区，其内阻很小；反向电流在很大范围内变化时，二极管两端的反向电压能保持不变，相当于一个恒压源。这种现象称为齐纳效应，如图 7-4 所示。

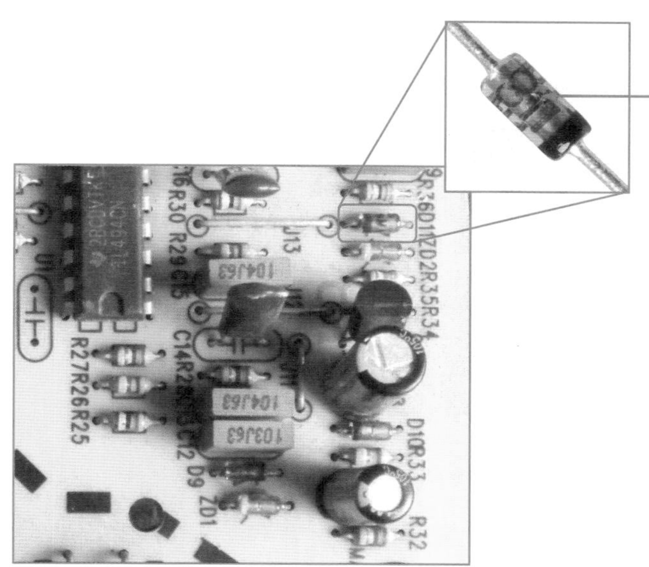

开关二极管是半导体二极管的一种，是为在电路上进行“开”“关”而特殊设计制造的一类二极管。它由导通变为截止或由截止变为导通所需的时间比一般二极管短。开关二极管按功率不同可以分为小功率和大功率两种。小功率开关二极管主要用于电视机，收音机；大功率开关二极管主要用在电源电路作续流、高频整流、桥式整流及其他开关电路。

图 7-3　开关二极管

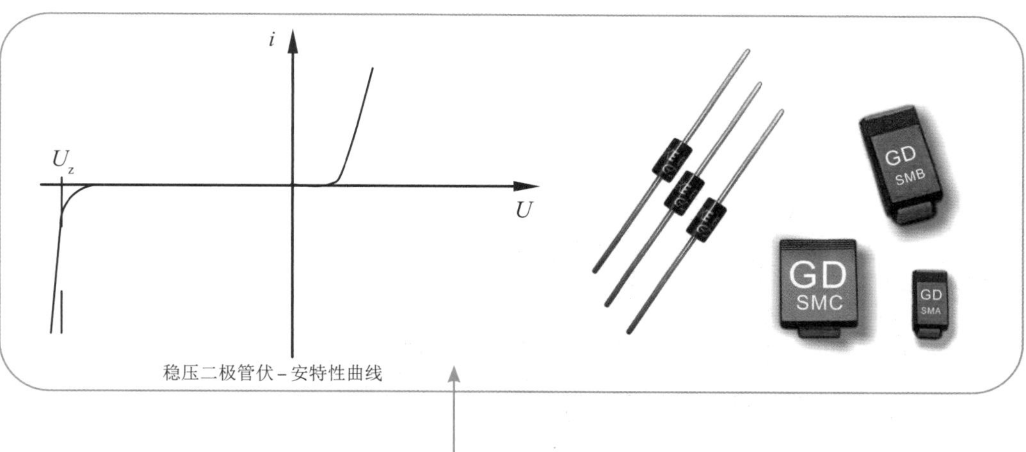

（1）在反向电压较低时，稳压二极管截止；在反向电压增大到 U_z 时，电流突然增大，曲线变得很陡，稳压二极管两端的电压大小基本不变，电压是稳定的。当稳压二极管处于稳压状态时，稳定电压有微小的变化，就可以引起稳压二极管很大的反向电流变化。
（2）这里 U_z 是稳压二极管的稳压值。不同的稳压二极管，稳压值不同。
（3）当稳压二极管处于反向击穿状态时，只要流过 PN 结的工作电流不大于最大稳定电流，稳压二极管就不会损坏。

图 7-4　稳压二极管

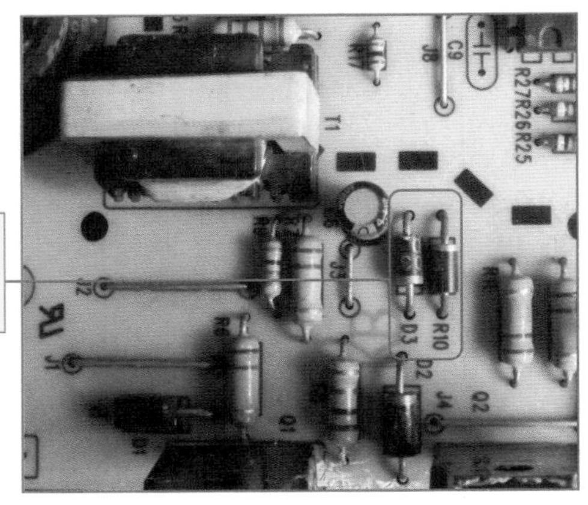

稳压二极管也叫齐纳二极管，它在电路中主要起稳压作用。

图 7-4　稳压二极管（续）

5. 快恢复二极管

快恢复二极管的内部结构与普通二极管不同，它是在 P 型、N 型硅材料中间增加了基区 I，构成 P–I–N 硅片。因基区很薄，反向恢复电荷很小，所以快恢复二极管的反向恢复时间较短，同时还降低了瞬态正向压降，使管子能承受很高的反向工作电压。快恢复二极管（简称 FRD）是一种具有开关特性好、反向恢复时间短等特点的半导体二极管。图 7–5 所示为常见的快恢复二极管。

快恢复二极管主要应用于开关电源、PWM 脉宽调制器、变频器等电子电路中，可作为高频整流二极管、续流二极管或阻尼二极管使用。

图 7–5　快恢复二极管

6. 发光二极管

发光二极管是一种能发光的半导体器件。它是由镓与砷、磷、氮、铟的化合物制成的二极管，当电子与空穴复合时能辐射出可见光，因此可以用来制成发光二极管。磷砷化镓二极管发红光，磷化镓二极管发绿光，氮化硅二极管发黄光，铟镓氮二极管发蓝光。

发光二极管的内部结构为一个 PN 结而且具有晶体管的特性。当发光二极管的 PN 结上加上正向电压时，会产生发光现象。图 7–6 所示为电子电路中常见的发光二极管。

发光二极管正向电压为 1.5 ~ 3V，发光二极管主要用于指示，可组成数字或符号的 LED 数码管。

图 7-6　发光二极管

7. 光电二极管

光电二极管（Photo-Diode）也称为光敏二极管，实际上它是一个光敏电阻器，对光的变化非常敏感，光敏二极管的管芯是一个具有光敏特征的 PN 结，它具有单方向导电特性，可以通过光照强弱来改变电路中的电流。图 7-7 所示为常见光电二极管。

光电二极管是一种将光信号转换成电信号的光电传感器件。有光照时，其反向电流随光照强度的增加而正比上升，可用于光的测量或作为能源（即光电池）。

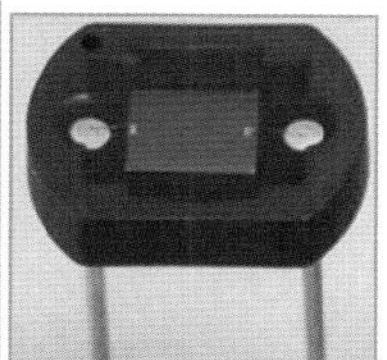

图 7-7　光电二极管

8. 变容二极管

变容二极管是一种结电容随反向电压的改变而改变的二极管。因此它可作为一个可变电容器。当施加的反向电压增加时，PN 结的宽度增加，从而减小它的电容量，如图 7-8 所示。

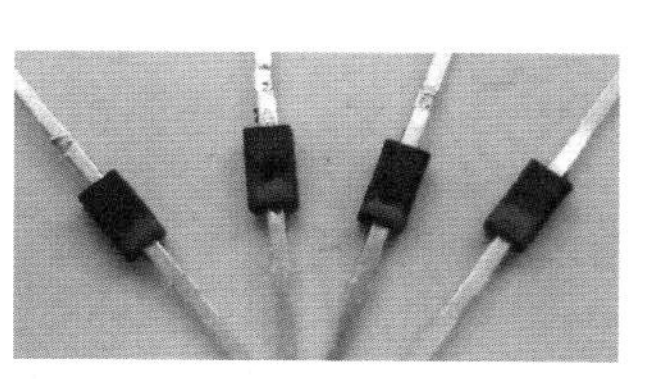

一般变容二极管电容量的范围从几皮法到 100pF，变容二极管的低电容量通常将它的使用限制于高频率的射频电路中，而所加的电压用来改变振荡器电路中的电容量。反向电压可以通过调整一个分压器来获得，其作用是改变振荡器的频率。

图 7-8　变容二极管

7.1.2 二极管的图形符号与文字符号

二极管是电子电路中比较常用的电子元器件之一，一般用“D”或“VD”文字符号表示。二极管的电路图形符号如图 7–9 所示，电路图中的二极管符号如图 7–10 所示。

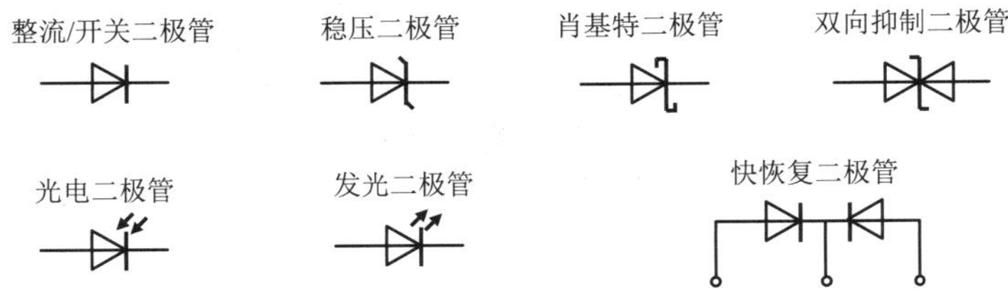

图 7–9 二极管图形符号

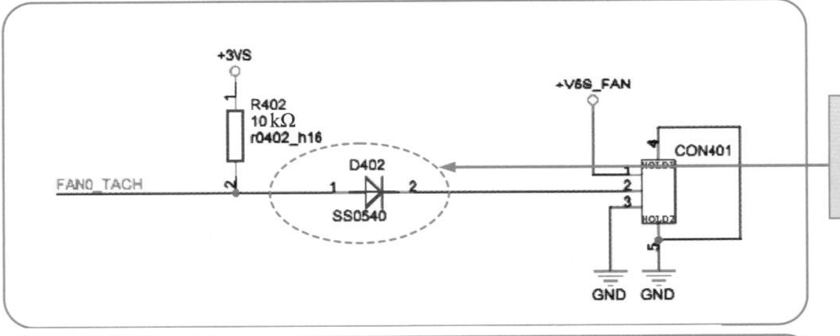

开关二极管。D402 为其文字符号，SS0540 为参数。

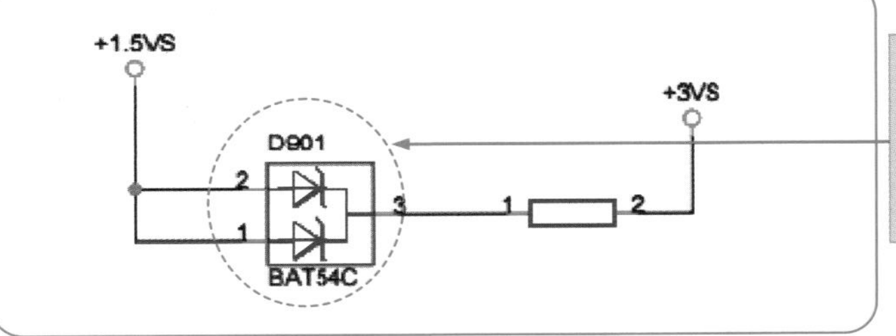

该二极管称为肖特基二极管，内部集成了两个稳压二极管。D901 为其文字符号，BAT54C 为参数。

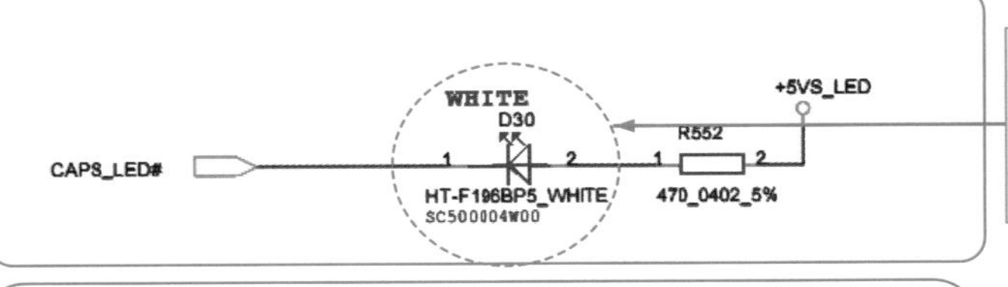

发光二极管。D30 为其文字符号，WHITE 为其光的颜色说明，HT–F196BP5 为其参数。

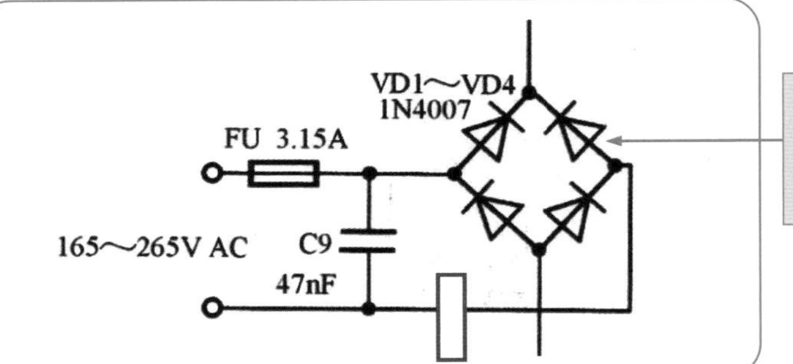

整流二极管。VD1~VD4 为其文字符号，表示有 4 个整流二极管，1N4007 为其型号。

图 7–10 电路图中的二极管的图形符号

7.2 二极管的检修实战

通过对前面内容的学习，读者对二极管已经有了一个基本了解。接下来通过实战案例来讲解使用万用表检测各种二极管的方法。

7.2.1　使用数字万用表检测整流二极管

整流二极管主要用在电源供电电路板中，电路板中的整流二极管可以采用开路测量，也可以采用在路测量。

整流二极管开路测量的方法如图 7–11 所示。

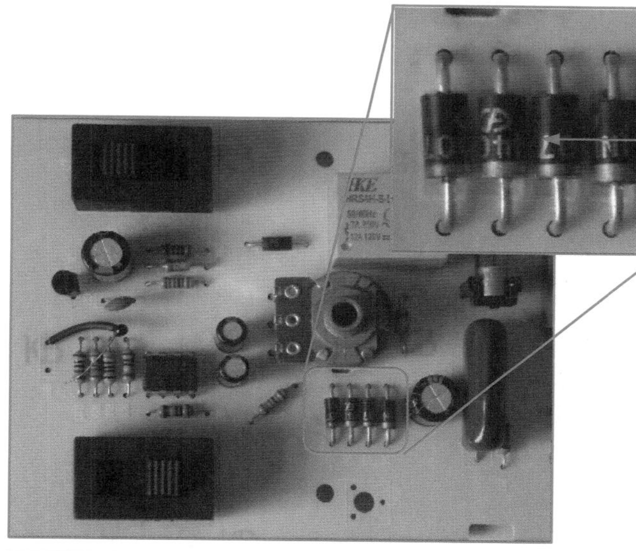

❶将待测整流二极管的电源断开，对待测整流二极管进行观察，看待测二极管是否有烧焦和虚焊等情况。如果有，则说明整流二极管已损坏。

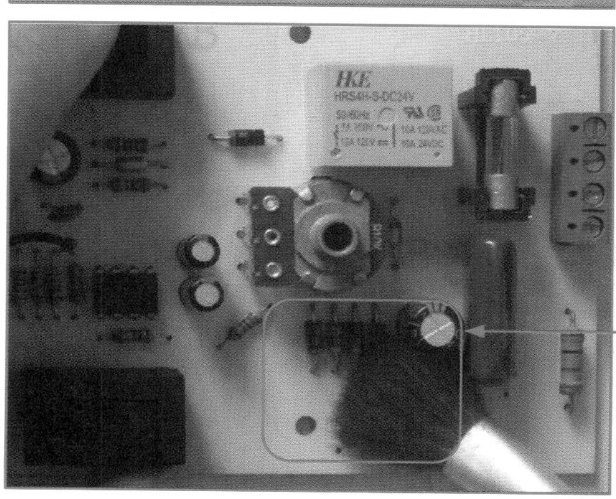

❷用小毛刷清洁整流二极管的两端，去除两端引脚下的污物，以避免因油污的隔离作用而使表笔与引脚间的接触不实，从而影响测量结果。

图 7–11　整流二极管开路检测的方法

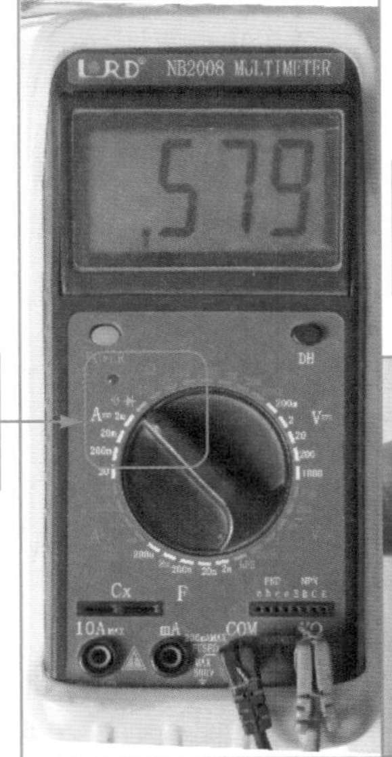
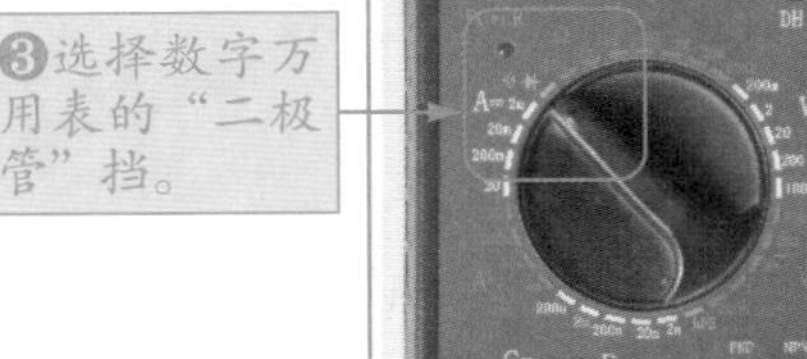

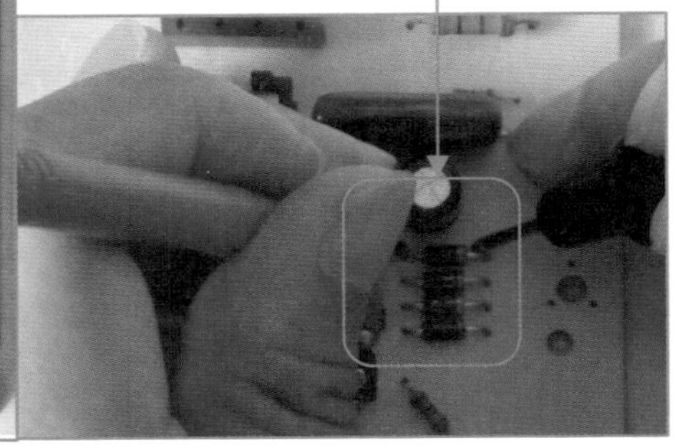

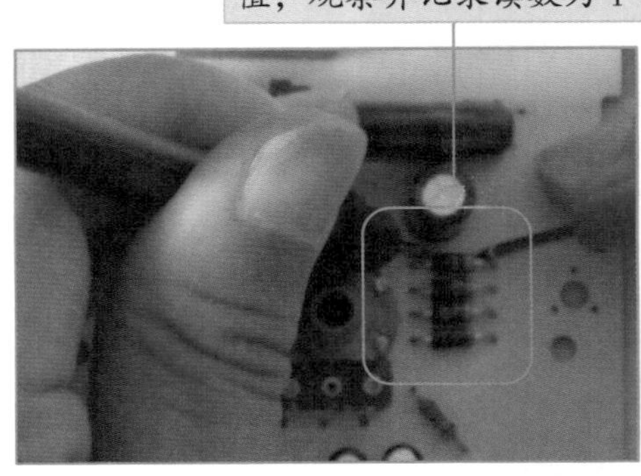

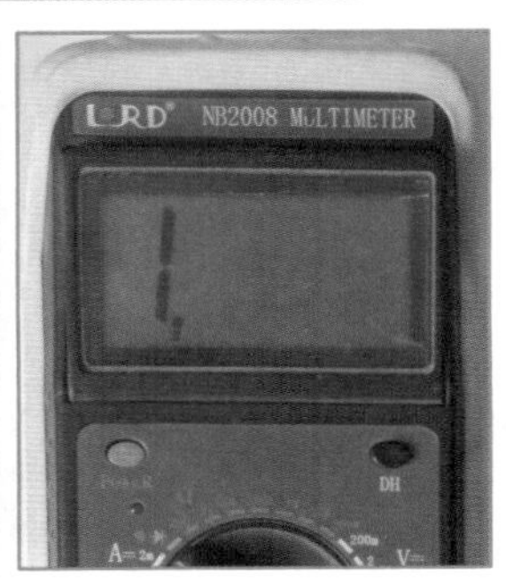

图 7-11　整流二极管开路检测的方法（续）

测量结论：经检测，待测整流二极管正向电阻为固定值，反向电阻为无穷大，因此判断该整流二极管的功能基本正常。

提示：如果待测整流二极管的正向阻值和反向阻值均为无穷大，则说明二极管很可能有断路故障；如果测得整流二极管正向阻值和反向阻值都接近于 0，则说明二极管已被击穿短路；如果测得整流二极管正向阻值和反向阻值相差不大，则说明二极管已经失去了单向导电性或单向导电性不良。

7.2.2　使用指针万用表检测主板电路中的稳压二极管

主板电路中的稳压二极管主要在内存供电电路等电路中。主板中的稳压二极管可以采用开路测量，也可以采用在路测量。为了测量准确，通常用指针万用表进行开路测量。

开路测量主板电路中稳压二极管的方法如图 7-12 所示。

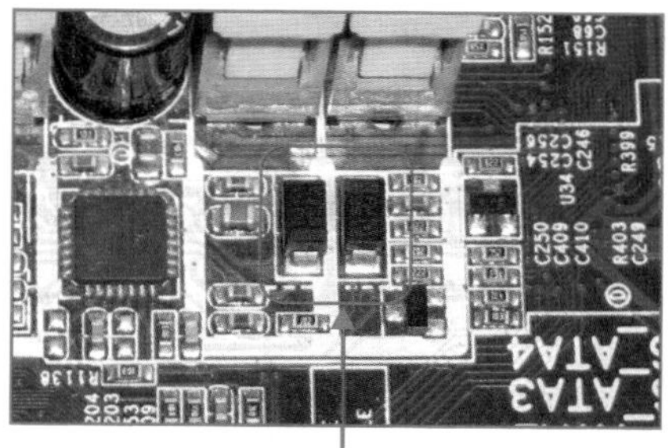

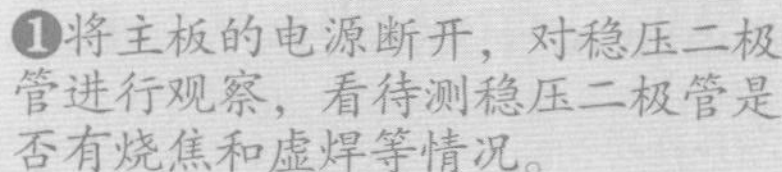

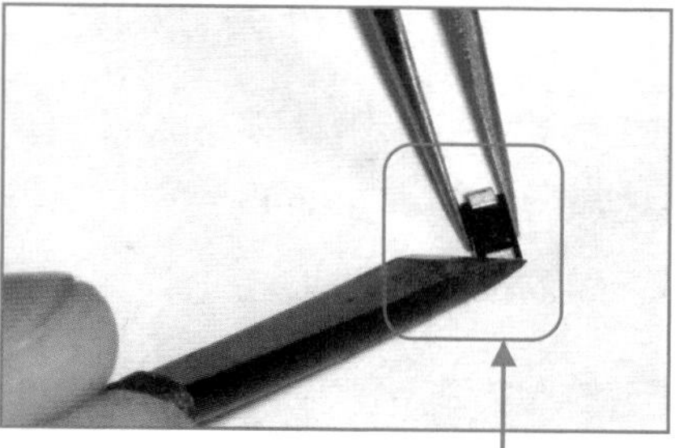

❷将待测稳压二极管从电路板上焊下并清洁其两端引脚下的污物，以确保测量时的准确性。

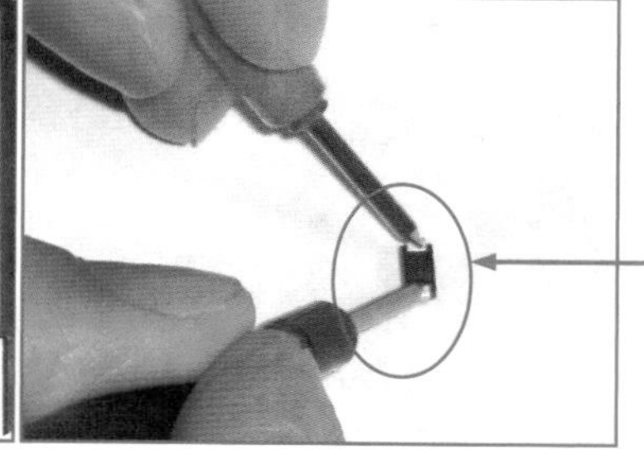

❸选择指针万用表欧姆挡的 R×1k 挡，短接表笔并调零；然后将红、黑表笔分别搭在二极管的两个引脚上。观察表盘，测得当前二极管的阻值为 6kΩ。

结论 1：由于测量的阻值为一个固定值，因此当前黑表笔（接万用表负极）所检测的一端为二极管的正极，红表笔（接万用表正极）所检测的一端为二极管的负极。
提示：如果测量的阻值趋于无穷大，则表明当前接黑表笔的一端为二极管的负极，接红表笔的一端为二极管的正极。

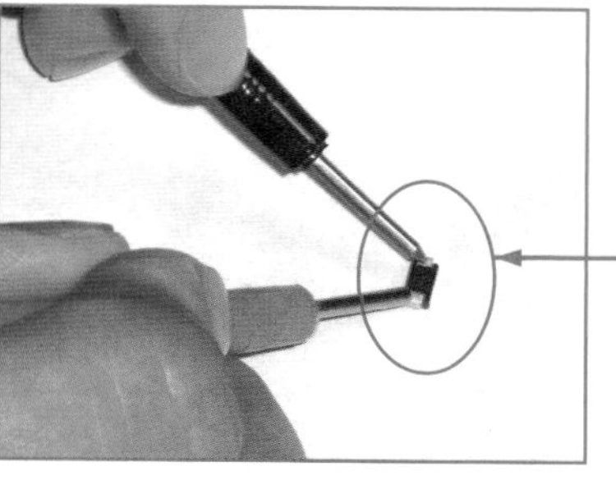

❹将黑表笔接二极管的负极引脚，红表笔接二极管的正极引脚。观察测量结果，发现其反向阻值为无穷大。

图 7-12　用开路法检测主板中的稳压二极管

测量结论：由于稳压二极管的正向阻值为一个固定阻值，而反向阻值趋于无穷大，因此可以判断此稳压二极管正常。

提示：如果待测稳压二极管的正向阻值和反向阻值都趋于无穷大，就说明二极管有断路故障；如果二极管正向阻值和反向阻值都趋于 0，就说明二极管被击穿短路；如果二极管正向阻值和反向阻值都很小，就可以断定该二极管已被击穿；如果二极管正向阻值和反向阻值相差不大，则说明二极管失去单向导电性或单向导性不良。

7.2.3 使用数字万用表检测开关二极管

电路中的开关二极管可以采用开路测量，也可以采用在路测量。为了测量准确，通常用指针万用表开路进行测量。

电路中的开关二极管检测方法如图 7–13 所示。

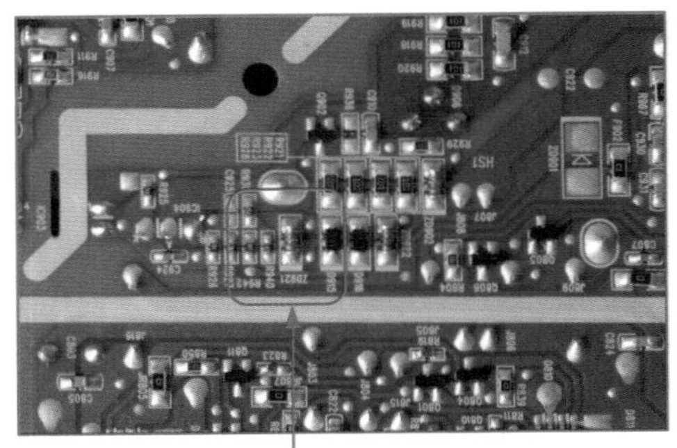

❶将待测开关二极管的电源断开，对待测开关二极管进行观察，看待测开关二极管是否有烧焦和虚焊等情况。

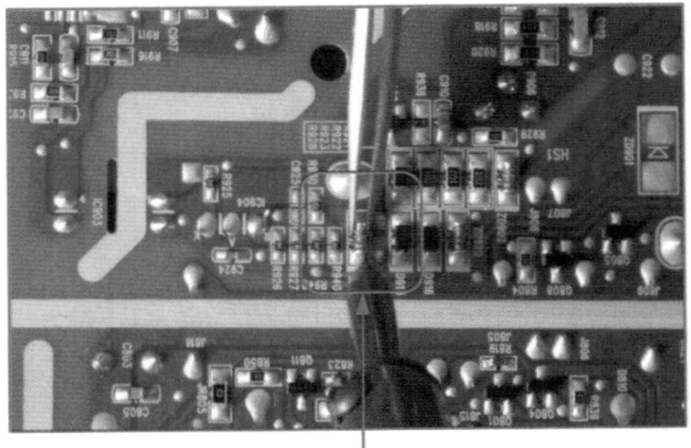

❷用电烙铁将待测开关二极管焊下来，此时需用小镊子夹持着开关二极管，以避免被电烙铁传来的热量烫伤。

❸清洁开关二极管的两端，去除两端引脚下的污物，以确保测量时的准确性。

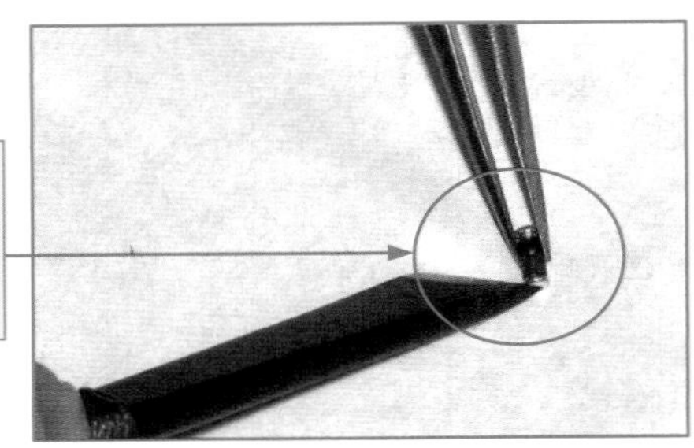

❹选择数字万用表的“二极管”挡。

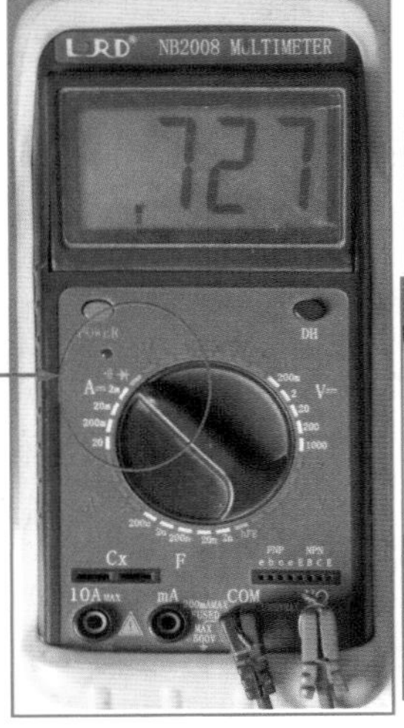

❺将两表笔分别接待测开关二极管的两极。观察读数，发现测得固定阻值。

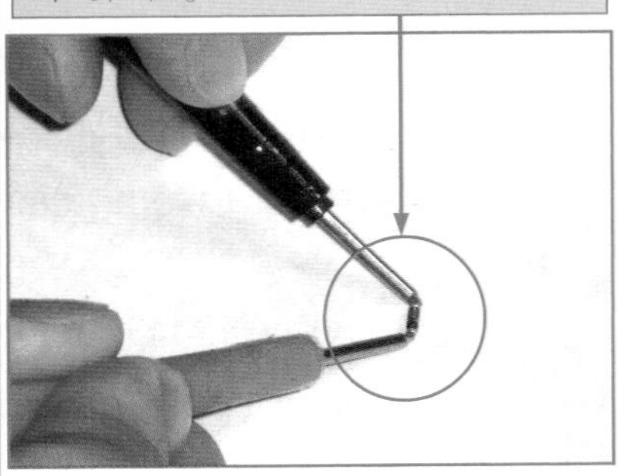

图 7–13　电路中开关二极管的检测

❻将红、黑表笔交换，再次进行测量。观察读数，发现测得阻值为 1（无穷大）。

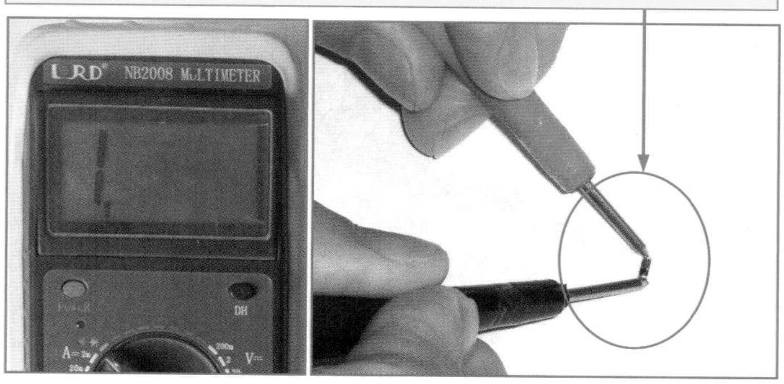

图 7-13　电路中开关二极管的检测（续）

测量结论：两次检测中出现固定阻值的那一次的接法即为正向接法（红表笔所接的为万用表的正极），经检测待测开关二极管正向电阻为一固定电阻值，反向电阻为无穷大（1）。因此判断该开关二极管的功能基本正常。

提示：如果待测开关二极管的正向阻值和反向阻值均为无穷大，则说明二极管很可能有断路故障；如果测得开关二极管正向阻值和反向阻值都接近于 0，则说明二极管已被击穿短路；如果测得开关二极管正向阻值和反向阻值相差不大，则说明二极管已经失去了单向导电性或单向导电性不良。

7.3 二极管检测经验总结

二极管检测经验总结如下：

（1）用指针万用表检测二极管的好坏，应注意指针的偏转幅度。如果二次检测中，指针都有较大幅度偏转，接近右端 0 处，表明二极管击穿短路；如果二次检测中，指针都没有偏转，表明开路。

（2）用数字表检测二极管的好坏时，如果正反向二次检测中，显示屏显示数均小，数字表有蜂鸣叫声，表明二极管击穿短路；如果均无显示（只显示 1），表明二极管开路。

（3）用万用表测量二极管的阻值时，如果测量的正向阻值和反向阻值都趋于无穷大，则说明二极管有断路故障。

（4）用万用表测量二极管的阻值，如果正反向阻值一样大或者十分接近，就说明电路中二极管击穿了。

（5）用万用表二极管挡测量二极管压降，在正常情况下，二极管的正向压降为 0.5~0.7V。如果在电路加电的情况下，二极管两端正向电压远远大于 0.7V，就说明该二极管开路已损坏。

看图检修电路中的三极管

三极管全称应为晶体三极管，具有电流放大作用，可以把微弱信号放大成幅度值较大的电信号。三极管是电子电路的核心元件，在电路中被广泛应用。本章将通过实例来讲解电路板中三极管的检修方法。

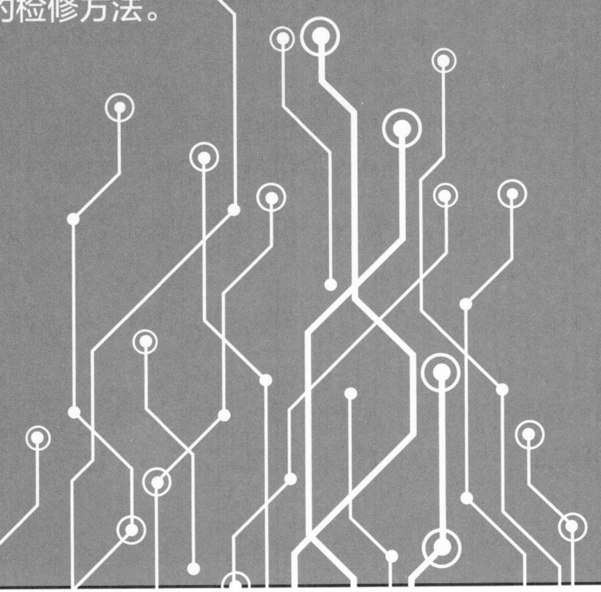

8.1 看图识电气设备中的三极管

各种电气设备的电路中有各种各样的三极管，根据三极管的种类不同，其外形也不一样。下面我们来辨识一下电路板中各式各样的三极管及三极管的符号和标注。

8.1.1 从电路板中识别三极管

电路板中常用的三极管包括 PNP 型三极管、NPN 型三极管、开关三极管、贴片三极管、光敏三极管、低频小功率三极管、高频三极管等。下面我们从电路板中分别认识一下它们。

1. PNP 型三极管

由两块 P 型半导体中间夹着一块 N 型半导体所组成的三极管称为 PNP 型三极管。也可以描述成，电流从发射极 E 流入的三极管。PNP 型三极管如图 8-1 所示。

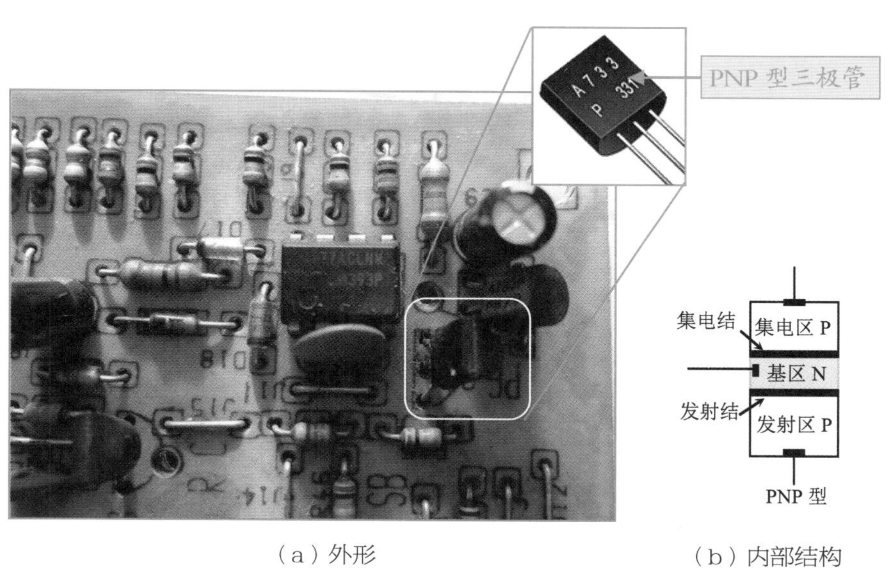

（a）外形　　（b）内部结构

图 8-1　PNP 型三极管的外形和内部结构

2. NPN 型三极管

NPN 型三极管由三块半导体构成。其中，两块 N 型半导体和一块 P 型半导体。P 型半导体在中间，两块 N 型半导体在两侧。三极管是电子电路中最重要的器件之一，主要具有电流放大和开关的作用。NPN 型三极管如图 8-2 所示。

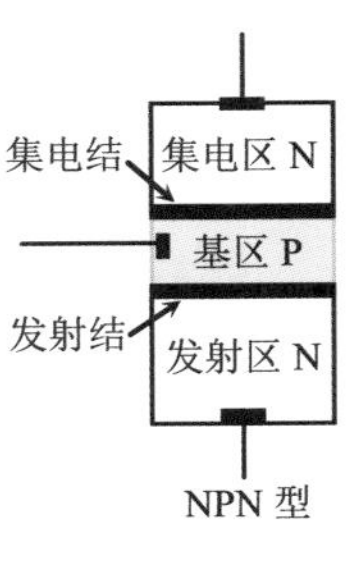

（a）外形　　（b）内部结构

图 8-2　NPN 型三极管的外形和内部结构

3. 开关三极管

开关三极管在开关电路中用来控制电路的开启或关闭。开关三极管工作于截止区和饱和区，相当于电路的切断和导通。由于它具有完成断路和接通的作用，被广泛应用于各种开关电路中，如常用的开关电源电路，驱动电路，高频振荡电路，模 / 数转换电、脉冲电路及输出电路等。开关三极管的外形如图 8-3 所示。

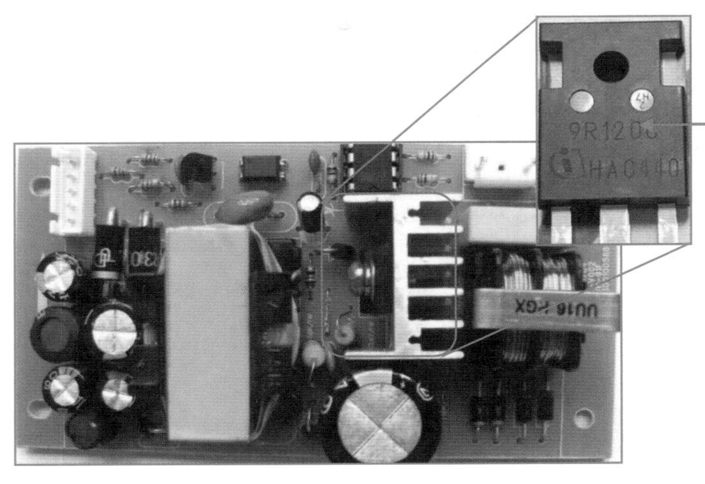

图 8-3　开关三极管

4. 贴片三极管

贴片三极管与普通三极管相比只是封装不同而已，贴片三极管具有小型化、高品质、高能量储存和低电阻的特性。其一般由在陶瓷或微晶玻璃基片上沉淀金属导片而制成，图 8-4 所示。

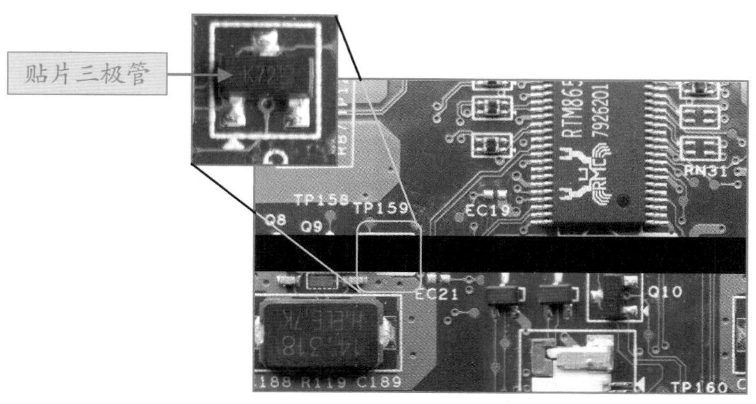

图 8-4　贴片三极管

5. 光敏三极管

光敏三极管与普通三极管相似，也有电流放大作用，只是它的集电极电流不仅受基极电路和电流控制，同时也受光辐射的控制，如图 8-5 所示。

光敏三极管通常基极不引出，但一些光敏三极管的基极有引出，具有温度补偿和附加控制等作用。

图 8-5　光敏三极管

6. 低频小功率三极管

低频小功率三极管一般是指功率小于 1W、特征频率小于 3MHz 的三极管。低频小功率三极管主要用于电子设备的功率放大电路、低频放大电路等。低功率放大用的小功率管一般工作在小信号状态，这样三极管的放大特性近于线性，可将三极管等效为线性器件。比如在收音机、收录机的功放电路，如图 8-6 所示。

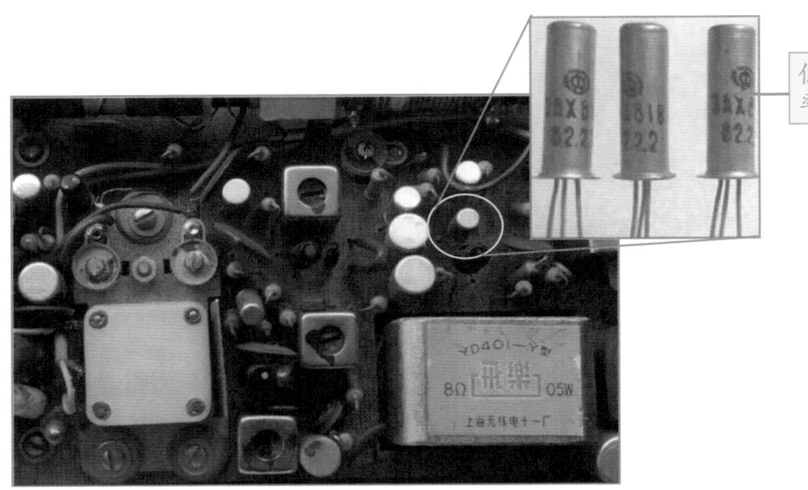

图 8-6　低频小功率三极管

7. 高频三极管

高频三极管一般是指频率大于 3MHz 的三极管，其主要适用于工作频率比较高的放大电路中。其工作频率很高，通常采用金属壳封装，金属外壳可以起到屏蔽作用，如图 8-7 所示。

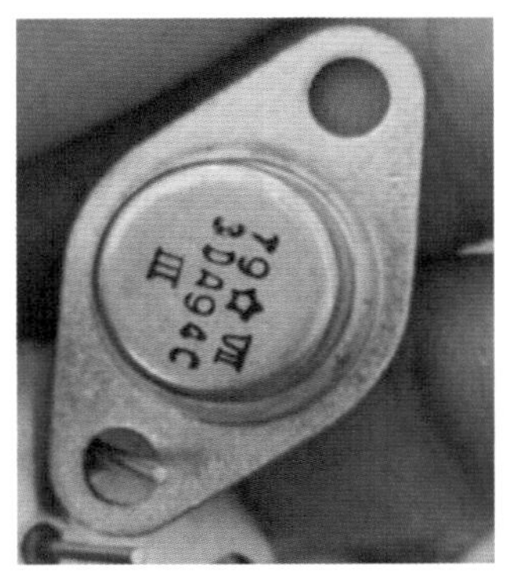

图 8-7　高频三极管

8.1.2　三极管的图形符号和文字符号

三极管是电子电路中最常用的电子元件之一，一般三极管用“VT”或“V”文字符号表示。三极管的电路图形符号如图 8-8 所示；电路图中的三极管如图 8-9 所示。

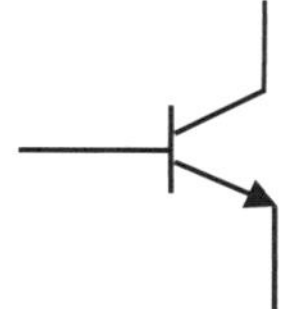

（a）新 NPN 型三极管电路符号

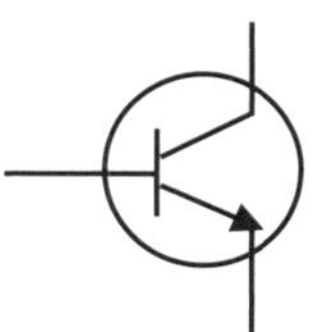

（b）旧 NPN 型三极管电路符号

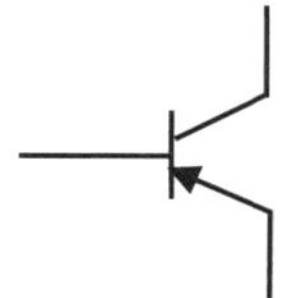

（c）新 PNP 型三极管电路符号

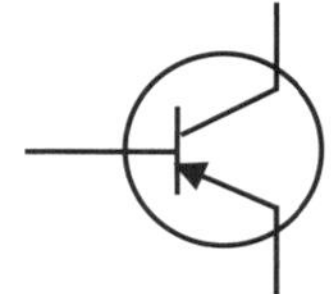

（d）旧 PNP 型三极管电路符号

图 8-8　三极管的图形符号

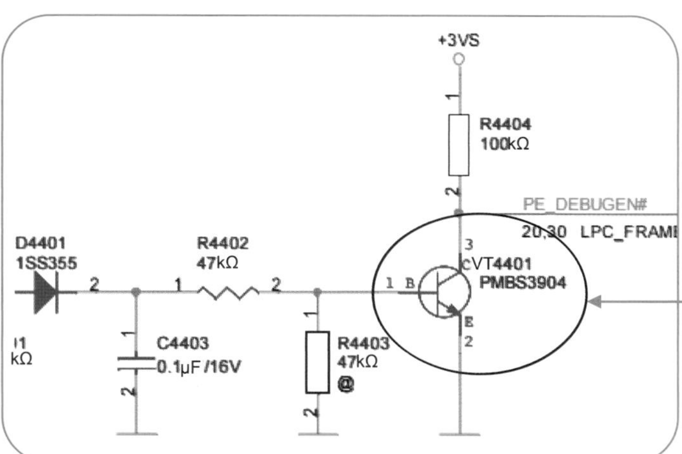

NPN 型三极管。VT4401 为其文字符号，下边的 PMBS3904 为型号。通过型号可以查询到三极管的具体参数。

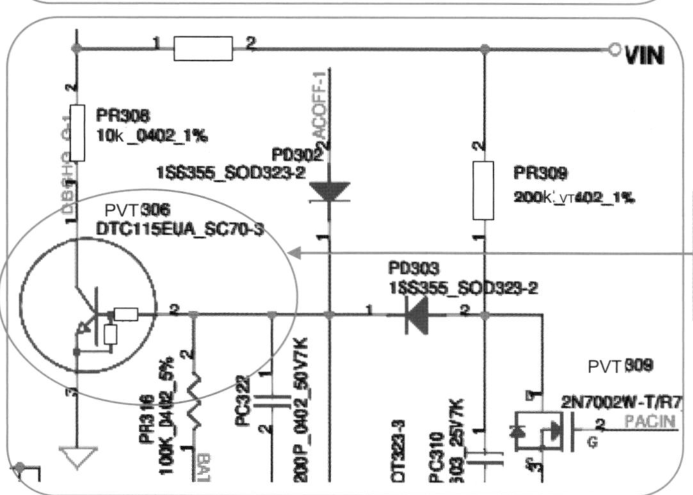

NPN 型数字三极管。PVT306 为其文字符号，下边的 DTC115EUA_SC70-3 为型号。

图 8-9　电路图中的三极管

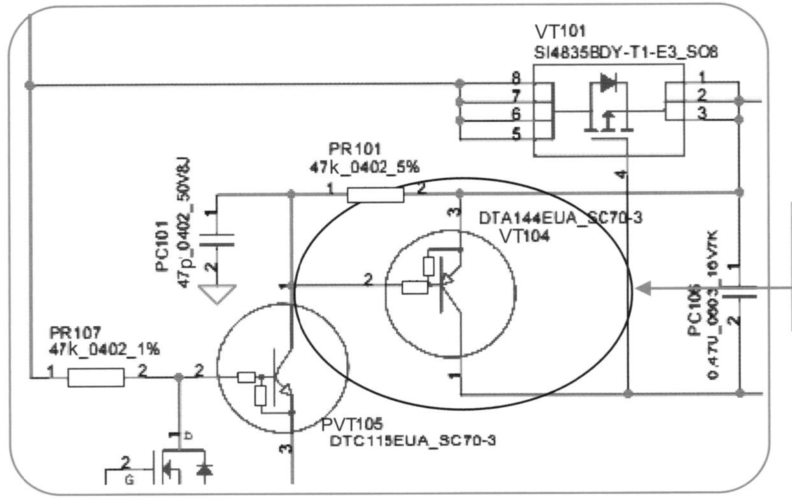

图 8-9 电路图中的三极管（续）

8.2 三极管的检修实战

通过对前面内容的学习，读者对三极管已经有了一个基本了解。接下来通过实战案例来讲解使用万用表检测各种三极管的方法。

8.2.1 使用指针万用表区分 NPN 型和 PNP 型三极管

区分 NPN 型三极管和 PNP 型三极管的方法如图 8-10 所示。

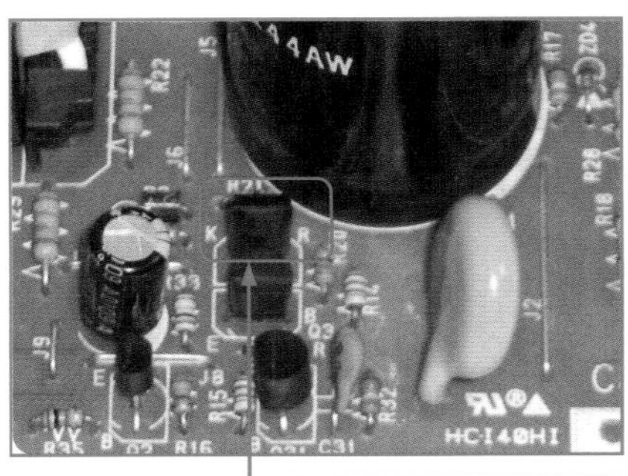

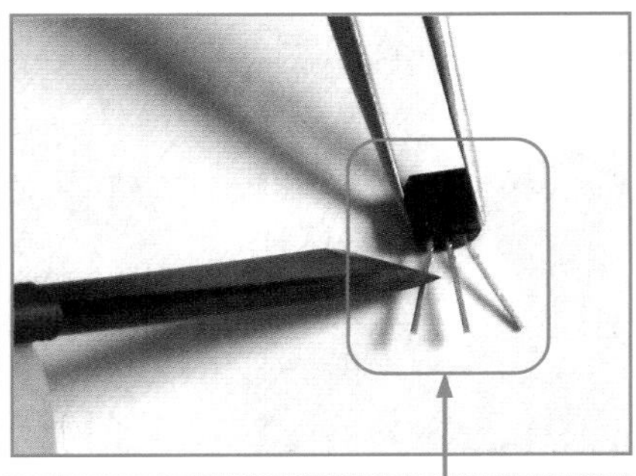

图 8-10 区分 NPN 型三极管和 PNP 型三极管的方法

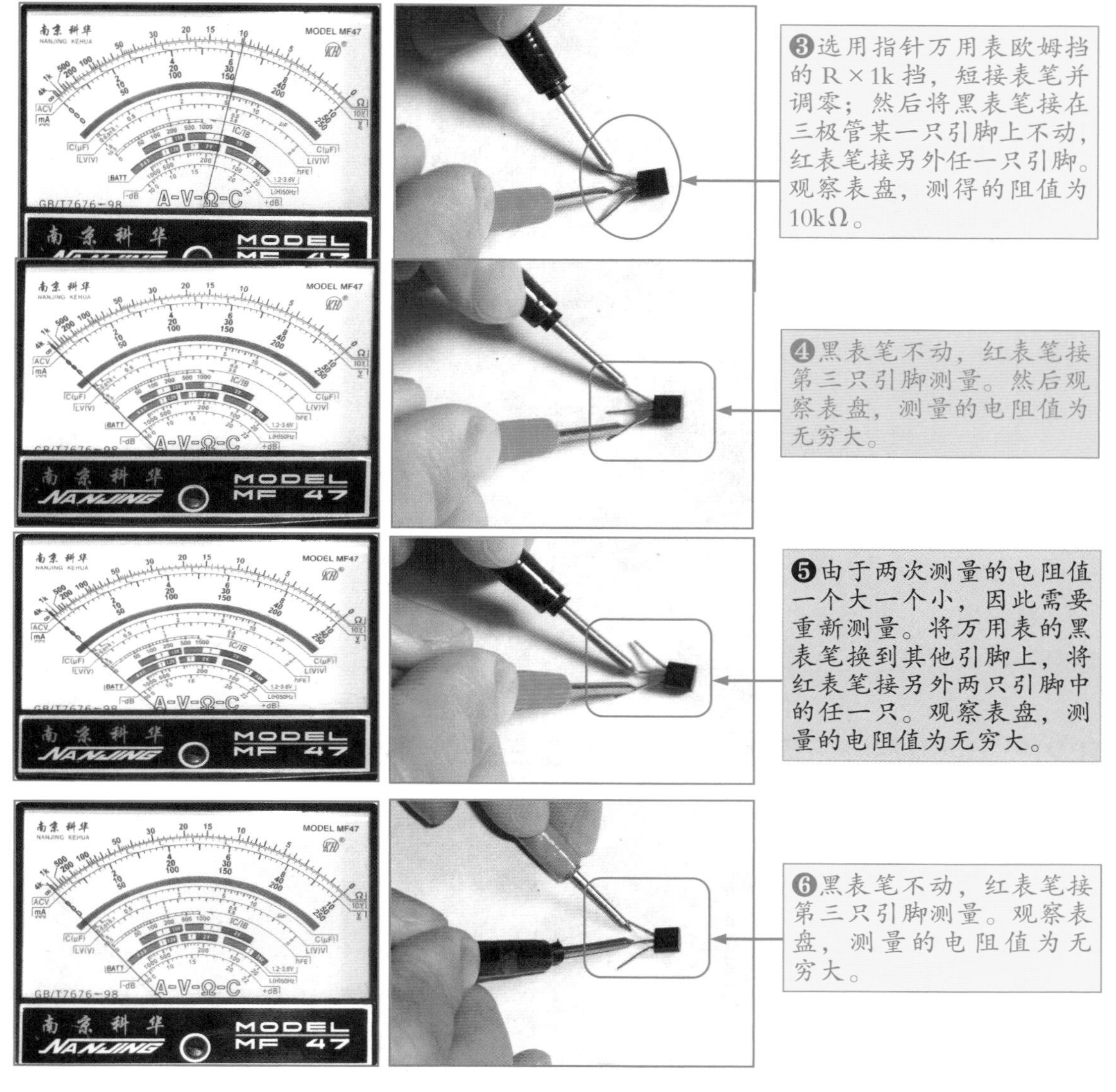

图 8-10　区分 NPN 型三极管和 PNP 型三极管的方法（续）

测量结论：由于步骤（4）~（6）中测量的电阻值均为无穷大，因此可以判断此三极管为 PNP 型三极管，且黑表笔接的引脚为三极管的基极。

提示：如果在二次测量中，万用表测量的电阻值都很小，则说明该三极管为 NPN 型三极管，且黑表笔接的电极为基极（B 极）。

8.2.2　使用指针万用表判断 NPN 型三极管极性

判断 NPN 型三极管的集电极和发射集的方法如图 8-11 所示。

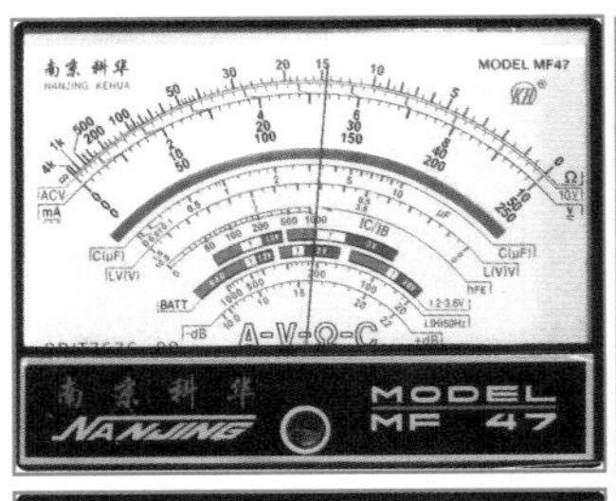
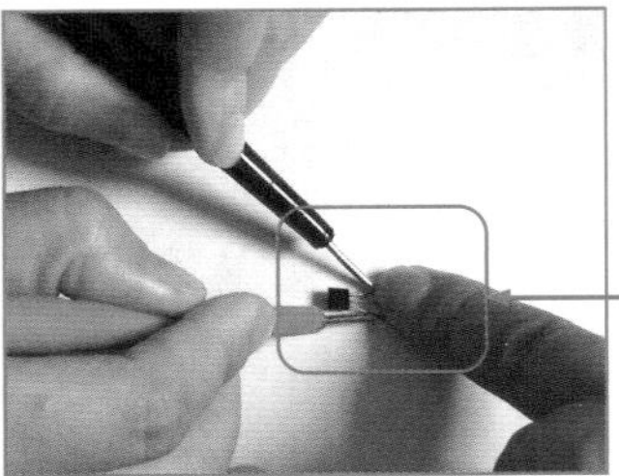

❶选用指针万用表欧姆挡的R×10k挡，短接表笔并调零；然后将红、黑表笔分别接三极管基极外的两只引脚，并用一只手指将基极与黑表笔相接触。观察表盘，测得阻值为150k。

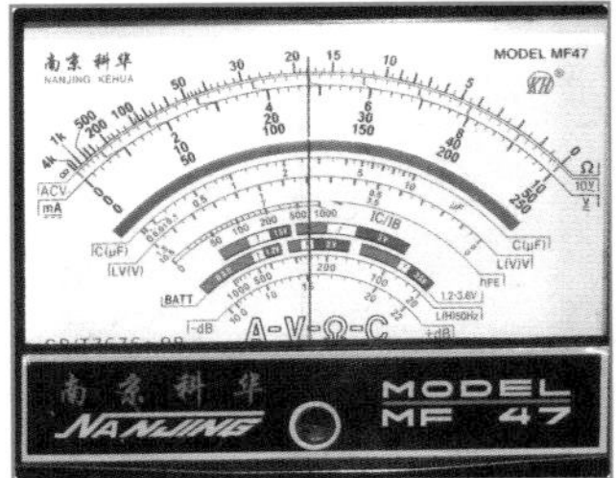
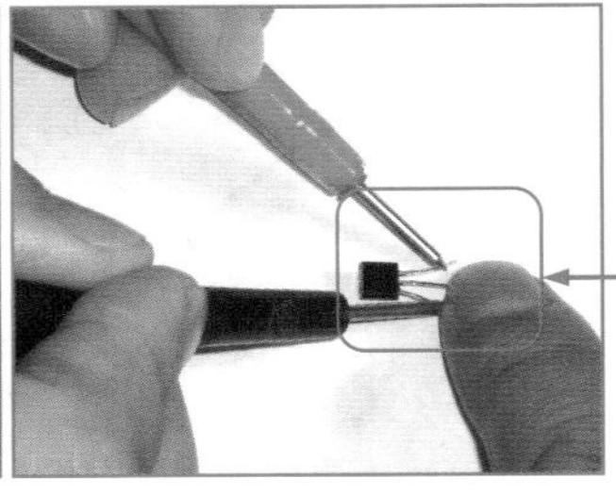

❷将红、黑表笔交换再重测一次，同样用一只手指将基极与黑表笔相接触。观察表盘，测得阻值为180k。

图 8-11 判断 NPN 型三极管的集电极和发射集

测量结论：在两次测量中，指针偏转量最大的一次（阻值为 150K 的一次），黑表笔接的是集电极，红表笔接的是发射极。

8.2.3 使用指针万用表判断 PNP 型三极管极性

判断 PNP 型三极管的集电极和发射集的方法如图 8-12 所示。

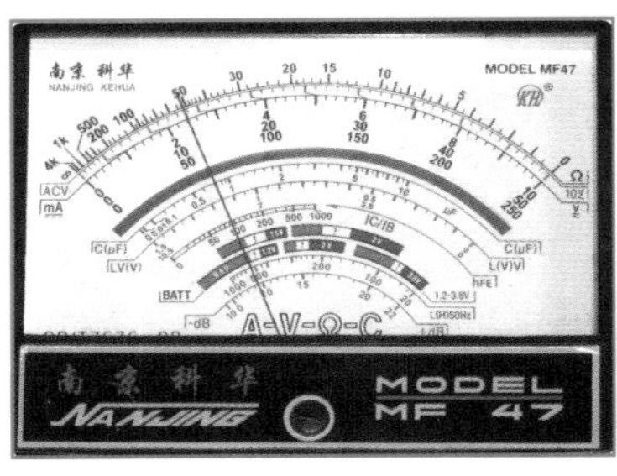
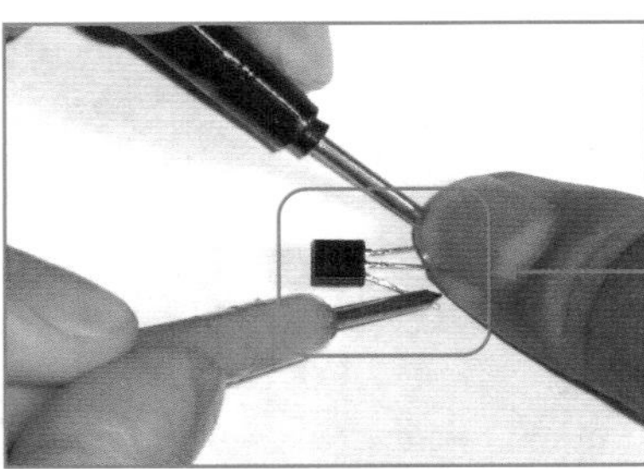

❶选用指针万用表欧姆挡的R×1k挡，短接表笔并调零；然后将红、黑表笔分别接三极管基极外的两只引脚，并用一只手指将基极与黑表笔相接触。观察表盘，测得阻值为500k。

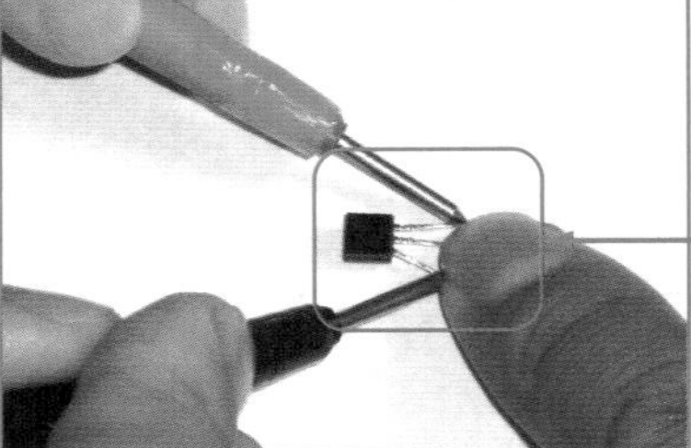

❷将红、黑表笔交换，再次测量，同样用一只手指将基极与黑表笔相接触。观察表盘，测得阻值为无穷大。

图 8-12 判断 PNP 型三极管的集电极和发射集

测量结论：经过两次测量，指针偏转量最大的一次（阻值为 500k 的一次）中黑表笔接的是发射极，红表笔接的是集电极。

8.2.4　使用数字万用表"hFE"功能判断三极管极性

目前，指针万用表和数字万用表都有三极管"hFE"测试功能。万用表面板上也有三极管插孔，插孔共有 8 个，它们按三极管电极的排列顺序排列，每 4 个一组，共两组，分别对应 NPN 型和 PNP 型。

判断三极管各引脚极性的方法如图 8–13 所示。

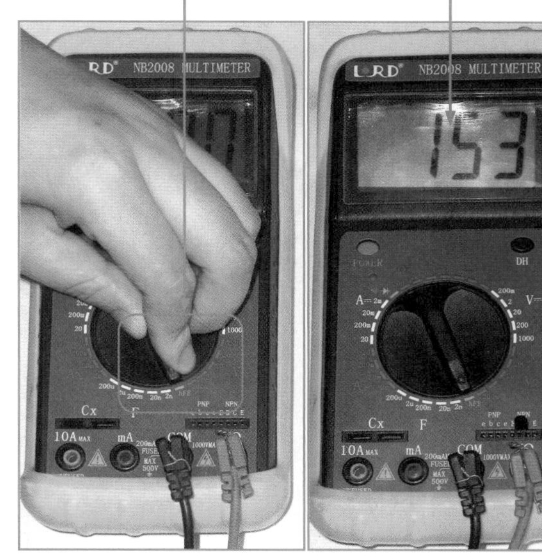

图 8–13　判断三极管各引脚极性

测量结论：对比以上两次测量结果，其中"hFE"值为"153"的插入法中，三极管的电极符合万用表上的排列顺序（万用表读数较大的一次），由此确定三极管的集电极和发射极。

8.2.5　使用指针万用表检测打印机电路中的直插式三极管

直插式三极管一般被应用在打印机的电源供电电路板中，为了测量准确，一般采用开路测量。

接下来，我们通过实践案例向读者展示用指针万用表检测打印机电路中的直插式三极管，其检测方法如图 8–14 所示。

❶将电路板的电源断开，观察并确认待测三极管无损坏、烧焦和虚焊等情况。

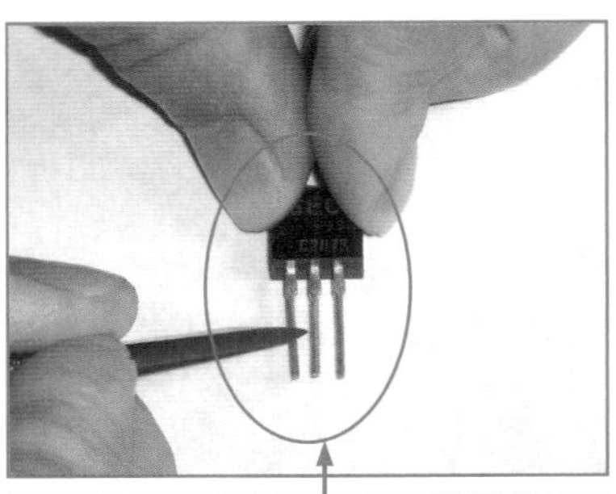

❷将待测三极管从电路板上卸下，清洁三极管的引脚，以确保测量时的准确性。

❸选用指针万用表欧姆挡的 R×1k 挡，短接表笔并调零；然后将黑表笔接在三极管某一只引脚上不动，红表笔接另外两只引脚中的一只进行测量。观察表盘，测得阻值为 6k。

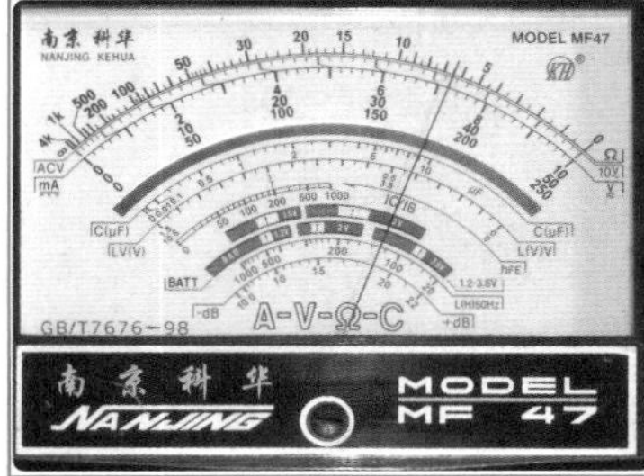

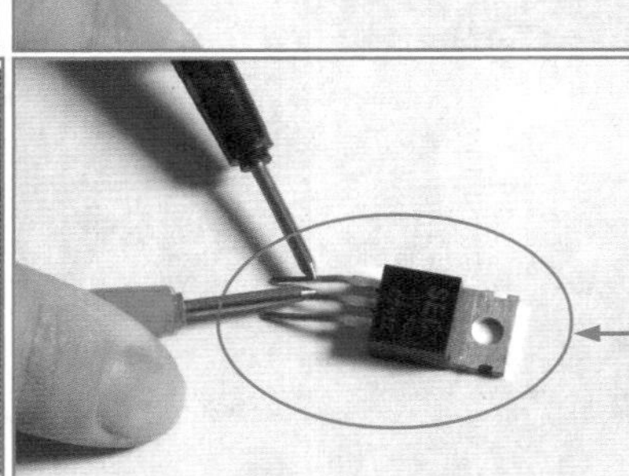

❹黑表笔不动，红表笔接剩下的那只引脚进行测量。观察表盘，测得阻值为6.3k。

结论 1：由于两次测量的电阻值都比较小，因此可以判断，此三极管为 NPN 型三极管，且黑表笔接的引脚为三极管的基极 B。

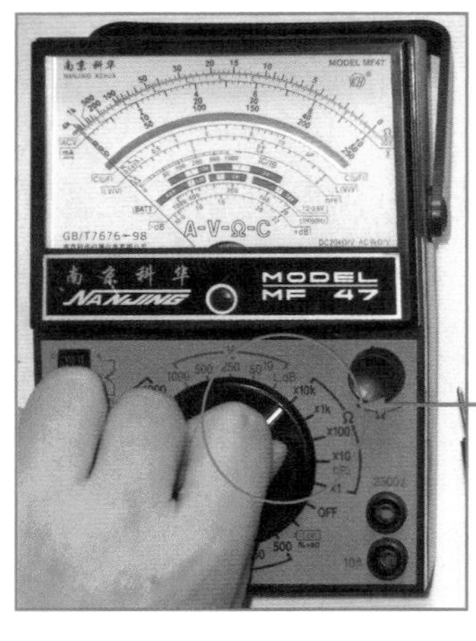

❺将万用表功能旋钮置于 R×10k 挡，然后再将两表笔短接，并旋转调零旋钮进行调零校正。

图 8-14　用指针万用表测量直插式三极管

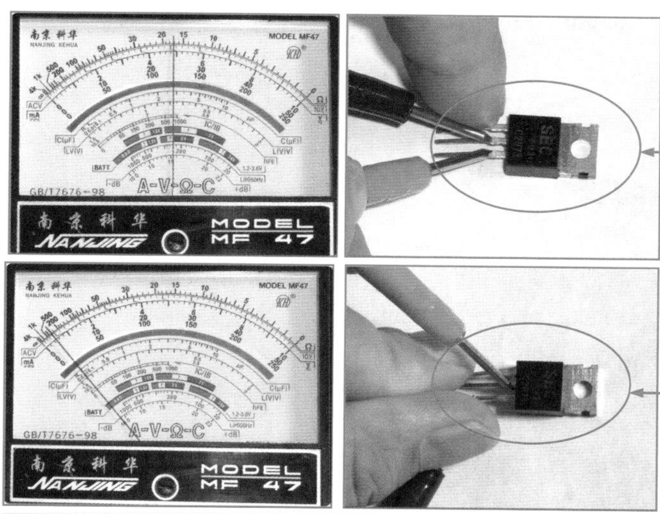

❻将红、黑表笔分别接三极管基极外的两只引脚，并用一只手指将基极与黑表笔相接触。观察表盘，测得阻值为 170k。

❼将红、黑表笔交换，再次进行测量。同样用一只手指将基极与黑表笔相接触。观察表盘，测得阻值为3000k。

结论 2：在两次测量中，指针偏转量最大的一次（阻值为“170k”的一次），黑表笔接的是发射极，红表笔接的是集电极。

❽将万用表功能旋钮置于 R×1k 挡，然后再将两表笔短接，并旋转调零旋钮进行调零校正。

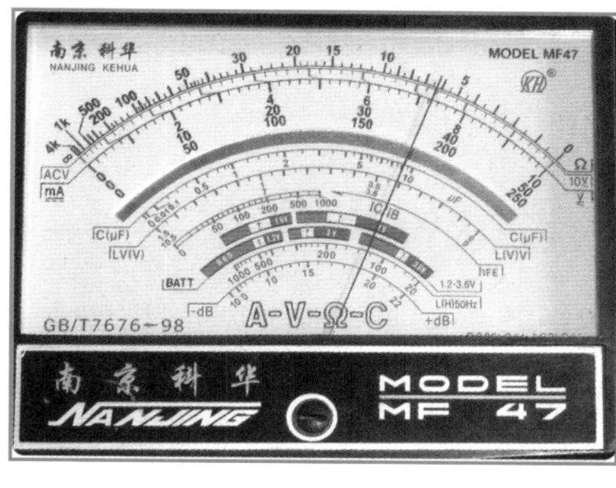

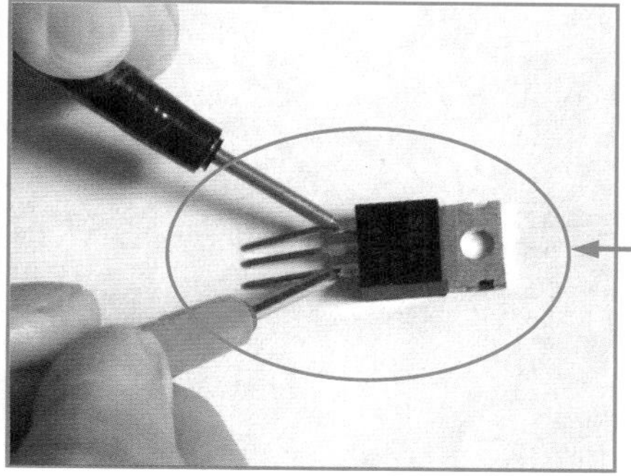

❾将黑表笔接在三极管的基极（b）引脚上，红表笔接在三极管的集电极（c）引脚上。观察表盘，发现测量的三极管集电结的反向电阻的阻值为 6.3k。

图 8-14　用指针万用表测量直插式三极管（续）

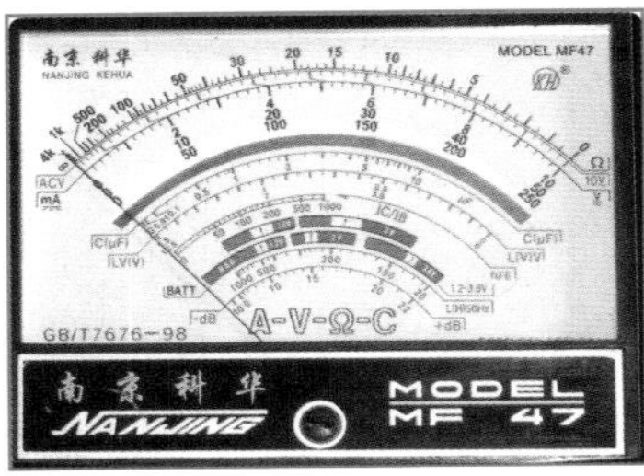

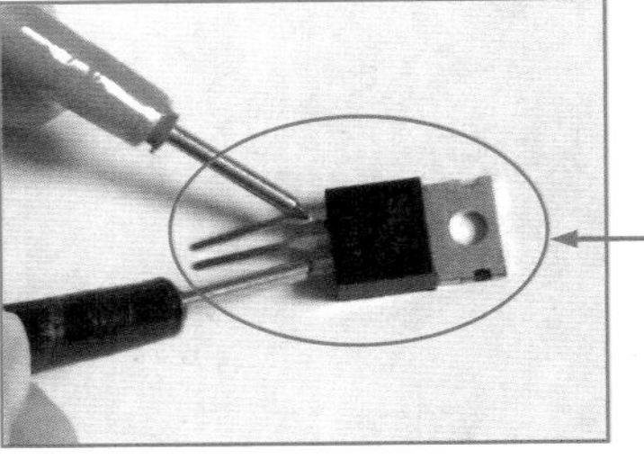

⑩将红、黑表笔互换位置，红表笔接在三极管的基极（b）引脚上，黑表笔接在三极管的集电极（c）引脚上。发现测量的三极管集电结的正向电阻的阻值为无穷大。

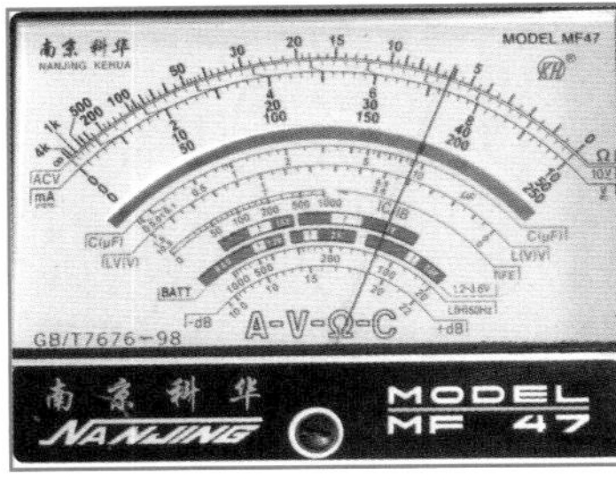

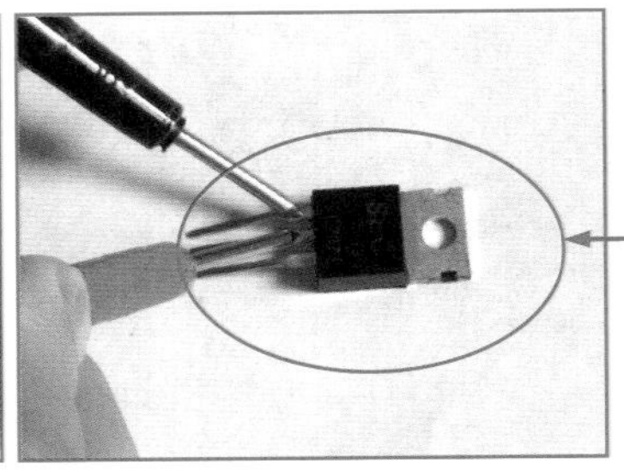

⑪将黑表笔接在三极管的基极（b）引脚上，红表笔接在三极管的发射极（e）的引脚上。观察表盘，发现测量的三极管（NPN）发射结反向电阻的阻值为 6.1k。

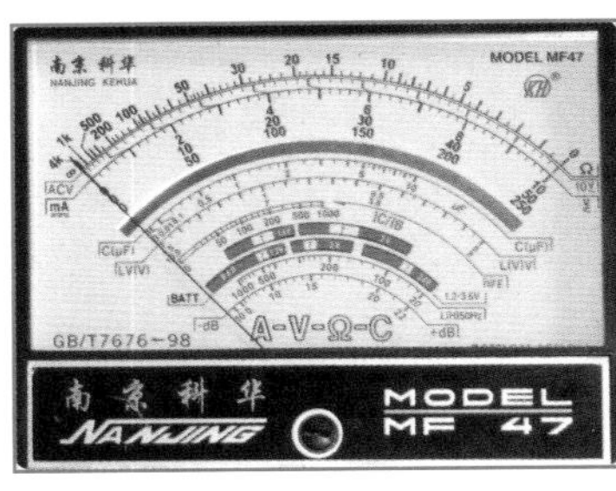

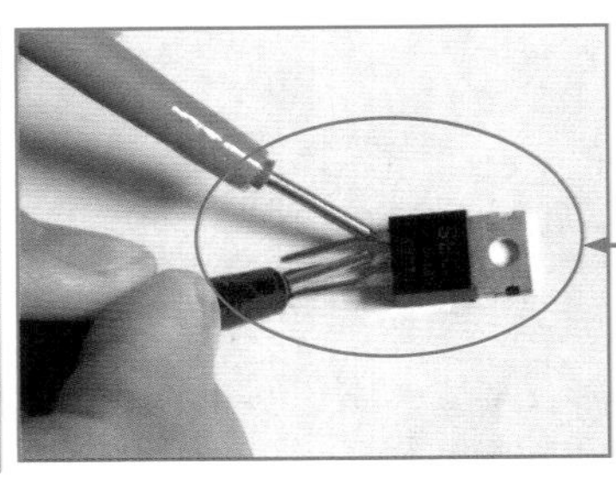

⑫将红、黑表笔互换位置，红表笔接在三极管的基极（b）引脚上，黑表笔接在三极管的发射极（e）的引脚上测量。观察表盘，发现测量的三极管（NPN）发射结正向电阻的阻值为无穷大。

图 8–14　用指针万用表测量直插式三极管（续）

测量结论：由于测量的三极管集电结的反向电阻的阻值为 6.3k，远小于集电结正向电阻的阻值“无穷大”。另外，三极管发射结的反向电阻的阻值为 6.1k，远小于发射结正向电阻的阻值“无穷大”。且发射结正向电阻与集电结正向电阻的阻值基本相等，因此可以判断该 NPN 型三极管正常。

8.2.6　使用指针万用表检测主板电路中的贴片三极管

由于电路板设计的要求趋于小型化，所以在很多电路板中都会用贴片三极管取代个头大的直插式三极管。对于这样的三极管，为了准确测量，一般采用开路测量。

接下来，我们通过实践案例向读者展示用指针万用表检测主板电路中的贴片三极管，其检测方法如图 8–15 所示。

❶将电路板的电源断开，观察并确认待测三极管无损坏、烧焦和虚焊等情况。

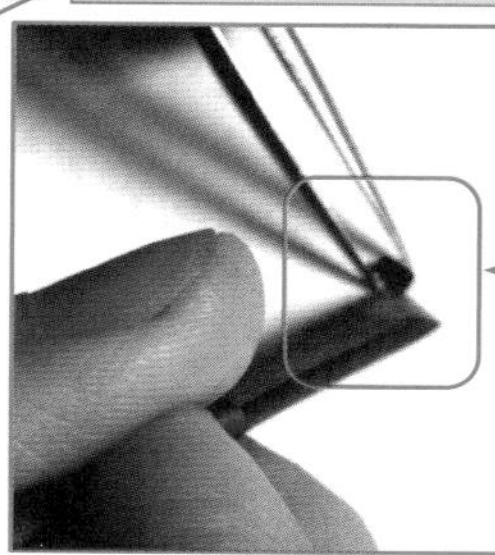

❷将待测三极管从电路板上卸下，并清洁三极管的引脚，去除引脚上的污物，以确保测量时的准确性。

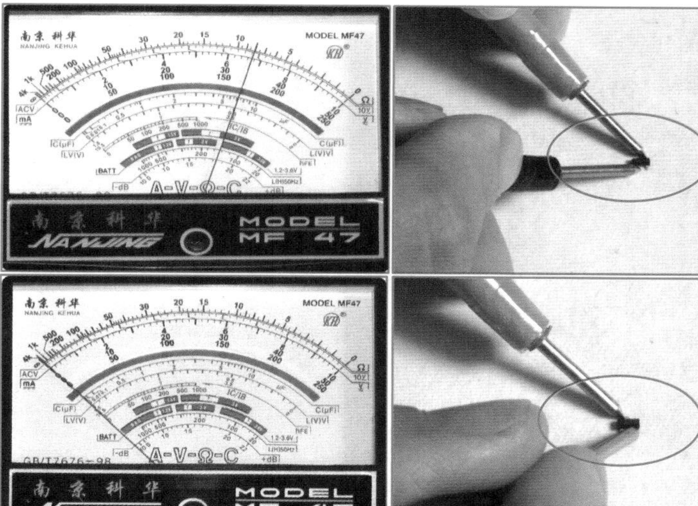

❸选择指针万用表欧姆挡的 R×1k 挡，短接表笔并调零，将黑表笔接在三极管某一只引脚上不动，红表笔接另外两只引脚中的一只测量。观察表盘，测得阻值为8k。

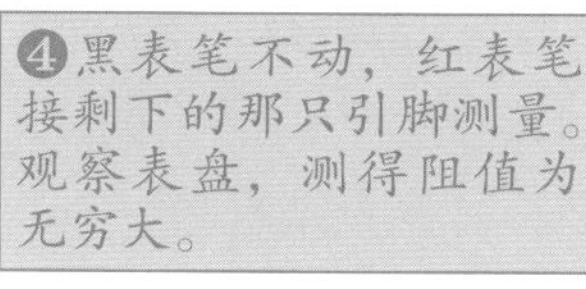

❹黑表笔不动，红表笔接剩下的那只引脚测量。观察表盘，测得阻值为无穷大。

结论 1：由于两次测量的电阻值，一个大一个小，因此需要重新测量。

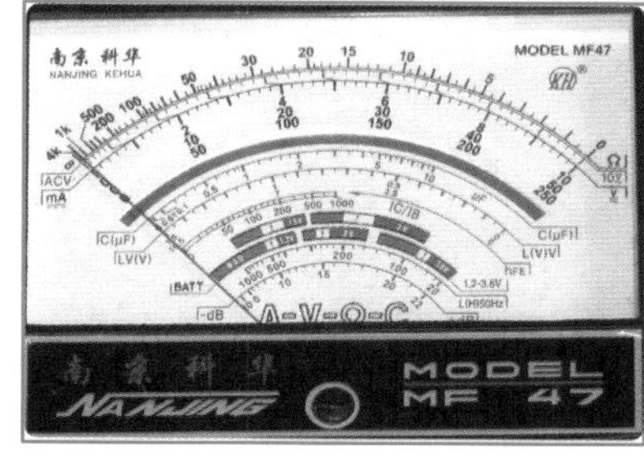

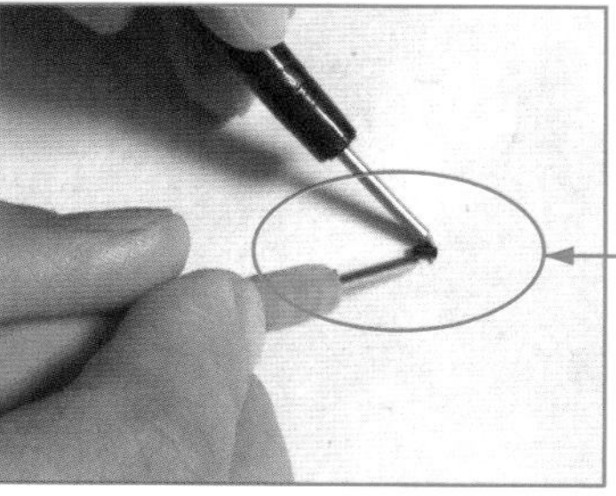

❺将黑表笔换到另一个引脚上不动，红表笔接另外两只引脚中的一只测量。观察表盘，测得阻值为无穷大。

图 8-15　用指针万用表主板电路中的贴片三极管

❻黑表笔不动，红表笔接剩下的那只引脚测量。观察表盘，测得阻值为无穷大。

结论 2：由于两次测量的电阻值都比较大，因此可以判断，此三极管为 PNP 型三极管。且黑表笔接的引脚为三极管的基极 b。

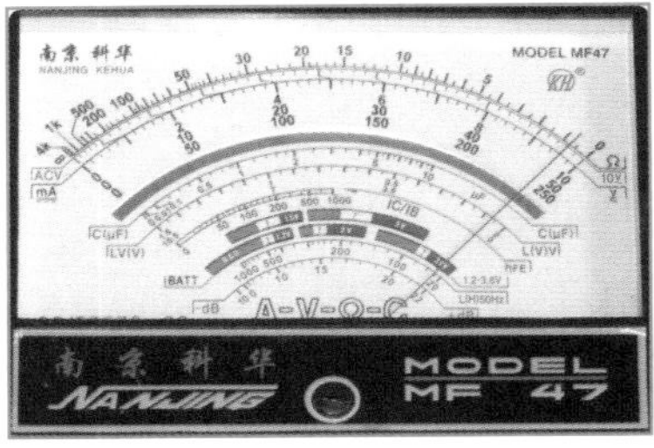

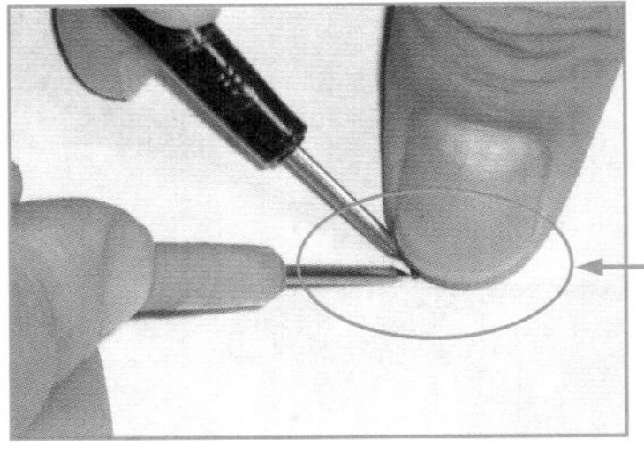

❼选择欧姆挡的 R×10k 挡，短接表笔并调零；接着将红、黑表笔分别接三极管基极外的两只引脚，并用一只手指将基极与黑表笔相接触。观察表盘，测得阻值为 4k。

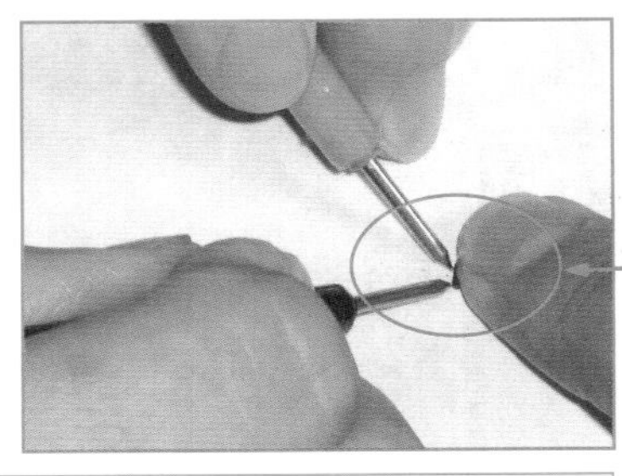

❽将红、黑表笔交换，再次进行测量。观察表盘，测得阻值为 320k。

结论 3：在两次测量中，指针偏转量最大的一次（阻值为 4k 的一次），黑表笔接的是集电极 c，红表笔接的是发射极 e。

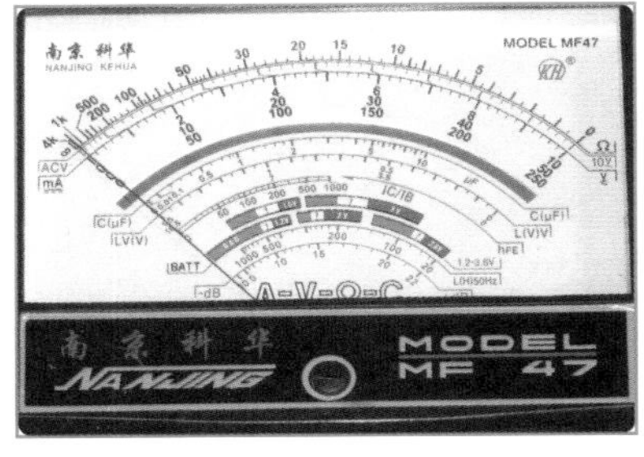

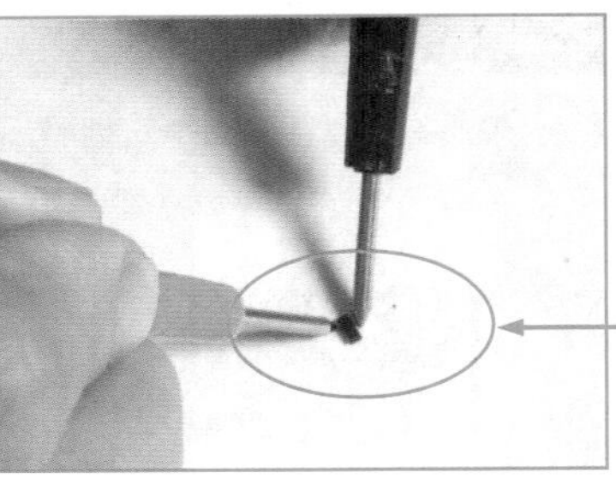

❾选择欧姆挡的 R×10k 挡，短接表笔并调零；接着将黑表笔接在三极管基极（b）引脚上，红表笔接在三极管发射极（e）的引脚上。然后观察表盘，发现测量的三极管（PNP）发射结反向电阻的阻值为无穷大。

图 8-15　用指针万用表主板电路中的贴片三极管（续）

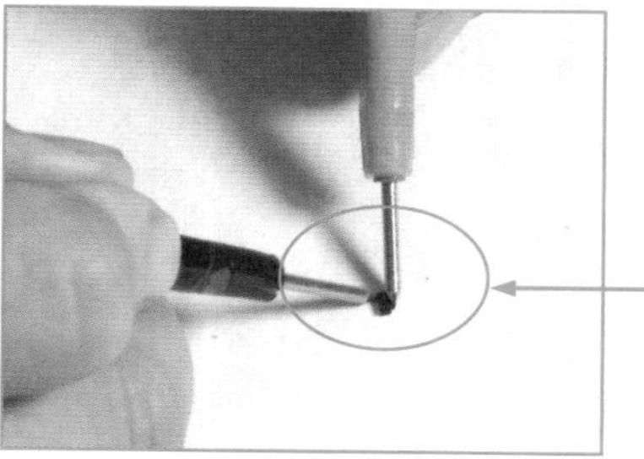

⑩测量完反向电阻后，接着将红、黑表笔互换位置，将红表笔接在三极管基极（b）引脚上，黑表笔接在三极管发射极（e）引脚上。观察表盘，发现测量的三极管（PNP）发射结正向电阻的阻值为 8k。

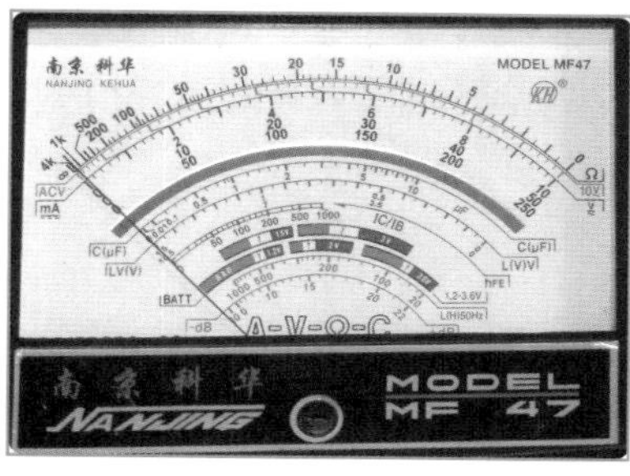

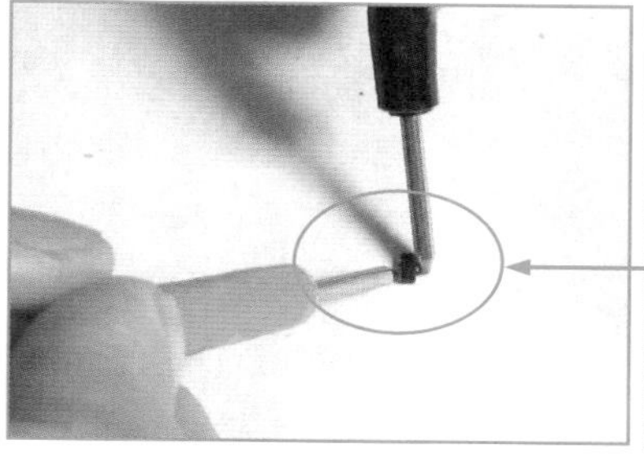

⑪将黑表笔接在三极管的基极（b）引脚上，红表笔接在三极管的集电极（c）引脚上。观察表盘，发现测量的三极管集电结的反向电阻的阻值为无穷大。

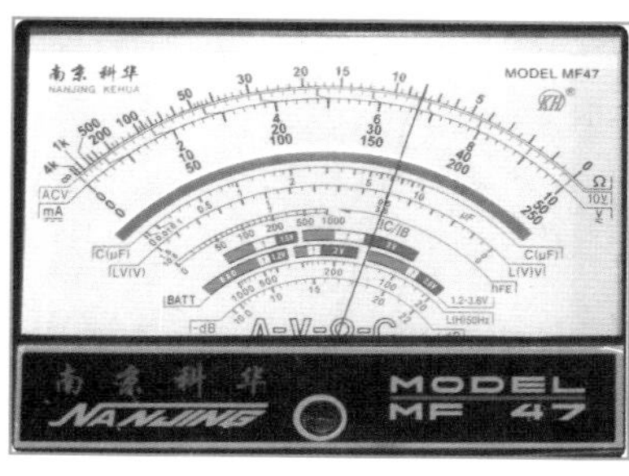

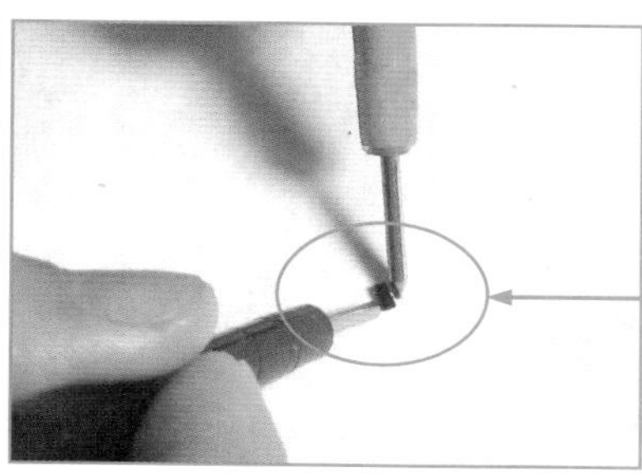

⑫将红、黑表笔互换位置，黑表笔接在基极（b）引脚上，红表笔接在集电极（c）引脚上。测量的集电结正向电阻的阻值为 7.9k。

图 8-15　用指针万用表主板电路中的贴片三极管（续）

测量结论：由于测量的三极管集电结的反向电阻的阻值为无穷大，远大于集电结正向电阻的阻值 8k。另外，三极管发射结的反向电阻的阻值为“无穷大”，远大于发射结正向电阻的阻值 7.9 k，且发射结正向电阻与集电结正向电阻的阻值基本相等，因此可以判断该 PNP 型三极管正常。

提示：如果上面三个条件中有一个不符合，就可以判断此三极管不正常。

8.3 三极管检测经验总结

三极管检测经验总结如下：

（1）万用表的黑表笔接三极管的 b 极，红表笔接 c 极，测量的为集电结的反向电阻。将红黑表笔反过来测量的为集电结的正向电阻。黑表笔接三极管的 b 极，红表笔接 e 极，测量的为发射结的反向电阻。将红黑表笔反过来测量的为发射结的正向电阻。

（2）对于 PNP 型三极管，将红表笔接基极 b，黑表笔接发射极 e，然后观察测量的电阻值。如果测量的电阻值小于 1kΩ，则表明三极管为锗管；如果测量的电阻值在 5 k~10 kΩ，则表明三极管为硅管。

（3）对于 NPN 型三极管，将红表笔接发射极 e，黑表笔接基极 b，然后观察测量的电阻值。如果测量的电阻值小于 1kΩ，则表明三极管为锗管；如果测量的电阻值在 5 k~10 kΩ，则表明三极管为硅管。

（4）利用三极管内 PN 结的单向导电性，检查各极间 PN 结的正反向电阻值，如果相差较大说明管子是好的；如果正反向电阻值都大，说明管子内部有断路或者 PN 结性能不好；如果正反向电阻都小，说明管子极间短路或者击穿了。

第9章 看图检修电路中的场效应管

场效应管在电路中主要起控制电压的作用，也因如此，场效应管通常发热量较大，有的电路会给场效应管配置散热片。场效应管是电路中常见的元器件之一，在电源电路中被广泛使用，本章将通过实例来讲解电路板中场效应管的检修方法。

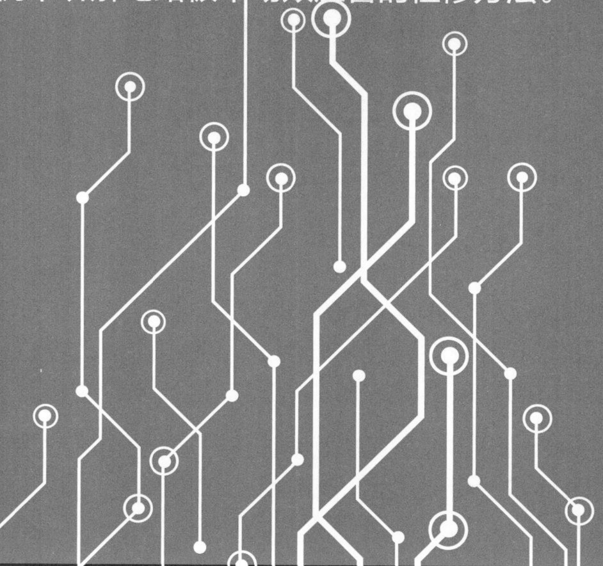

9.1 看图识电气设备中的场效应管

各种电气设备的电路中有各种各样的场效应管，根据场效应管的种类不同，其外形也不一样。下面我们来辨识一下电路板中各式各样的场效应管及场效应管的符号。

9.1.1 从电路板中识别场效应管

电路板中常用的场效应管包括结型场效应管和 MOSFET 管等。下面我们从电路板中分别认识一下它们。

1. 结型场效应管

结型场效应管是三只管脚的半导体器件，它有三个极，即栅极 G、漏极 D 和源极 S。结型场效应管不需要偏置电流，只有电压控制。当结型场效应管的栅极 G 和源极 S 之间没有电压差时，它是导通的。但如果这两极间有电压差，就会对电流产生更大的阻碍，因此结型场效应管属于耗损器件。

结型场效应管有 N 沟道和 P 沟道两种结构，对于 N 沟道结型场效应管，当一个负电压加在栅极时，流经漏极到源极的电流就会减小；对于 P 沟道结型场效应管，加在栅极的正电压会使它从源极到漏极的电流减小。如图 9-1 所示为结型场效应管。

图 9-1　结型场效应管

2. MOSFET 管

MOSFET 是金属氧化物半导体场效应管的简称。它在一些方面与结型场效应管类似，如当 MOSFET 栅极加小电压时，通过其漏源通道的电流被改变。但有一些方面与结型场效应管不同，如 MOSFET 有更大的栅极阻抗，这意味着栅极几乎没有电流流入。

耗尽型和增强型 MOSFET 都是用由栅极电压产生的电场来改变其半导体漏源通道中的载流子流量。如图 9-2 所示为电路中的 MOSFET 管。

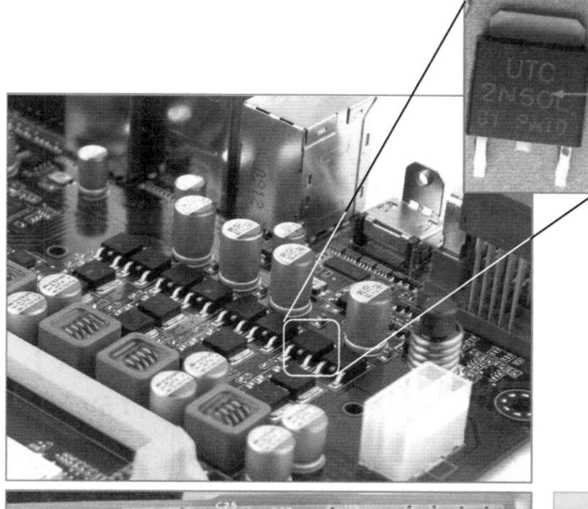

N 沟道增强型 MOSFET 管是利用 UGS 来控制“感应电荷”的多少，以改变由这些“感应电荷”形成的导电沟道的状况，然后达到控制漏极电流的目的。

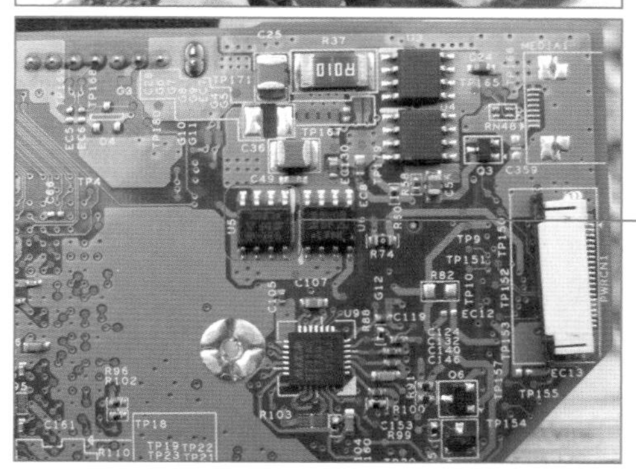

双 N 沟道增强型 MOSFET 管，内部集成两个 N 沟道增强型 MOSFET 管，其内部结构如下：

S2	1	8	D2
G2	2	7	D2
S1	3	6	D1
G1	4	5	D1

图 9-2　电路中的 MOSFET 管

9.1.2　场效应管图形符号和文字符号

场效应管是电子电路中常用的电子元件之一，一般用字母“Q”文字符号表示。场效应管的电路图形符号如图 9-3 所示，如图 9-4 为电路图中的场效应管。

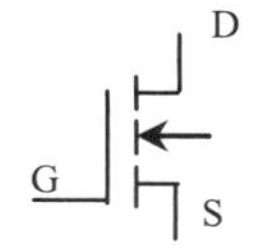

（a）增强型 N 沟道管

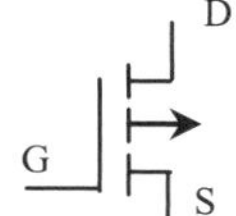

（b）增强型 P 沟道管

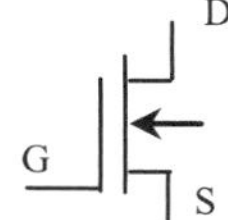

（c）耗尽型 P 沟道管

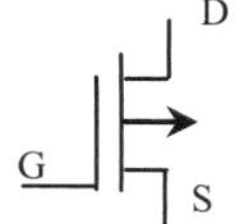

（d）耗尽型 N 沟道管

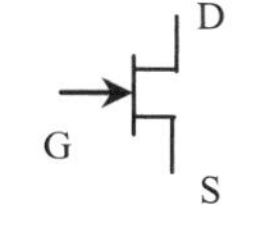

（e）结型 N 沟道管

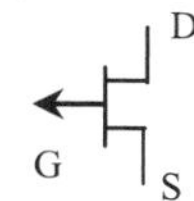

（f）结型 P 沟道管

图 9-3　场效应管的图形符号

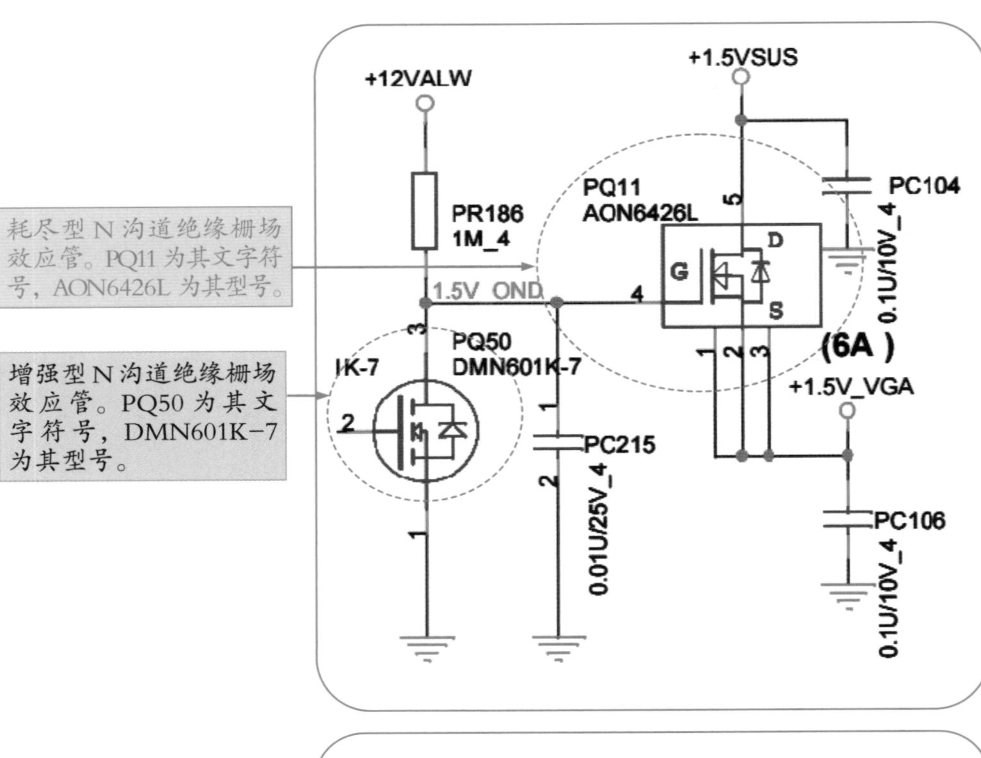

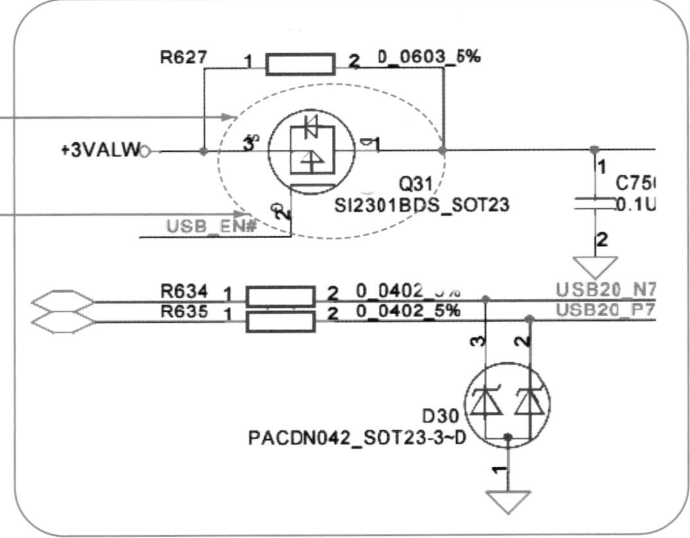

图 9-4　电路图中的场效应管

9.2 场效应管的检修实战

通过对前面内容的学习，读者对场效应管已经有了一个基本了解。接下来通过实战案例来讲解使用万用表检测各种场效应管的方法。

9.2.1 使用数字万用表检测主板电路中的场效应管

数字万用表测量主板中场效应管的方法如图 9-5 所示。

❶观察场效应管，确认待测场效应管无损坏、烧焦或针脚断裂等情况。

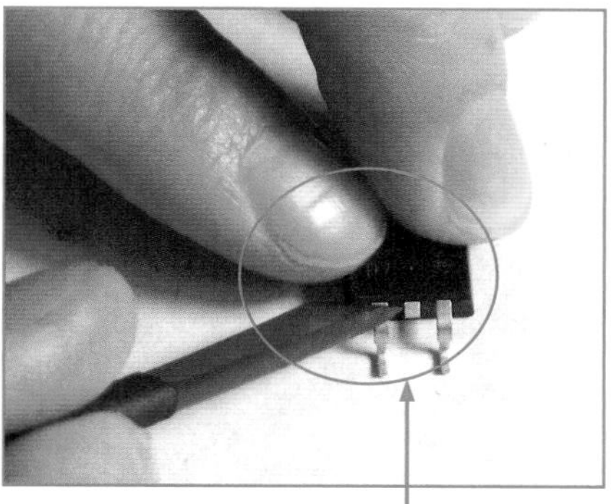

❷将场效应管从主板中卸下，并清洁引脚，去除引脚上的污物，以确保测量时的准确性。

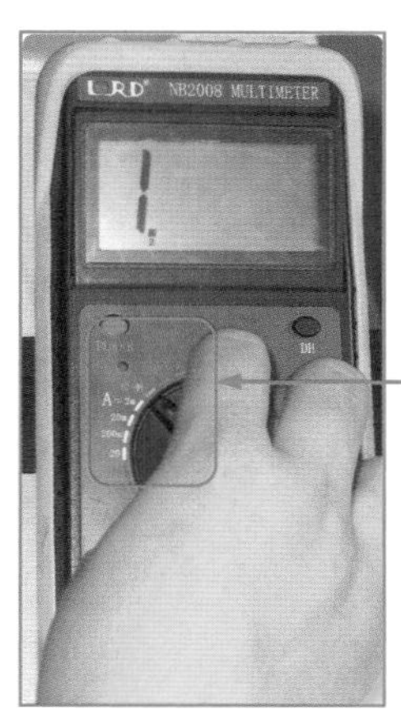

❸将数字万用表的功能旋钮旋至“二极管”挡。

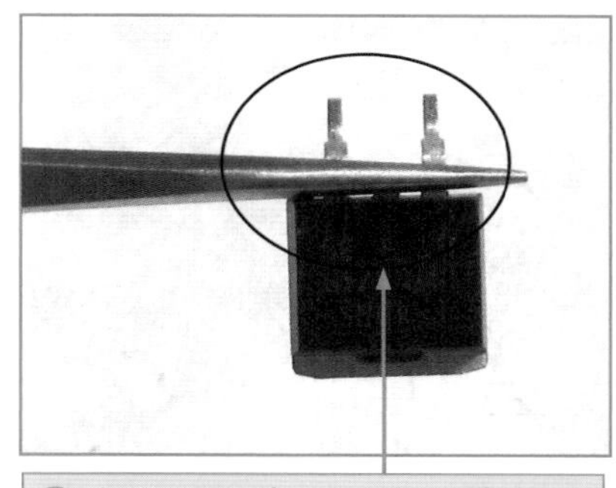

❹将场效应管的三只引脚短接放电。

❺将黑表笔任意接触场效应管一只引脚，红表笔接触其余的两只引脚中的一只，测其电阻值。观察测量的电阻值，测量值为 1.（即无穷大）。

图 9-5 用数字万用表检测主板中的场效应管

❻黑表笔不动，红表笔接剩余的第三只引脚，测其电阻值。观察测量的电阻值，测量值为 1.（即无穷大）。

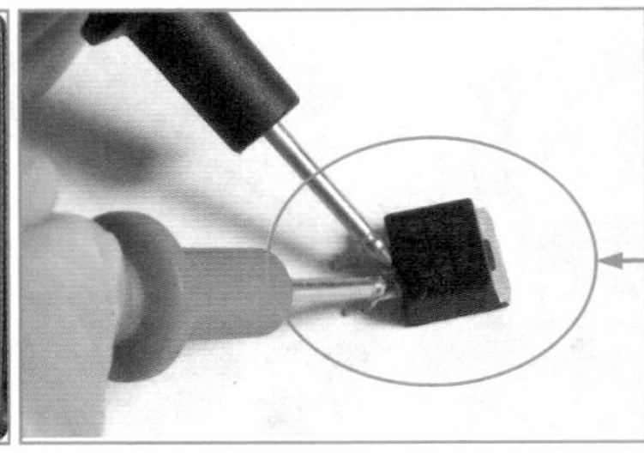

❼红表笔不动，黑表笔移到没测量的另一只引脚上，测量电阻值。观察测量的电阻值，测量值为509。

图 9-5　用数字万用表检测主板中的场效应管（续）

测量结论：由于在三次测量的阻值中，有两组电阻值为无穷大，另一组电阻值在300~800，因此可以判断此场效应管正常。

提示：如果其中有一组数据为 0，则说明场效应管被击穿。

9.2.2　使用指针万用表检测液晶显示器电路中的场效应管

液晶显示器电路中场效应管检测方法如图 9-6 所示。

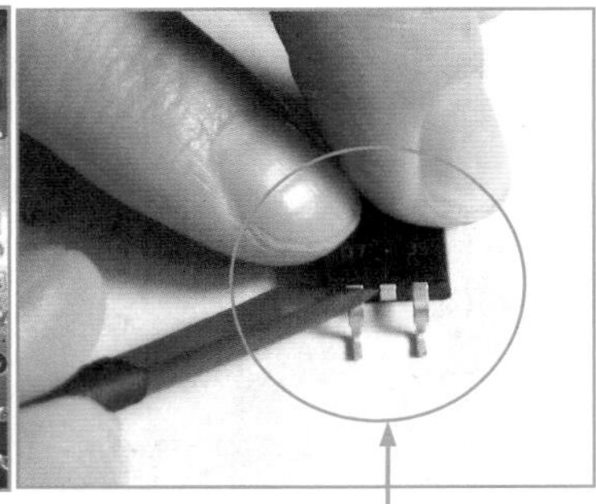

❶观察场效应管，看待测场效应管是否损坏，是否有烧焦或针脚断裂等情况。

❷将场效应管从主板中卸下，并清洁场效应管的引脚，去除引脚上的污物，以确保测量时的准确性。

图 9-6　用指针万用表检测液晶显示器电路中的场效应管

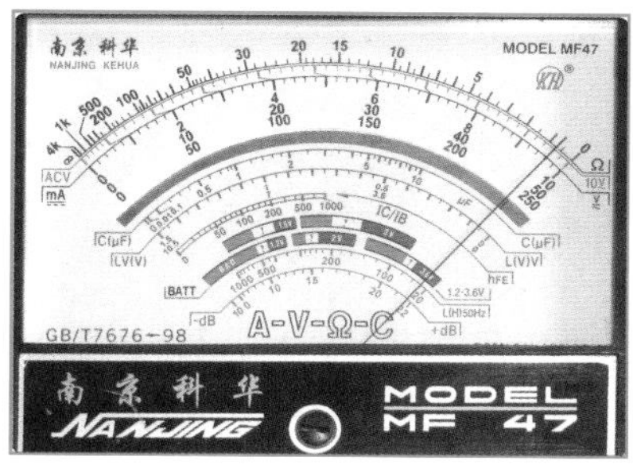
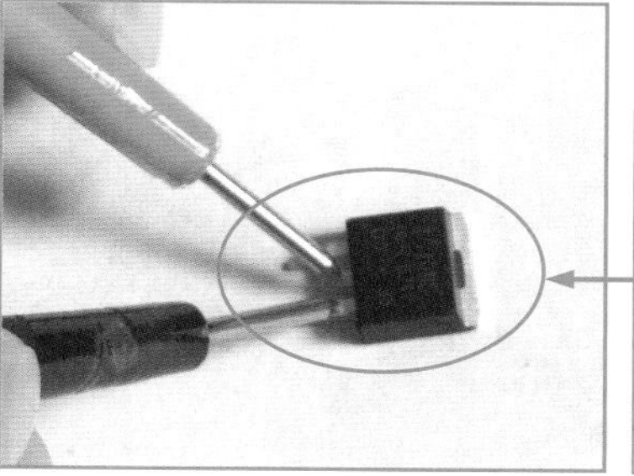

❸选择欧姆挡的 R × 1k 挡，短接表笔并调零；接着将黑表笔接的任意一只引脚，红表笔去接触其余的两只引脚中的一只。观察测量表指针，发现测量的电阻值为 6k。

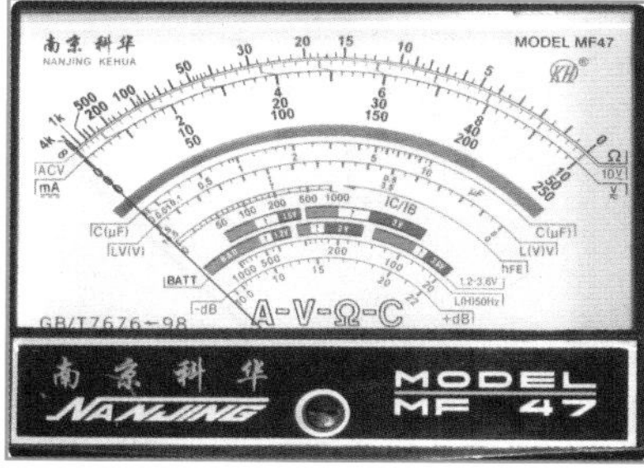
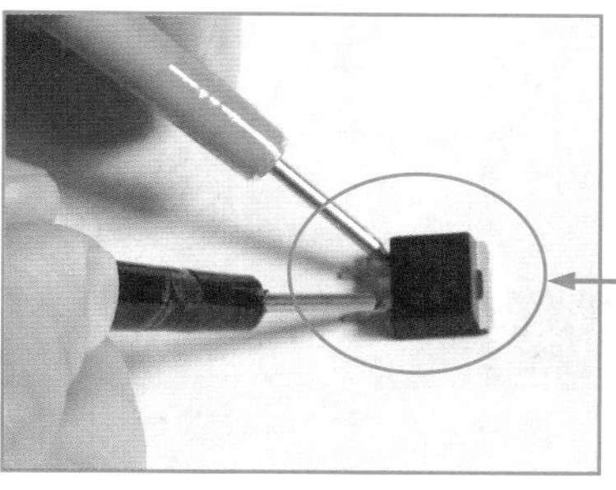

❹黑表笔不动，红表笔去接触剩余的第三只引脚，测量其阻值。观察测量表指针，发现测量的电阻值为无穷大。

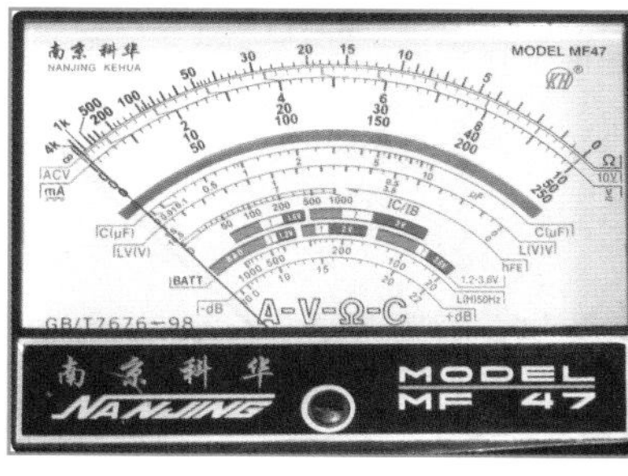
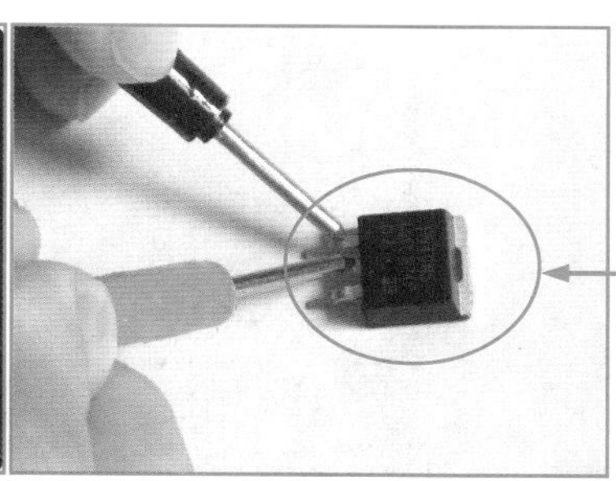

❺由于测量的电阻值不相等，接着将黑表笔换到一只引脚，红表笔去接触其余的两只引脚中的一只。测量表指针，发现测量的电阻值为无穷大。

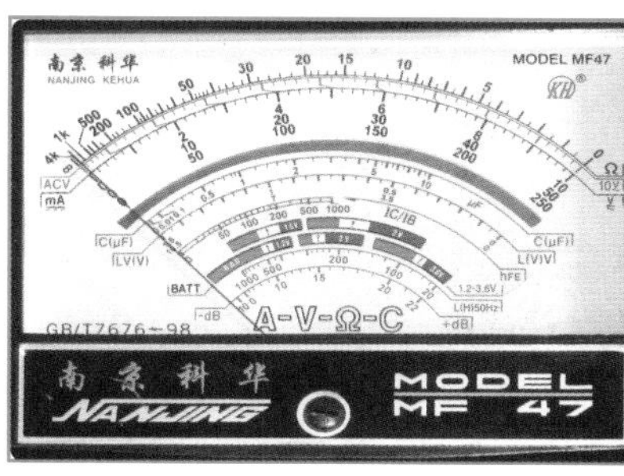
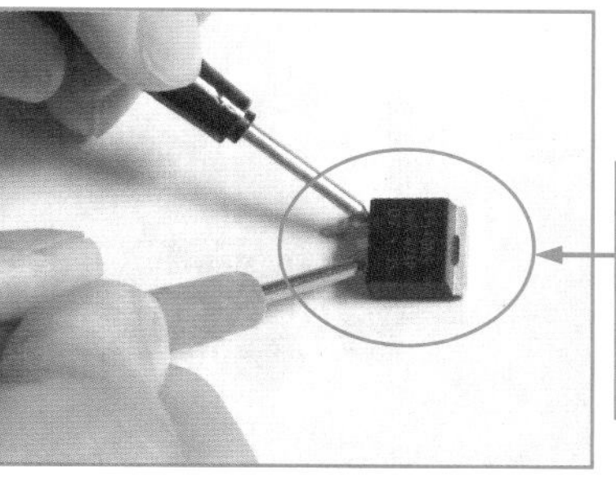

❻黑表笔不动，红表笔去接触剩余的第三只引脚，测量其阻值。观察测量表指针，发现测量的电阻值为无穷大。

结论 1：由于两次测得的电阻值相等，因此可以判断黑表笔所接触的电极为栅极 G，其余两电极分别为漏极 D 和源极 S。

图 9-6　用指针万用表检测液晶显示器电路中的场效应管（续）

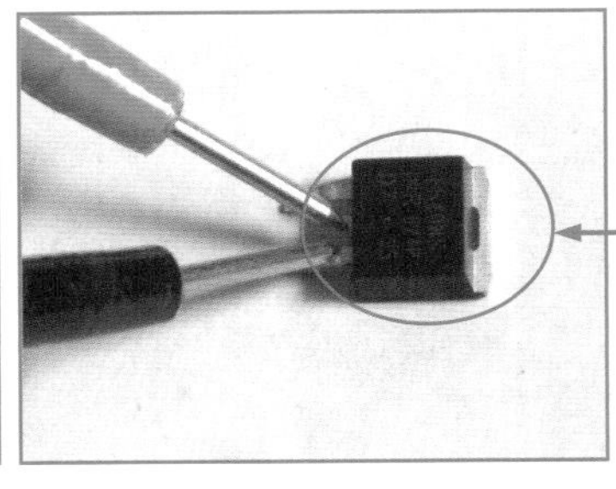

❼将两只表笔分别接在漏极 D 和源极 S 的引脚上，测量其电阻值。观察测量表指针，发现测量的电阻值为 6k。

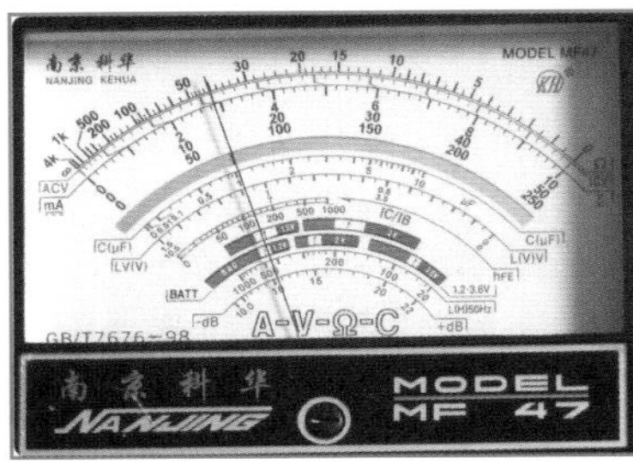

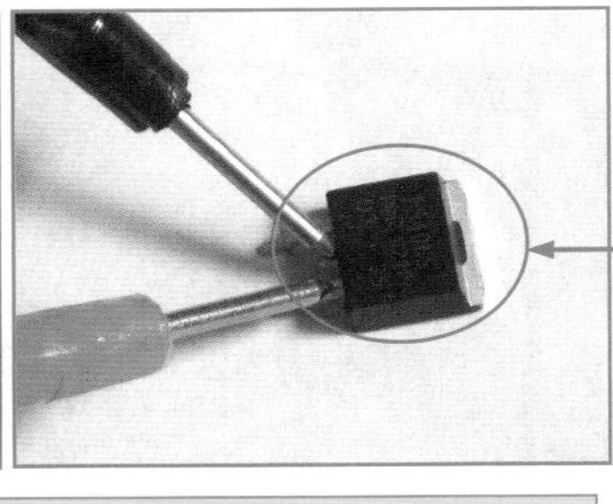

❽再调换表笔测量其电阻值。观察测量表指针，发现测量的电阻值为 400k。

结论 2：在两次测量中，电阻值为“6k”的一次（较小的一次）测量中，黑表笔接的是源极 S，红表笔接的是漏极 D。

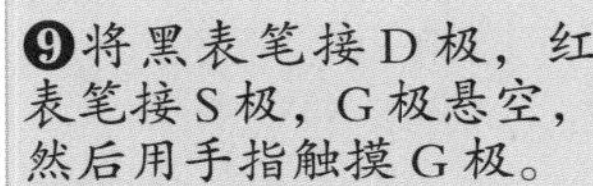

❾将黑表笔接 D 极，红表笔接 S 极，G 极悬空，然后用手指触摸 G 极。

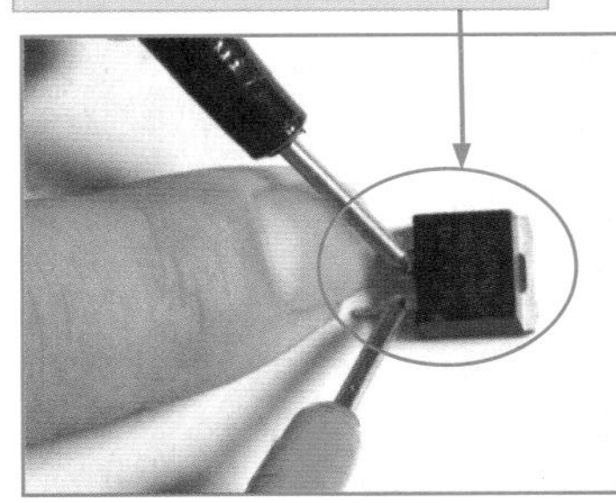

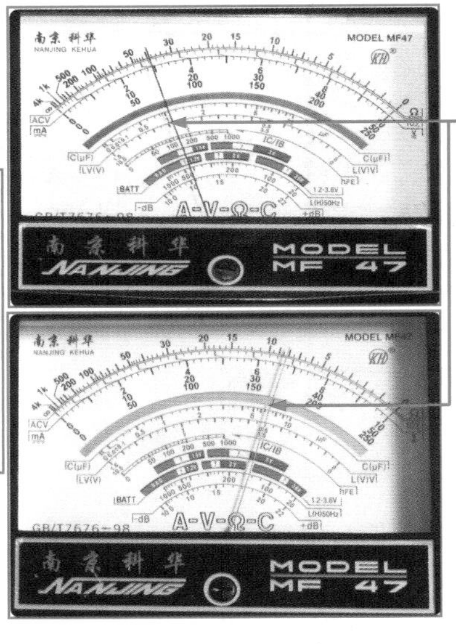

❿测量中发现万用表的指针发生了较大的偏转。

图 9-6 用指针万用表检测液晶显示器电路中的场效应管（续）

测量结论：由于在测量场效应管时，万用表的表针有较大偏转，因此可以判断此场效应管正常。

9.3 场效应管检测经验总结

场效应管检测经验总结如下：

（1）用万用表测量场效应管时，如果两次测出的电阻值均很大，说明是PN结的反向，即都是反向电阻，可以判定是N沟道场效应管，且黑表笔接的是栅极；如果两次测出的电阻值均很小，说明是正向PN结，即是正向电阻，判定为P沟道场效应管，黑表笔接的也是栅极。若不出现上述情况，可以调换黑、红表笔按上述方法进行测试，直到判别出栅极为止。

（2）对于双栅MOS场效应管有两个栅极G1、G2。为区分之，可用手分别触摸G1、G2极，其中表针向左侧偏转幅度较大的为G2极。

（3）用数字万用表测量场效应管各个引脚间的阻值时，如果其中两组数据为1，另一组数据在300~800，说明场效应管正常；如果其中有一组数据为0，则说明场效应管被击穿。

第10章 看图检修电路中的晶闸管

晶闸管是一种开关元件，通常被应用在高电压、大电流的控制电路中，它是典型的小电流控制大电流的元器件，同时也是故障易发的元件。晶闸管是电子电路中最常用的电子元件之一。本章将通过实例来讲解电路板中晶闸管的检修方法。

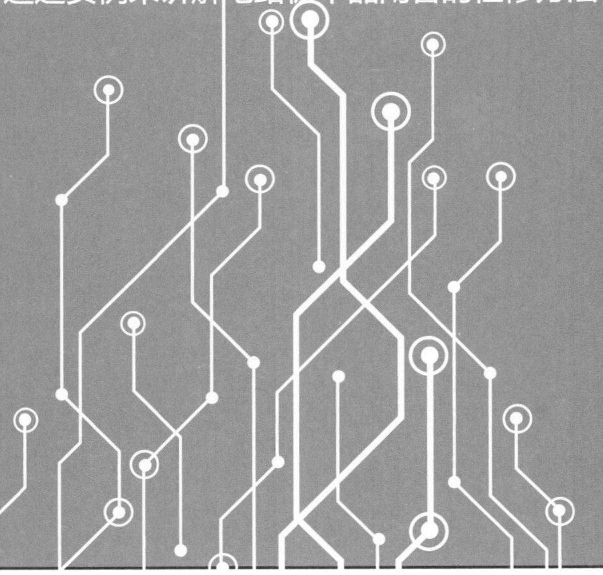

10.1 看图识电气设备中的晶闸管

各种电气设备的电路中有各种晶闸管，根据晶闸管的种类不同，其外形也不一样。下面我们来辨识一下电路板中各式各样的晶闸管及晶闸管的符号。

10.1.1 从电路板中识别晶闸管

电路板中常用的晶闸管包括单向晶闸管和双向晶闸管等。下面我们从电路板中认识一下它们。

1. 单向晶闸管

单向晶闸管（SCR）是由 P–N–P–N 四层三个 PN 结组成的。在单向晶闸管阳极（用 A 表示）、阴极（用 K 表示）两端加上正向电压，同时给控制极（用 G 表示）加上合适的触发电压，晶闸管便会被导通。常见的单向晶闸管如图 10–1 所示。

单向晶闸管被广泛应用于可控整流、逆变器、交流调压和开关电源等电路中。

图 10–1　单向晶闸管

2. 双向晶闸管

双向晶闸管是由 N–P–N–P–N 五层半导体组成的，相当于两个反向并联的单向晶闸管，又被称为双向可控硅。双向晶闸管有三个电极，它们分别为第一电极 T1、第二电极 T2 和控制极 G。

双向晶闸管的第一电极 T1 与第二电极 T2 间，无论所加电压极性是正向还是反向，只要控制极 G 和第一电极 T1（或第二电极 T2）间加有正、负极性不同的触发电压，满足其必须的触发电流，双向晶闸管即可触发导通。此时，第一电极 T1、第二电极 T2 间压降为 1V 左右。

双向晶闸管一旦导通，即使失去触发电压，也能继续维持导通状态。当第一电极T1、第二电极T2电流减小至维持电流以下，或T1、T2间电压改变极性且无触发电压时，双向晶闸管阻断。常见的双向晶闸管如图10-2所示。

图10-2　双向晶闸管

10.1.2　晶闸管的图形符号和文字符号

晶闸管是电子电路中最常用的电子元件之一，一般用字母“K”文字符号表示。晶闸管的电路图形符号如图10-3所示；电路中的晶闸管如图10-4所示。

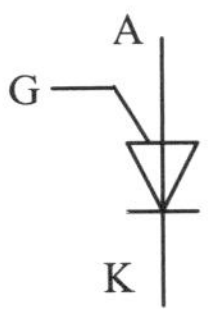

（a）单向晶闸管（阳极受控）

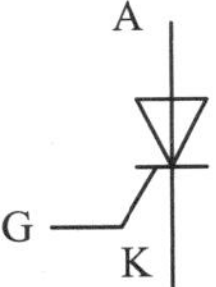

（b）单向晶闸管（阴极受控）

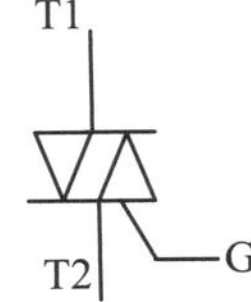

（c）双向晶闸管

（d）可关断晶闸管

图10-3　晶闸管的图形符号

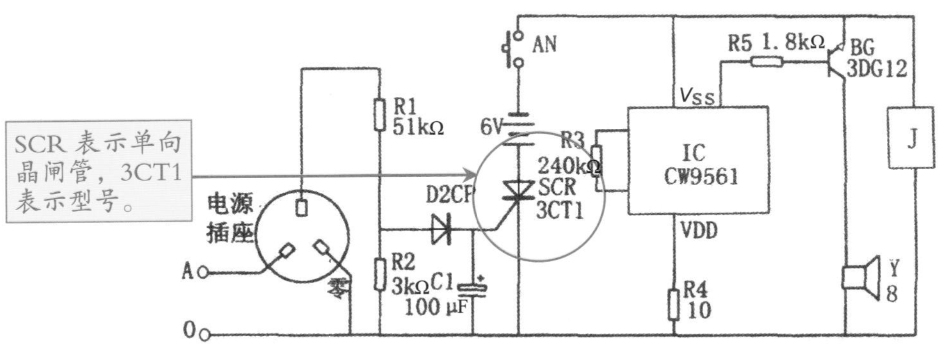

图10-4　电路中的晶闸管

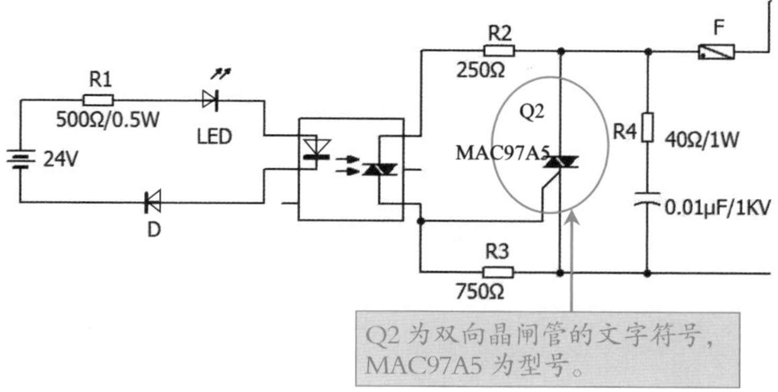

图 10-4　电路中的晶闸管（续）

10.2 晶闸管的检修实战

通过对前面内容的学习，读者对晶闸管已经有了一个基本了解。接下来通过实战案例来讲解使用万用表检测各种晶闸管的方法。

10.2.1　使用指针万用表检测单向晶闸管

对于电路中的单向晶闸管，可以采用如图 10-5 所示的方法进行检测。

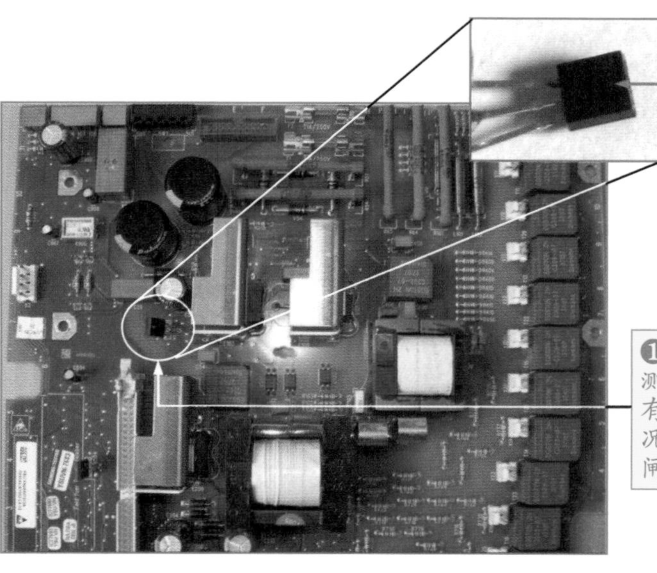

图 10-5　用指针万用表检测单向晶闸管

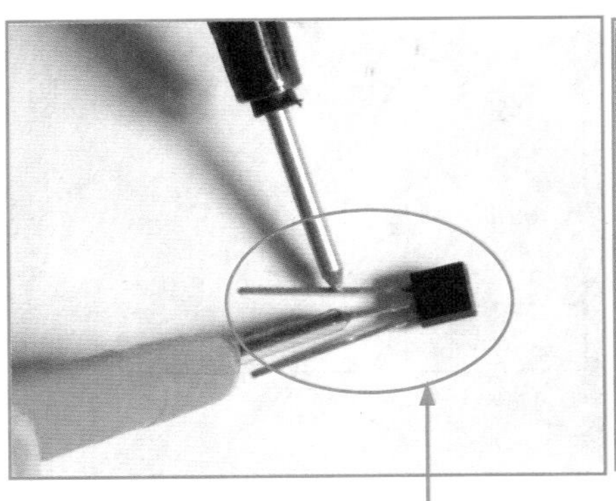

❸选择欧姆挡的 R×1k 挡，短接表笔并调零；接着将红表笔接单向晶闸管的控制极 G，黑表笔接单向晶闸管的阴极 K，测量控制极 G 与阴极 K 之间的反向阻值。观察表盘，测量的控制极 G 与阴极 K 之间的反向阻值为无穷大。

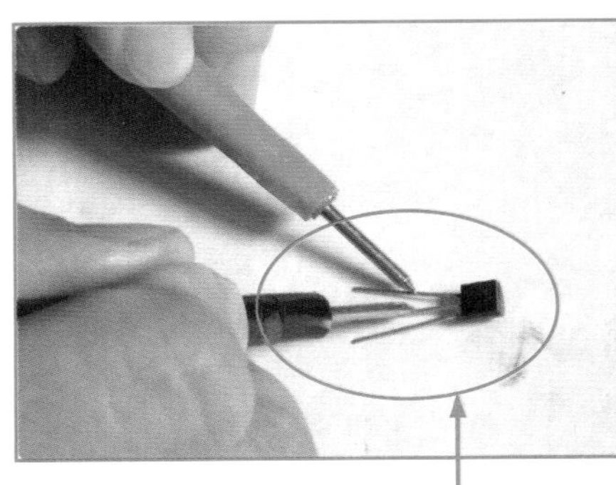

❹将表笔对调，测量控制极 G 与阴极 K 之间的正向阻值。观察表盘，测量的控制极 G 与阴极 K 之间的正向阻值为 9kΩ。

图 10-5　用指针万用表检测单向晶闸管（续）

测量结论：由于测量的控制极 G 与阴极 K 之间的反向阻值（无穷大）远大于控制极 G 与阴极 K 之间的反向阻值（9kΩ），因此可以判断此晶闸管正常。

提示：如果控制极 G 与阴极 K 之间的正、反向阻值均趋于无穷大，则说明单向晶闸管的控制极 G 与阴极 K 之间存在开路现象；如果控制极 G 与阴极 K 之间的正、反向阻值均趋于 0，则说明单向晶闸管的控制极 G 与阴极 K 之间存在短路现象；如果控制极与阴极 K 之间的正、反向阻值相等或接近，则说明单向晶闸管的控制极 G 与阴极 K 之间的 PN 结已失去单向导电性。

10.2.2　使用指针万用表检测双向晶闸管

对于电路中的双向晶闸管，可以采用如图 10-6 所示的方法进行检测。

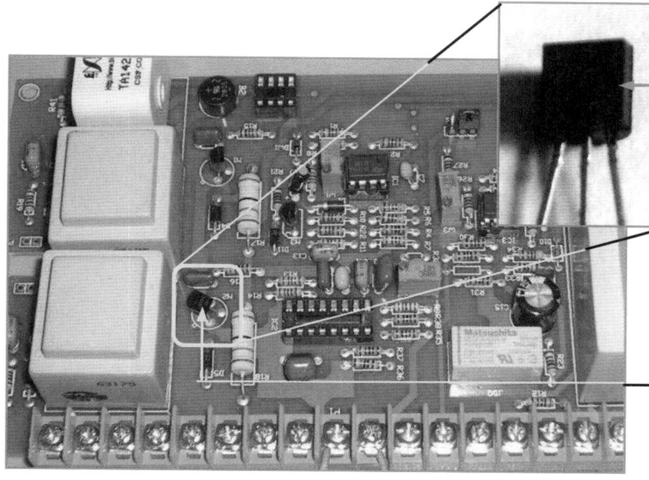

❷将待测晶闸管从电路板上卸下，并清洁晶闸管的引脚，去除引脚上的污物，以确保测量时的准确性。

❶观察晶闸管外观，确认待测晶闸管无损坏、烧焦或针脚断裂等情况。

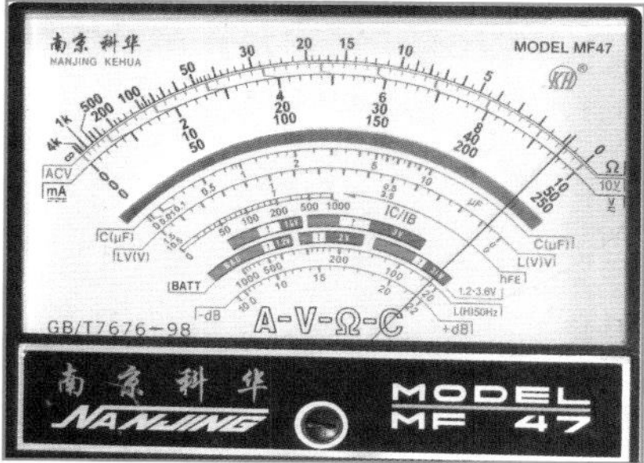

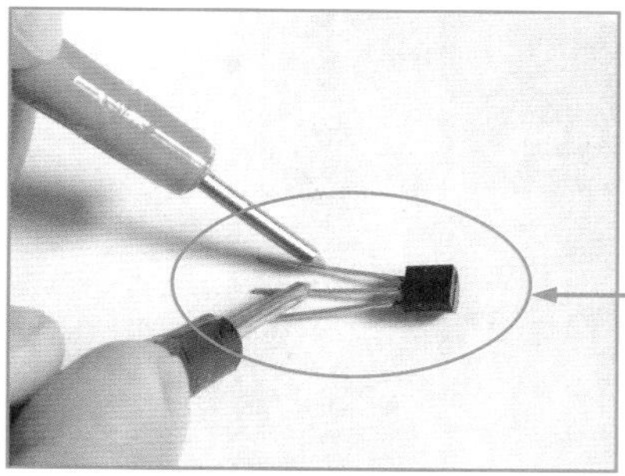

❸选择欧姆挡的 R×1k 挡，短接表笔并调零；接着将红表笔接双向晶闸管的第一阳极 T1，黑表笔接双向晶闸管的控制极 G 测量。测得第一阳极 T1 与控制极 G 之间的反向阻值为 0.9k。

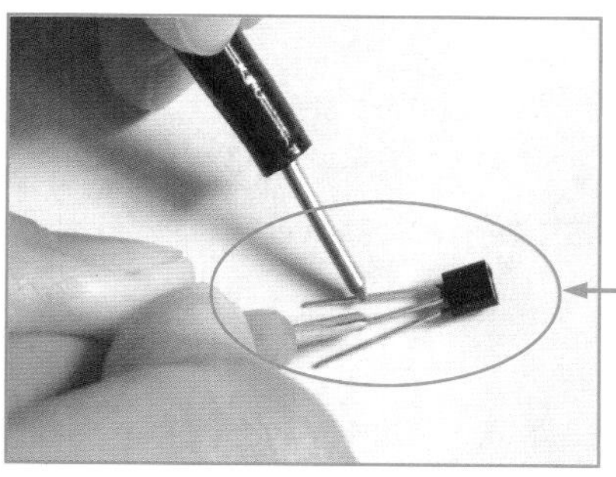

❹将表笔对调。测得控制极 G 与阴极 K 之间的正向阴值为 0.7k。

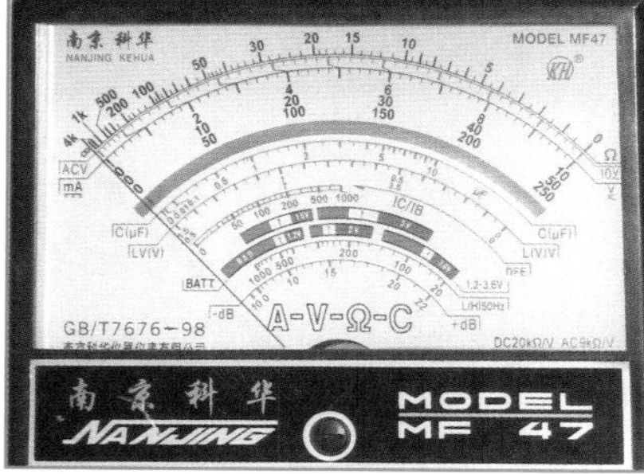

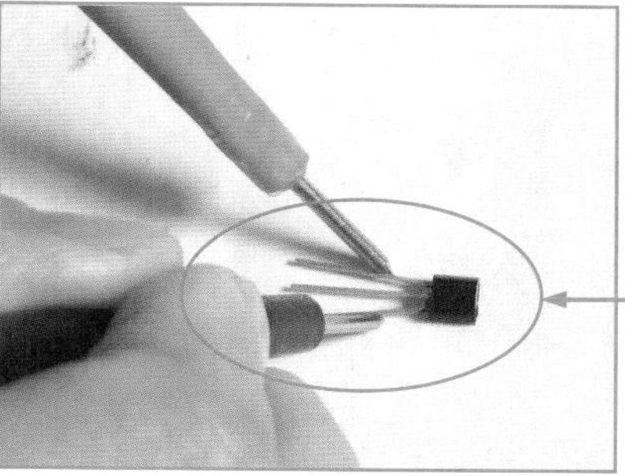

❺将红表笔接双向晶闸管的第一阳极 T1，黑表笔接双向晶闸管的第二阳极 T2。测得第一阳极 T1 与第二阳极 T2 之间的正向阻值为无穷大。

图 10-6　用指针万用表检测双向晶闸管

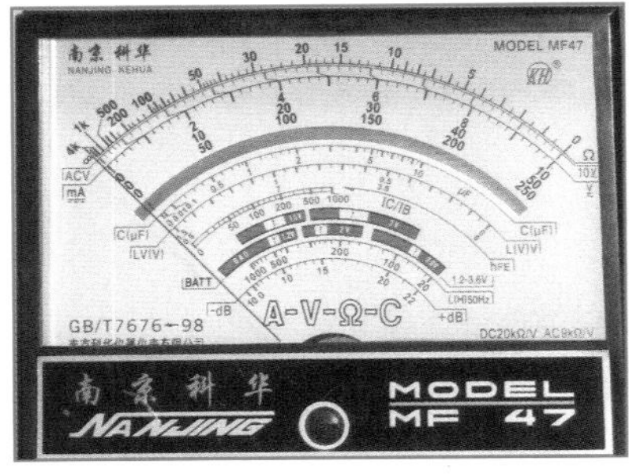

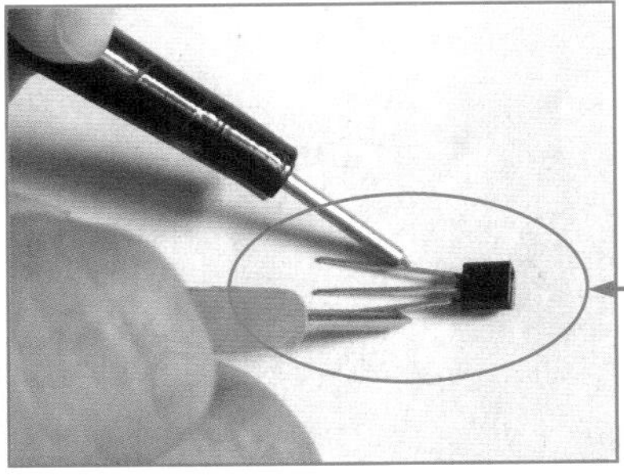

❻将表笔对调，测得第一阳极 T1 与第二阳极 T2 之间的反向阻值为无穷大。

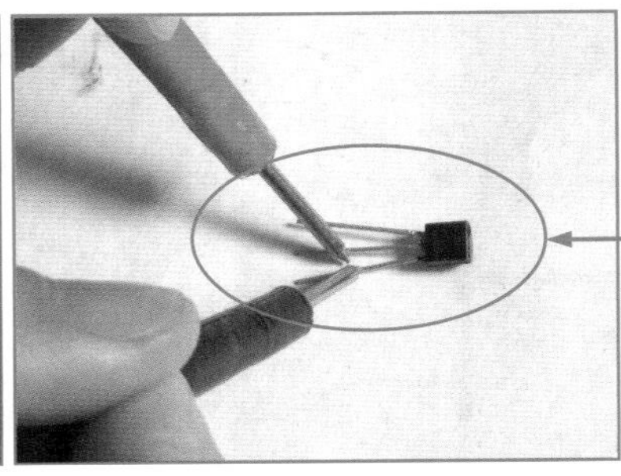

❼将红表笔接双向晶闸管的控制极 G，黑表笔接双向晶闸管的第二阳极 T2。测得控制极 G 与第二阳极 T2 之间的正向阻值为无穷大。

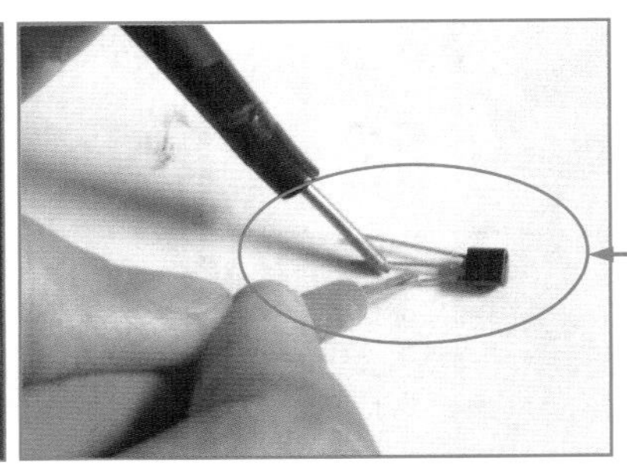

❽将表笔对调，黑表笔接双向晶闸管的控制极 G，红表笔接双向晶闸管的第二阳极 T2。测得控制极 G 与第二阳极 T2 之间的反向阻值为无穷大。

图 10-6　用指针万用表检测双向晶闸管（续）

测量结论：由于第一阳极 T1 与控制极 G 之间的正向阻值 0.7kΩ 小于第一阳极 T1 与控制极 G 之间的反向阻值 0.9kΩ，且第一阳极 T1 与第二阳极 T2 间的正、反向阻值，控制极 G 与第二阳极 T2 间的正、反向阻值均为无穷大，因此可以判断此双向晶闸管正常。

提示：如果第一阳极 T1 与第二阳极 T2 间的正、反向阻值均很小或控制极 G 与第二阳极 T2 间的正、反向阻值中均很小，则说明该双向晶闸管的电极间有漏电或被击穿短路。

10.3 晶闸管检测经验总结

晶闸管检测经验总结如下：

（1）用指针万用表 R×1 挡依次测量任意两个引脚间的电阻值，当指针有偏转时，黑表笔接的是控制极 G。

（2）测量双向晶闸管各电极之间的阻值时，如果第一阳极 T1 与第二阳极 T2 间的正、反向阻值均很小或控制极 G 与第二阳极 T2 间的正、反向阻值中均很小，则说明该双向晶闸管的电极间有漏电或被击穿短路。

（3）用指针万用表 R×1 挡依次测量任意两个引脚间的电阻值，测量结果中，会有两组读数为无穷大，一组读数为数十欧姆。其中，读数为数十欧姆的一次的测量中，红、黑表笔所接的两引脚分别为第一阳极 T1 和控制极 G，另一空脚为第二阳极 T2。

看图检修电路中的继电器

继电器是一种电子控制器件，具有控制电路的功能。继电器广泛应用于遥控、遥测、通信、自动控制、机电一体化及电力电子设备中，是最重要的控制元件之一。本章将通过实例来讲解电路板中继电器的检修方法。

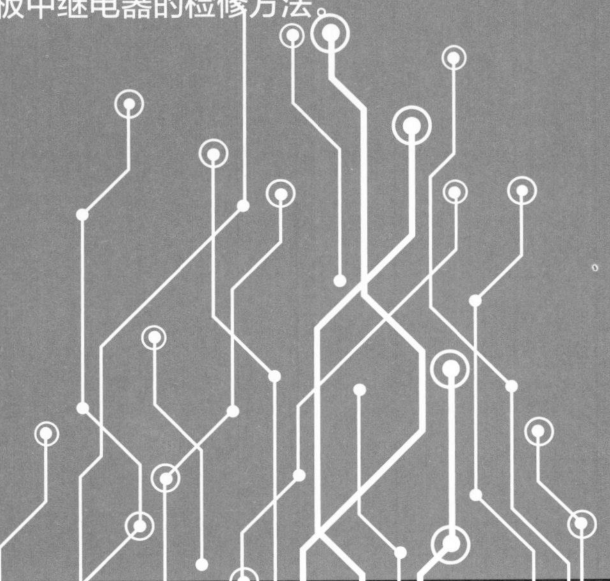

11.1 看图识电气设备中的继电器

各种电气设备的电路中有各种各样的继电器，根据继电器的种类不同，其外形也不一样。下面我们来辨识一下电路板中各式各样的继电器及继电器的符号。

11.1.1　从电路板中识别继电器

电路板中常用的继电器包括电磁继电器、舌簧继电器、固态继电器、热继电器和时间继电器等。下面我们从电路板中分别认识一下它们。

1. 电磁继电器

电磁继电器由控制电流通过线圈所产生的电磁吸力驱动磁路中的可动部分而实现触点开、闭或转换功能的继电器。电磁继电器主要包括直流电磁继电器、交流电磁继电器和磁保持继电器三种。图 11-1 所示为交流电磁继电器。

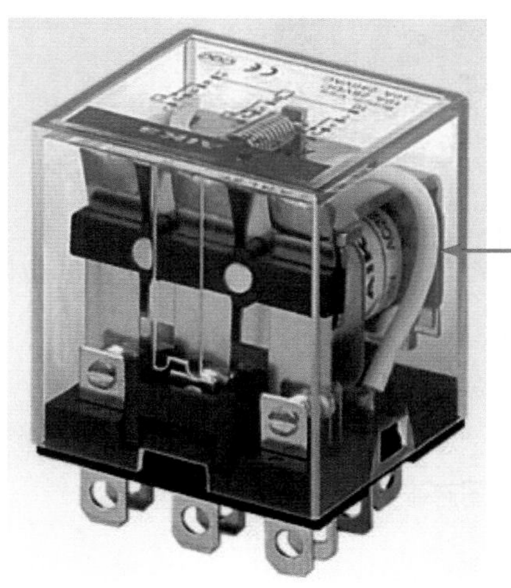

控制电流为直流的电磁继电器，按触点负载大小分为微功率、弱功率、中功率和大功率四种；控制电流为交流的电磁继电器为交流电磁继电器，按线圈电源频率高低分 50Hz 和 400Hz 两种；利用永久磁铁或具有很高剩磁特性的零件，使电磁继电器的衔铁在其线圈断电后仍能保持在线圈通电时的位置上的继电器为磁保持继电器。

图 11-1　交流电磁继电器

2. 舌簧继电器

舌簧继电器是一种利用密封在管内，具有触电簧片和衔铁磁路双重作用的舌簧的动作来开、闭或转换线路的继电器。舌簧继电器可以反映电压、电流、功率以及电流极性等信号，在检测、自动控制、计算机控制技术等领域中应用广泛，如图 11-2 所示。

舌簧继电器的结构简单，体积小，吸合功率小，灵敏度高，一般吸合与释放时间均在 0.5 ~ 2 ms，且触点密封，不受尘埃、潮气及有害气体污染。

图 11–2　舌簧继电器

3. 固态继电器

固态继电器是一种能够像电磁继电器那样执行开、闭线路，且其输入和输出的绝缘程度与电磁继电器相当的全固态器件。图 11–3 所示为固态继电器。

图 11–3　固态继电器

4. 热继电器

利用热效应而动作的继电器为热继电器。热继电器又包括温度继电器和电热式继电器。其中，当外界温度达到规定要求而动作的继电器为温度继电器；而利用控制电路内的电能转变成热能，当达到规定要求而动作的继电器为电热式继电器。图 11–4 所示为热继电器。

5. 时间继电器

当加上或除去输入信号时，输出部分需延时或限时到规定的时间才闭合或断开其被控线路的继电器为时间继电器。图 11–5 所示为时间继电器。

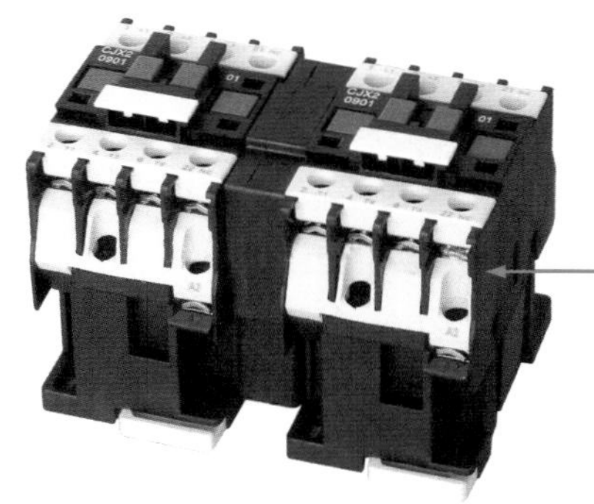

通常使用的热继电器适用于交流 50Hz、交流 60Hz、额定电压至 660V、额定电流至 80A 的电路中，供交流电动机的过载保护用。它具有差动机构和温度补偿环节，可与特定的交流接触器插接安装。

图 11-4　热继电器

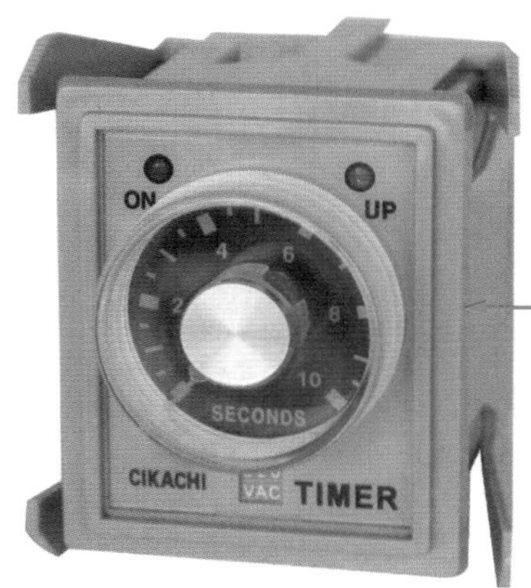

时间继电器也是很常用的一种继电器，它的作用是作为延时元件，通常可在交流 50Hz、交流 60Hz、电压至 380V 控制电路中作延时元件，按预定的时间接通或分断电路。可广泛应用于电力拖动系统、自动程序控制系统及在各种生产工艺过程的自动控制系统中。

图 11-5　时间继电器

11.1.2　继电器图形符号和文字符号

继电器是电子电路中常用的电子元件之一，继电器在电路中用“J”文字符号表示。继电器的图形符号如图 11-6 所示，电路中的继电器如图 11-7 所示。

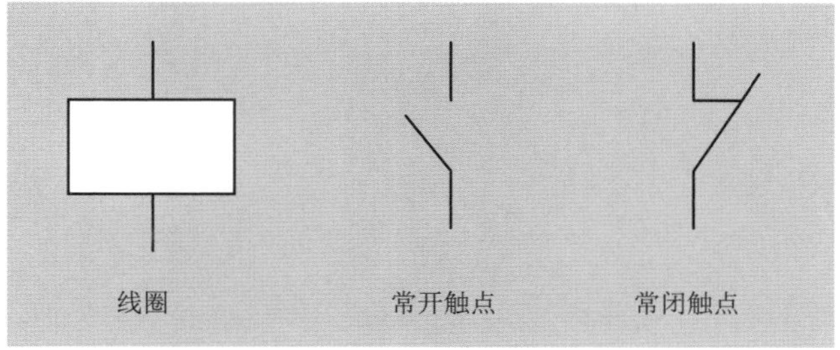

图 11-6　继电器的图形符号

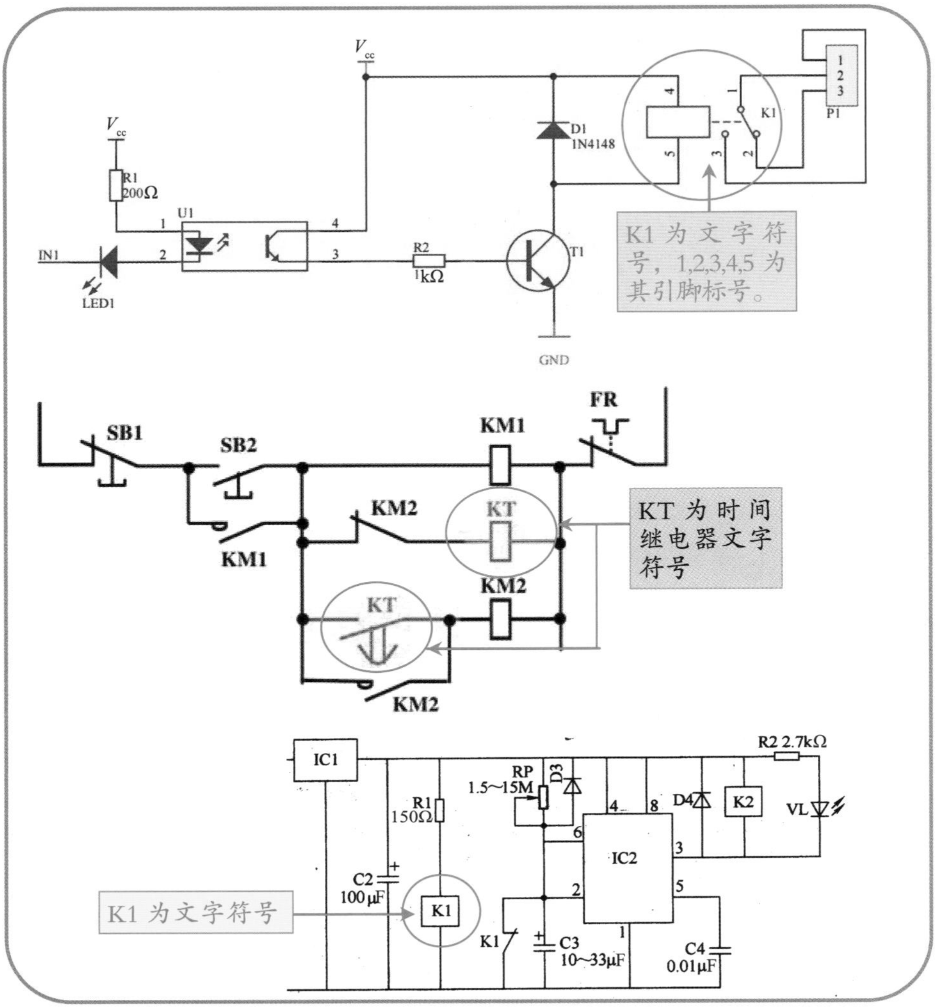

图 11-7　电路中的继电器

常用继电器的触点主要有三种基本形式：动合型（H 型）、动断型（D 型）和转换型（Z 型）。如图 11-8 所示为三种触点形式的符号。

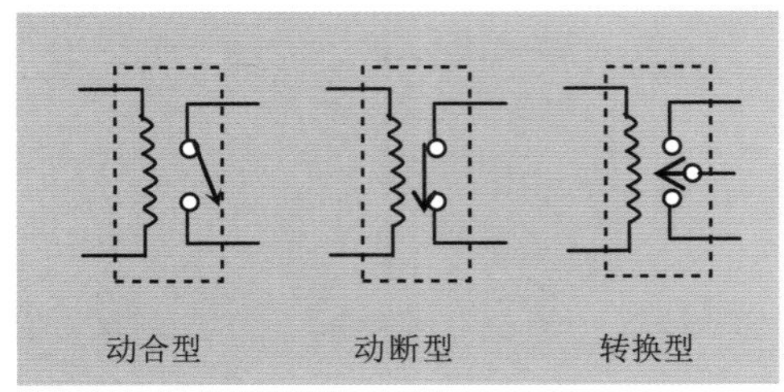

图 11-8　三种触点形式的符号

（1）动合型（H 型）。动合型继电器线圈不通电；触点断开；通电后，触点闭合。用字母“H”表示。

（2）动断型（D 型）。动断型继电器线圈不通电时触点闭合，通电后触点断开。用字母“D”表示。

（3）转换型（Z 型）。转换型继电器是多触点型，一般有三个触点，即中间是动触点，上下各一个静触点。线圈不通电时，动触点与其中一个静触点断开，而与另一个静触点闭合。线圈通电后，动触点就移动，使原来断开的成闭合状态，原来闭合的成断开状态，达到转换的目的。这样的触点组称为转换触点。用字母“Z”表示。

此外，一个继电器还可以有一个或多个触点组，但均不外乎以上三种形式。在电路图中，触点和触点组的画法，规定一律是按不通电时的状态画出。

11.2 继电器的检修实战

通过对前面内容的学习，读者对继电器已经有了一个基本了解。接下来通过实战案例来讲解使用万用表检测各种继电器的方法。

一般在空调、汽车、电力等设备的电路板中会有多种继电器。下面就电路中常见的继电器进行实战检测（针对各类继电器的实战检测，在后面的第 17 章中会详细讲解，此处仅做简单了解）。电路板中的继电器检测方法如图 11–9 所示。

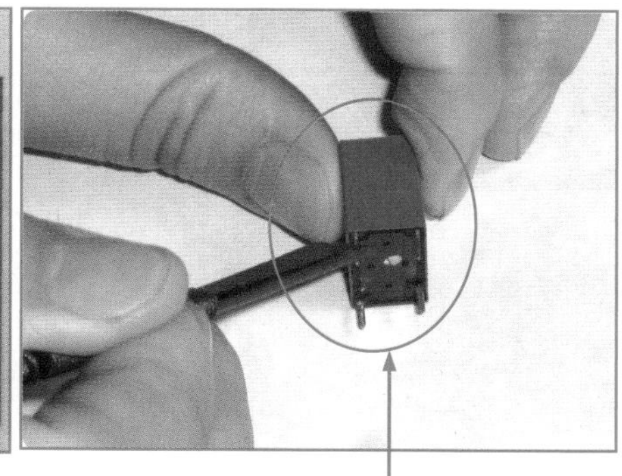

❶观察继电器，看待测继电器是否有烧焦或针脚断裂等情况。如果有，则说明继电器已损坏。

❷将继电器从主板中卸下，并清洁继电器的引脚，去除引脚上的污物，以确保测量时的准确性。

图 11–9　用指针万用表检测电路中的继电器

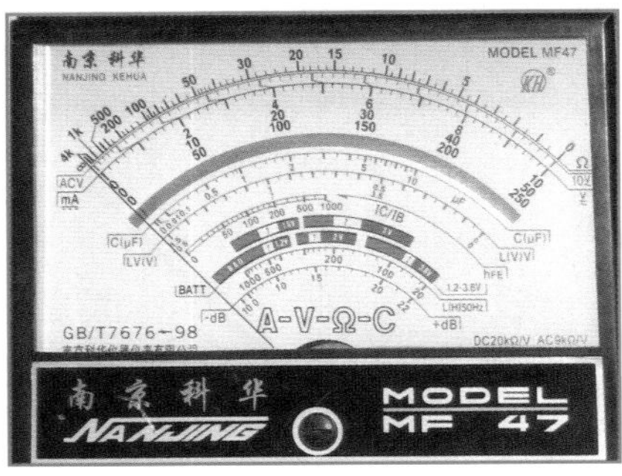

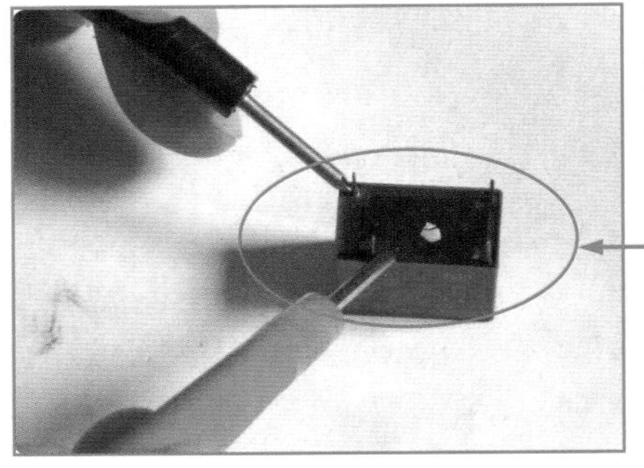

❸选择指针万用表欧姆挡的R×1k挡，短接表笔并调零；接着将两表笔分别接到固态继电器的任意两只引脚上进行测量。观察测量值，发现测量的值为无穷大。

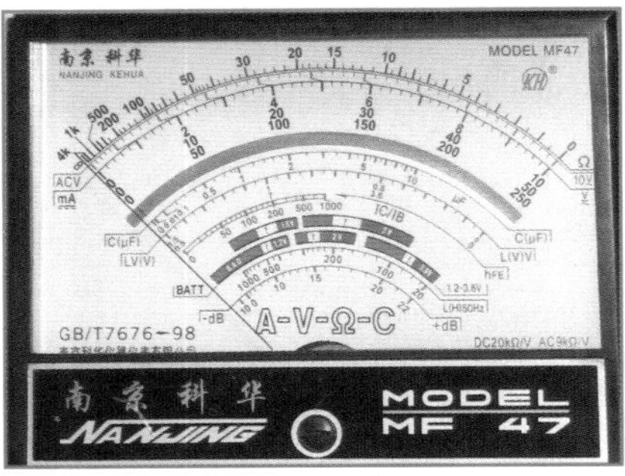

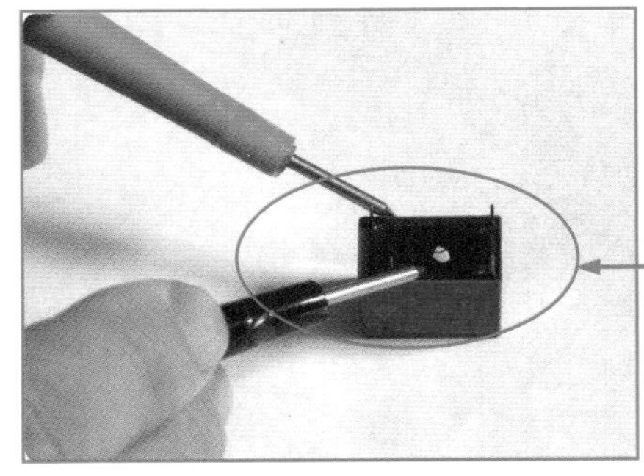

❹将两表笔对调，再次测量。观察测量值，发现测量的值为无穷大。

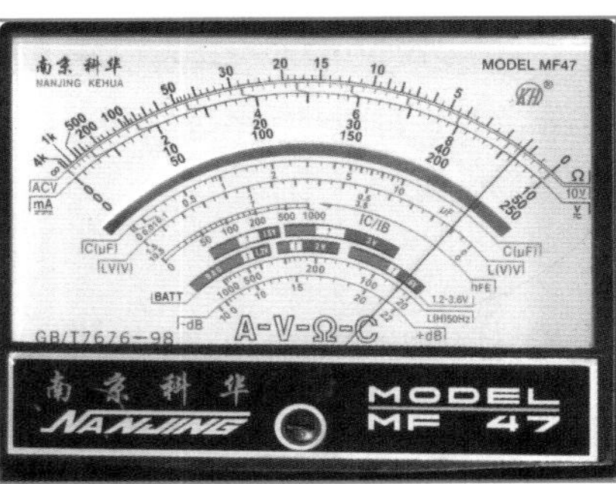

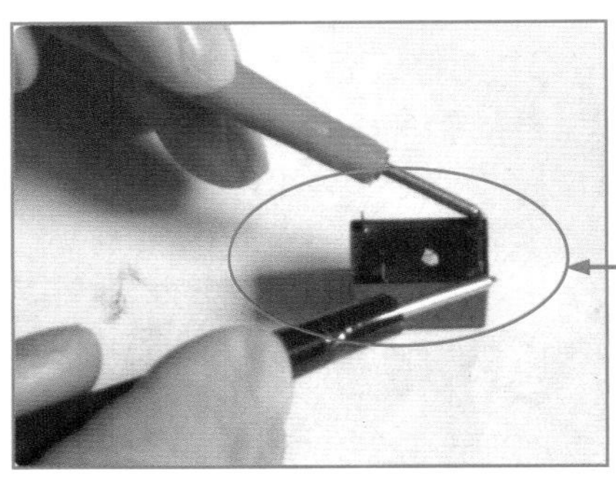

❺由于测量的阻值均为“无穷大”，接着将表笔更换到另外两只引脚测量其正、反向电阻值。观察测量值，发现测量的值为1.3kΩ。

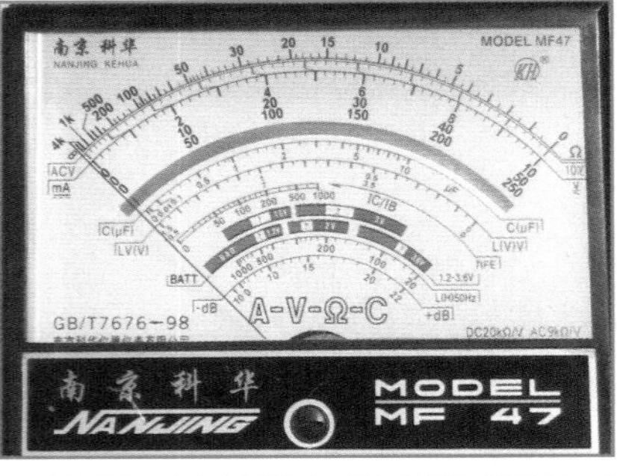

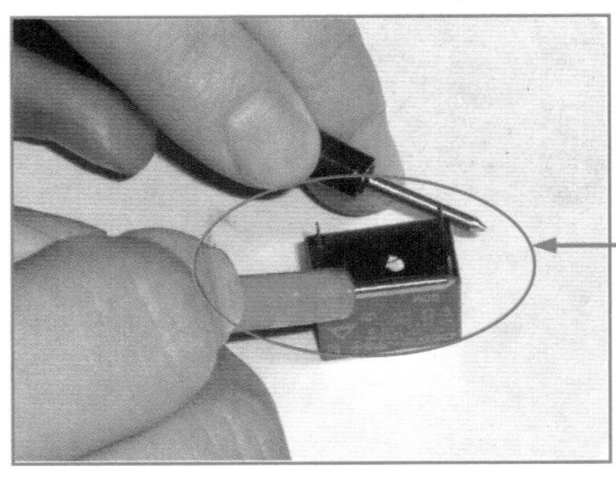

❻将两表笔对调，进行第三次测量。观察测量值，发现测量的值为无穷大。

结论1：由于测量的引脚的正向电阻为一个固定值，而反向电阻为无穷大。因此可以判断，此时测量的两只引脚即为输入端。黑表笔所接就为输入端的正极，红表笔所接就为输入端的负极。

图 11-9　用指针万用表检测电路中的继电器（续）

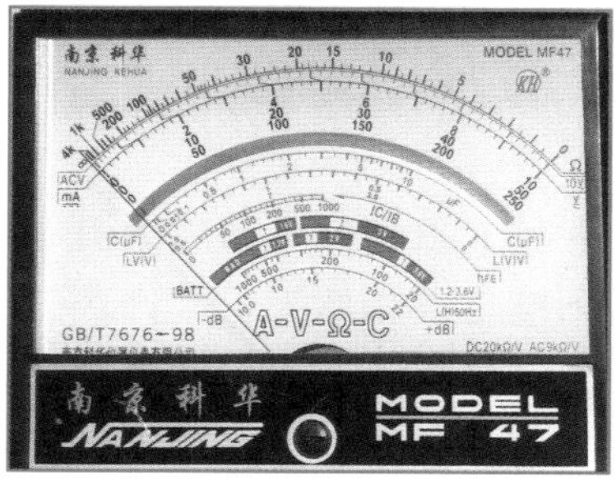

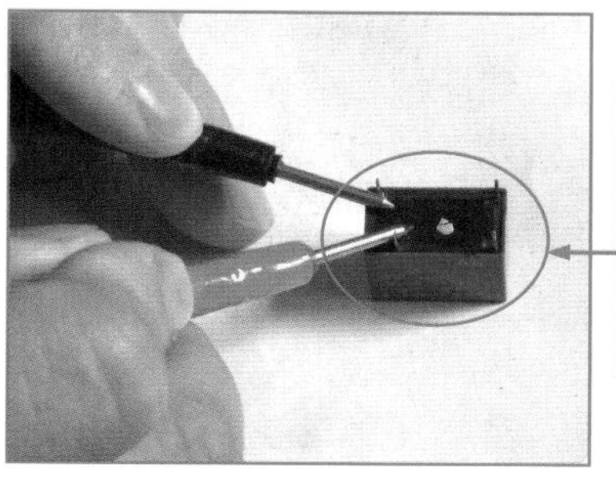

❼将万用表的红、黑表笔分别接在继电器的输出端引脚测量。观察测量值，发现测量的值为无穷大。

❽将两表笔对调，再次测量。观察测量值，发现测量的值为无穷大。

图 11-9　用指针万用表检测电路中的继电器（续）

测量结论：由于继电器的输入端正向电阻为一个固定值，反向电阻为无穷大；而输出端的正反向电阻均为无穷大，因此可以判断此继电器正常。

11.3 继电器检测经验总结

继电器检测经验总结如下：

（1）用万用表测量电磁继电器的阻值时，如果测得电磁继电器电磁线圈的电阻值为无穷大，则说明该继电器的线圈已开路损坏。如果测得线圈的电阻值低于正常值许多，则说明线圈内部有短路故障。

（2）一般情况下，继电器的释放电压在吸合电压的 10% ~50%，如果释放电压太小（小于 1/10 的吸合电压），则说明电磁继电器存在故障，工作不可靠。

（3）用万用表测量舌簧式继电器的阻值时，如果将舌簧式继电器靠近永久磁铁后，其触点不能闭合，则说明该舌簧式继电器已损坏。

（4）一般电磁继电器正常时，其电磁线圈的电阻值为 25~2k；而额定电压较低的电磁式继电器，其线圈的电阻值较小；额定电压较高的电磁继电器，线圈的电阻值相对较大。测量时，用指针万用表欧姆挡的 R×10 挡进行测量，如果测得电磁继电器电磁线圈的电阻值为无穷大，则说明该继电器的线圈已开路损坏。如果测得线圈的电阻值低于正常值许多，则说明线圈内部有短路故障。

（5）用万用表 R×1 挡，测量继电器常闭触点的电阻值，正常值应为 0。再将衔铁按下，同时用万用表测量常开触点的电阻值，正常值也应为 0。如果测出某组触点有一定阻值或为无穷大，则说明该触点已氧化或触点已被烧蚀。

（6）将被测电磁继电器电磁线圈的两端接上 0~35V 可调式直流稳压电源（电流为 2A）后，再将稳压电源的电压从低逐步调高，当听到继电器触点吸合动作声时，此时的电压值即为（或接近）继电器的吸合电压，电流值即为继电器的吸合电流。正常情况下，额定工作电压为吸合电压的 1.3 倍，额定工作电流为吸合电流的 1.5 倍。如果吸合电压或吸合电流过大或过小，表明电磁继电器存在问题。

（7）在测量固态继电器好坏时，用指针万用表欧姆挡的 R×10k 挡测量继电器的输入端电阻。如果正向电阻值在十几千欧姆，反向电阻为无穷大，表明输入端是好的。接着用同样挡位测继电器的输出端，如果阻值均为无穷大，表明输出端是好的。

第  章

看图检修电路中的 IGBT

IGBT 是绝缘栅双极型晶体管的简称，它是由 BJT（双极型三极管）和 MOSFET(绝缘栅型场效应管）组成的复合全控型电压驱动式功率半导体器件，兼有 MOSFET 的驱动功率小、开关快和 GTR 的压降小、电流密度大两方面的优点，非常适合应用于直流电压为 600V 及以上的变流系统。被广泛应用于交流电机、变频器、开关电源、照明电路、牵引传动等领域。本章将通过实例来讲解电路板中 IGBT 的检修方法。

12.1 看图识电气设备中的 IGBT

在轨道交通、智能电网、航空航天、电动汽车与新能源装备等领域设备的电路中有各种各样的 IGBT，根据 IGBT 的种类不同，其外形也不一样。下面我们来辨识一下电路板中各种 IGBT 及其符号。

12.1.1 从电路板中识别 IGBT

IGBT 的应用范围一般都在耐压 600V 以上、电流 10A 以上、频率为 1kHz 以上的区域。多使用在工业用电动机、民用小容量电动机、变换器（逆变器）、照相机的频闪观测器、感应加热（Induction Heating）电饭锅等领域。根据封装的不同，IGBT 大致分为两种类型，一种是模压树脂密封的三端单体封装型，从 TO–3P 到小型表面贴装都已形成系列；另一种是把 IGBT 与 FWD（Free Wheel Diode，续流二极管）成对地（2 或 6 组）封装起来的模块型，主要应用在工业上。模块的类型根据用途的不同，分为多种形状及封装方式，都已形成系列化。

电路板中常用的 IGBT 包括低功率 IGBT、沟槽型 IGBT、NPT 型 IGBT、FS 型 IGBT 和智能功率模块 IPM。

1. 低功率 IGBT

低功率 IGBT 同时具有 NPT– IGBT 的优点和 PT– IGBT 的优点，具有超薄、功率损耗低、电流 / 过热保护等特点，被广泛应用于数控机床、通用伺服、工业机器人、商用空调、电梯、微波炉、洗衣机等设备。图 12–1 所示为低功率 IGBT。

图 12–1 低功率 IGBT

2. 沟槽型 IGBT

沟槽型 IGBT 即 U–IGBT，相比于平面型 IGBT，能在不增加关断损耗的前提下，大幅度地降低导通压降。沟槽型 IGBT 是在管芯上刻槽形成沟槽式栅极，可减少沟道电阻，提高电流密度，制造相同额定电流而芯片尺寸小的产品。沟槽型 IGBT 适用低电压驱动、表面贴装的要求。图 12–2 所示为沟槽型 IGBT。

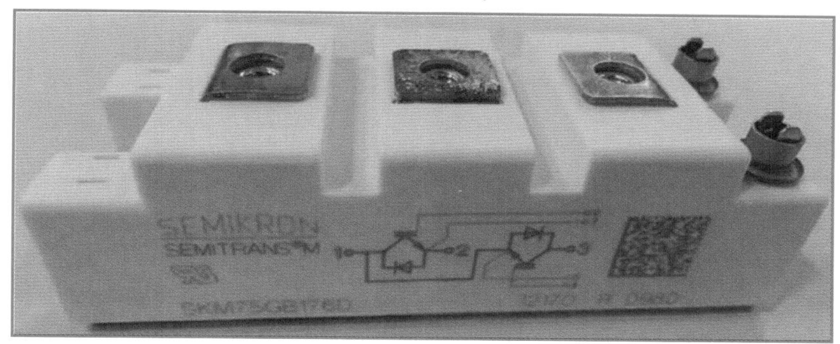

图 12–2　沟槽型 IGBT

3. NPT 型 IGBT

所谓 NPT 是指电场没有穿透 N– 漂移区，NPT 型 IGBT 采用薄硅片技术，在性能上更具有特色，高速、低损耗、正温度系数、无锁定效应。NPT 型 IGBT 目前主要应用于工业控制、消费电子产品、汽车电子市场、计算机和网络通信、军事和国防等多个领域。图 12–3 所示为 NPT 型 IGBT。

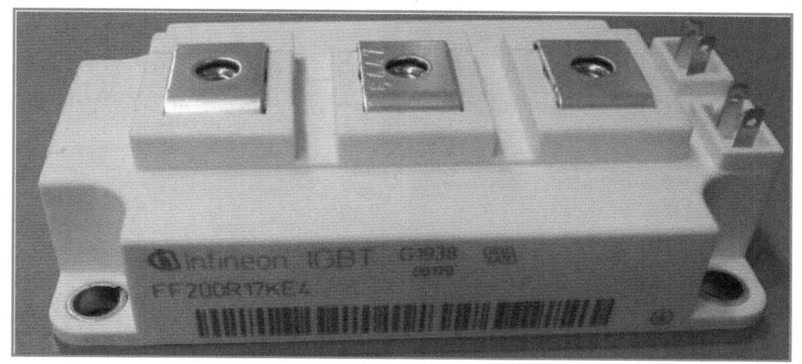

图 12–3　NPT 型 IGBT

4. FS 型 IGBT

FS 型 IGBT 是在 NPT 型 IGBT 基础上开发的 IGBT，FS 型 IGBT 用来尽可能地降低 IGBT 的总损耗。FS 型 IGBT 工艺与 NPT 型 IBGT 类似，都是以轻掺杂 N– 区熔单晶硅作为起始材料，完成正面元胞制作之后再进行背面工艺。FS 型 IGBT 器件厚度比较薄，阻断电压高，电场形状为梯形，拖尾电流持续时间更短。图 12–4 所示为 FS 型 IGBT。

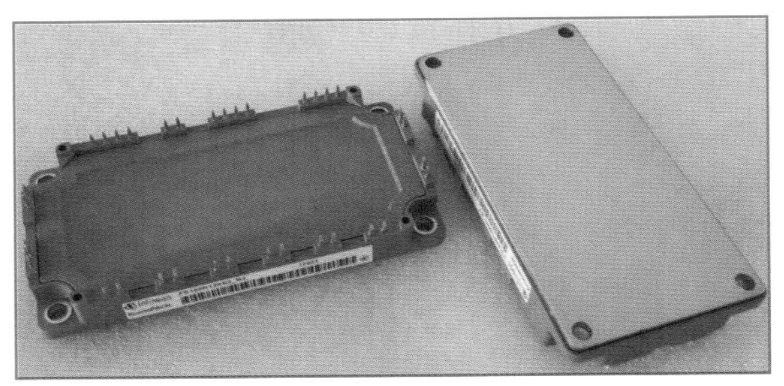

图 12-4　FS 型 IGBT

5. 智能功率模块（IPM）

智能功率模块（Intelligent Power Module）简称 IPM，它由高速、低功率的 IGBT 芯片、优选的门级驱动及保护电路构成。IPM 内置的驱动和保护电路使系统硬件电路简单、可靠，缩短了系统开发时间，也提高了故障下的自保护能力。与普通的 IGBT 模块相比，IPM 在系统性能及可靠性方面都有进一步的提高。图 12–5 所示为智能功率模块。

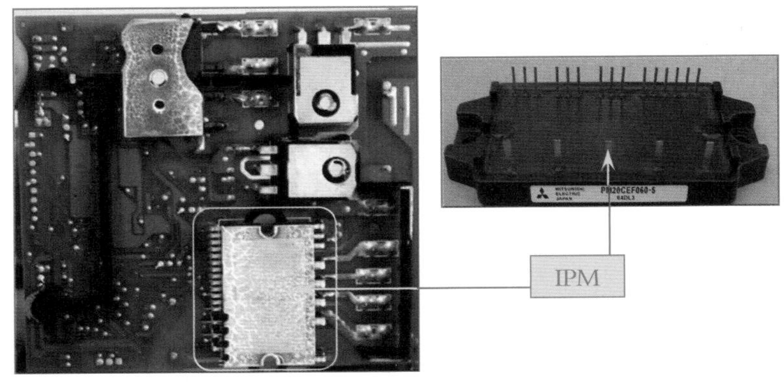

图 12-5　智能功率模块

12.1.2　IGBT 图形符号和文字符号

IGBT 是电子电路中较常用的电子元件，IGBT 在电路中用“Q”文字符号表示。IGBT 的图形符号如图 12–6 所示，电路中的 IGBT 如图 12–7 所示。

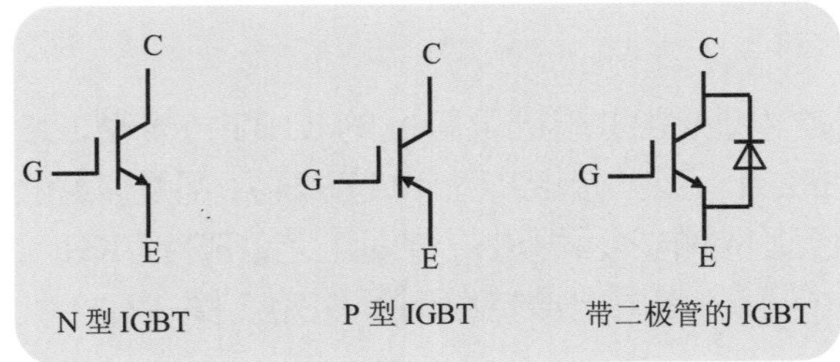

图 12-6　IGBT 的图形符号

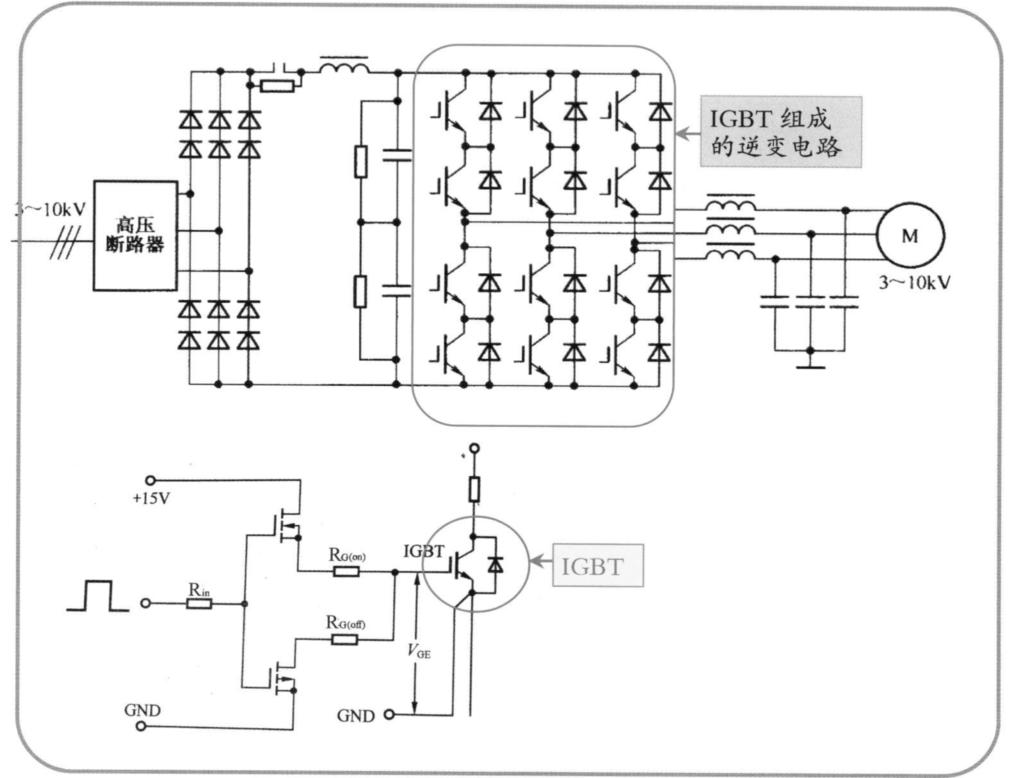

图 12-7　电路中的 IGBT

12.2 IGBT 好坏检测实战

通过前面内容的学习，读者已经对 IGBT 有了一个基本了解，接下来通过实战案例来讲解使用万用表检测 IGBT 的方法。

12.2.1　集成双变频管的 IGBT 模块检测实战

集成双变频管的 IGBT 模块内部集成 2 个变频管，如图 12-8 所示。

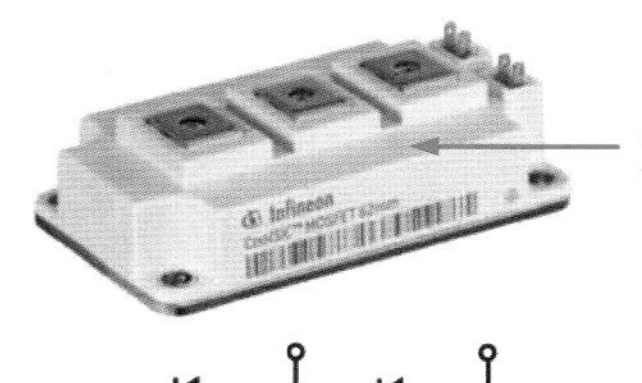

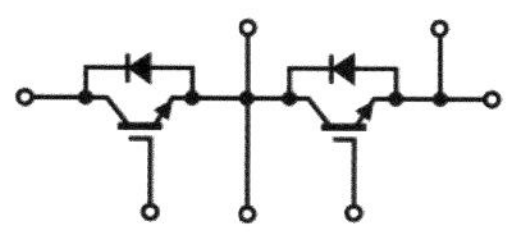

IGBT 模块内部电路图

图 12-8　集成双变频管的 IGBT 模块

检测集成双变频管的 IGBT 模块好坏时，使用数字万用表的二极管挡进行测量，如图 12–9 所示（以英飞凌 IGBT 模块为例讲解，内部电路图参考图 12–8）。

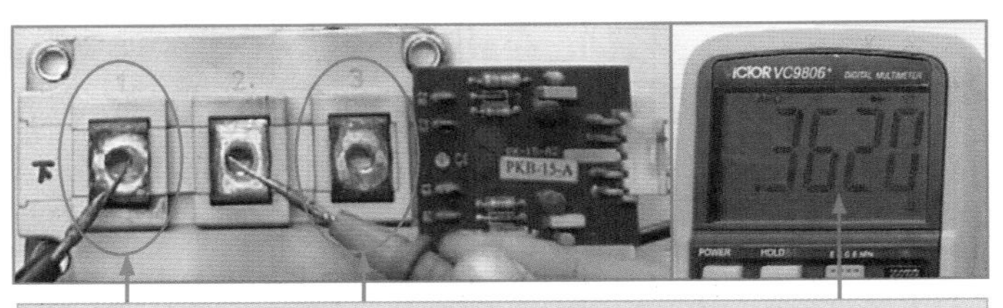

❶将数字万用表调到二极管挡，然后将红表笔接第 2 引脚，黑表笔接第 1 引脚，测量的值为 0.36V，测量值正常。如果测量值为 0，说明模块中所测变频管被击穿，如果测量值为无穷大，说明模块中所测变频管断路损坏。

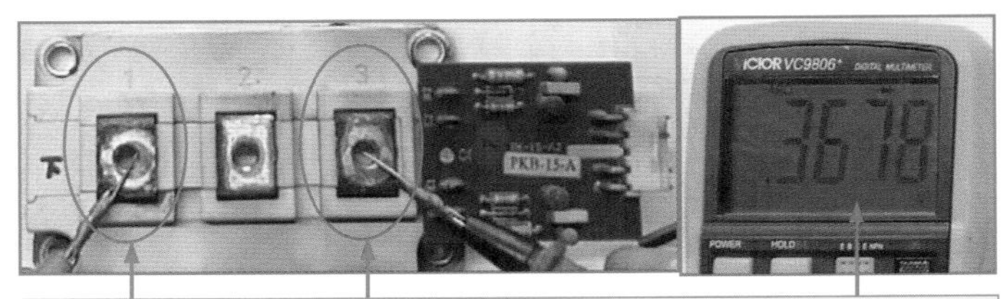

❷将红表笔接第 1 引脚，黑表笔接第 3 引脚，测量的值为 0.36V，测量值正常。

图 12–9　检测集成双变频管的 IGBT 模块

12.2.2　集成整流电路、制动电路、六只变频管的 IGBT 模块检测实战

有些 IGBT 采用集成整流电路、制动电路、六只变频管、热敏电阻，这种高集成度 IGBT 可以减少电路间的干扰，降低故障发生率。如图 12–10 所示为 IGBT 模块引脚图及内部电路图。

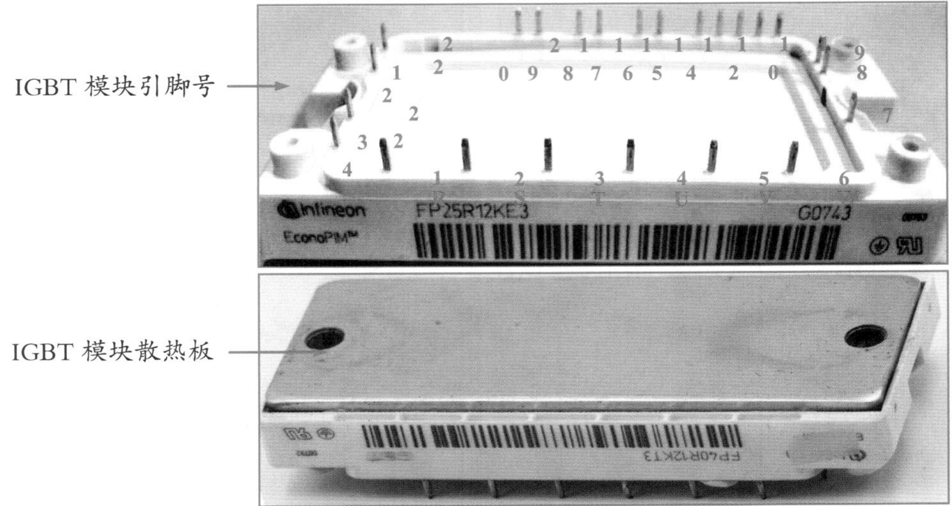

图 12–10　IGBT 模块引脚图及内部电路图

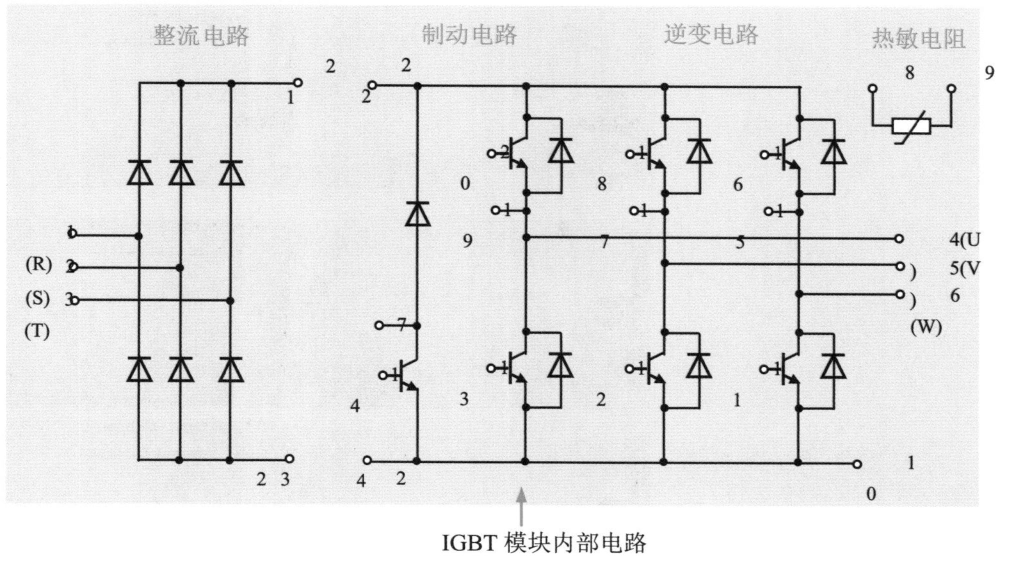

图 12-10　IGBT 模块引脚图及内部电路图（续）

检测集成整流电路、制动电路、六只变频管的 IGBT 模块时，使用数字万用表的二极管挡进行测量，具体步骤如图 12-11 所示（以英飞凌 IGBT 模块为例讲解，内部电路图参考图 12-10）。

❶首先将数字万用表调到二极管挡，然后将红表笔接 21 引脚，黑表笔接 1 引脚，测量整流电路中上臂整流二极管，测量的值为 0.48V，测量值正常。

❷将红表笔接 21 引脚，黑表笔接 2 引脚，测量的值为 0.48V，测量值正常。

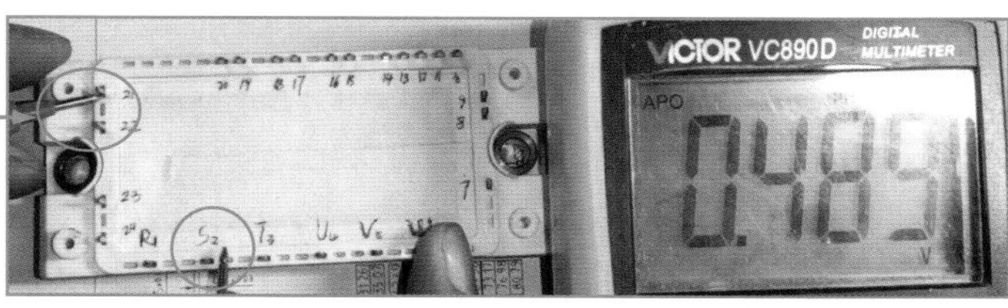

❸将红表笔接 21 引脚，黑表笔接 3 引脚，测量的值为 0.48V，测量值正常。

图 12-11　IGBT 模块检测方法

❹将红表笔接 23 引脚，黑表笔接 1 引脚，测量整流电路中下臂整流二极管，测量的值为 0.48V，测量值正常。

❺将红表笔接 23 引脚，黑表笔接 2 引脚，测量的值为 0.48V，测量值正常。

❻将红表笔接 23 引脚，黑表笔接 3 引脚，测量的值为 0.48V，测量值正常。六次测量值均正常，说明整流电路正常。

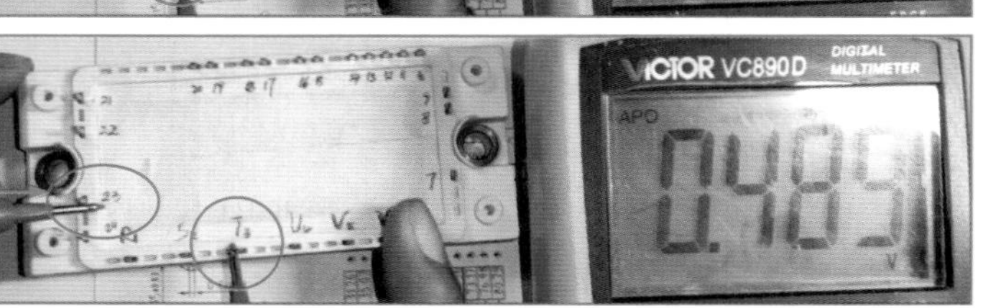

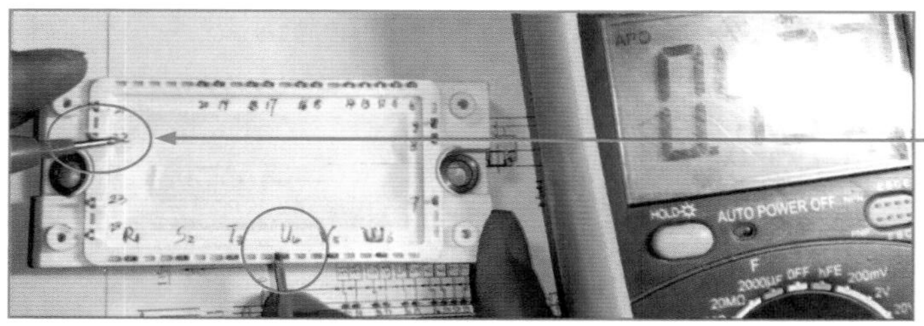

❼将红表笔接 22 引脚，黑表笔接 4 引脚，测量逆变电路上臂中的变频管，测量的值为 0.43V，测量值正常。

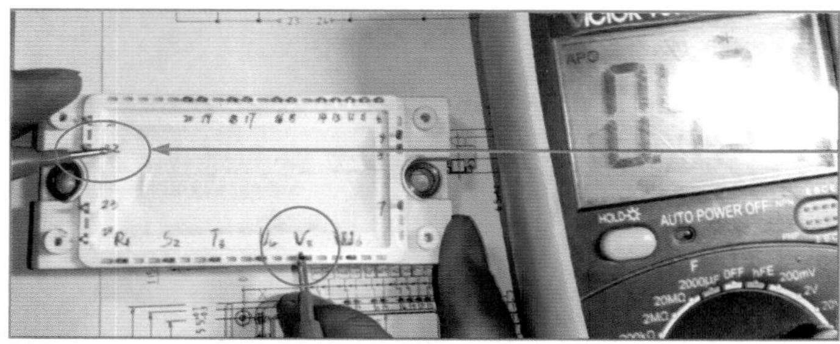

❽将红表笔接 22 引脚，黑表笔接 5 引脚，测量逆变电路上臂中的变频管，测量的值为 0.43V，测量值正常。

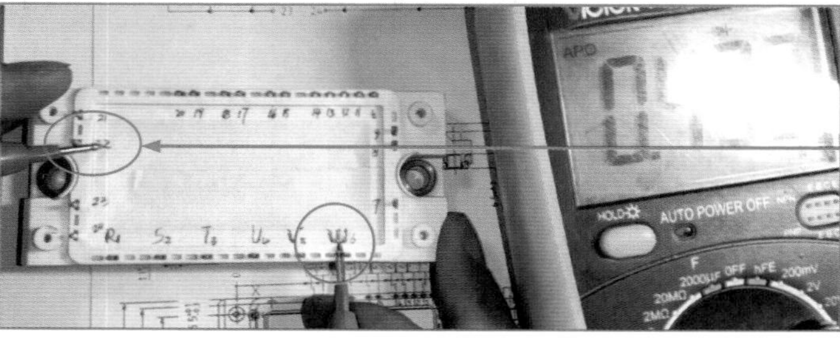

❾将红表笔接 22 引脚，黑表笔接 6 引脚，测量逆变电路上臂中的变频管，测量的值为 0.43V，测量值正常。

图 12-11　IGBT 模块检测方法（续）

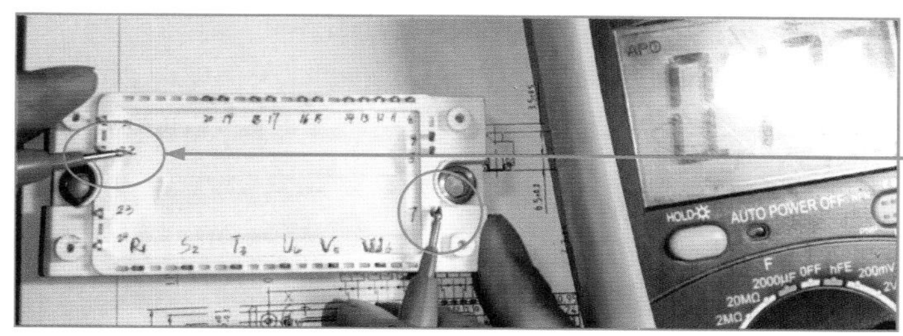

⑩将红表笔接 22 引脚，黑表笔接 7 引脚，测量制动电路中的二极管，测量的值为 0.43V，测量值正常。说明制动电路正常。

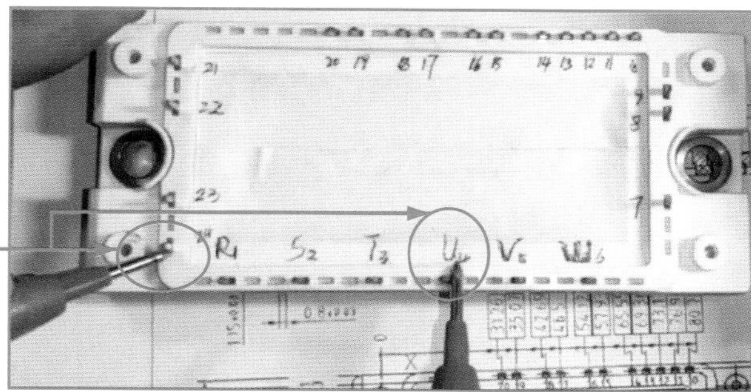

⑪将红表笔接 24 引脚，黑表笔接 4 引脚，测量逆变电路下臂中的变频管，测量的值为 0.43V，测量值正常。

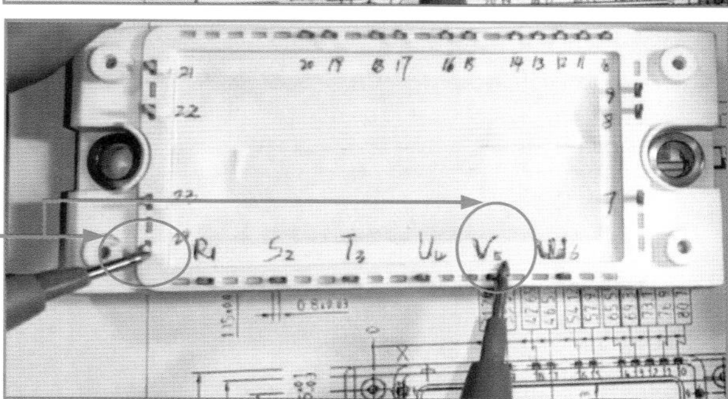

⑫将红表笔接 24 引脚，黑表笔接 5 引脚，测量逆变电路下臂中的变频管，测量的值为 0.43V，测量值正常。

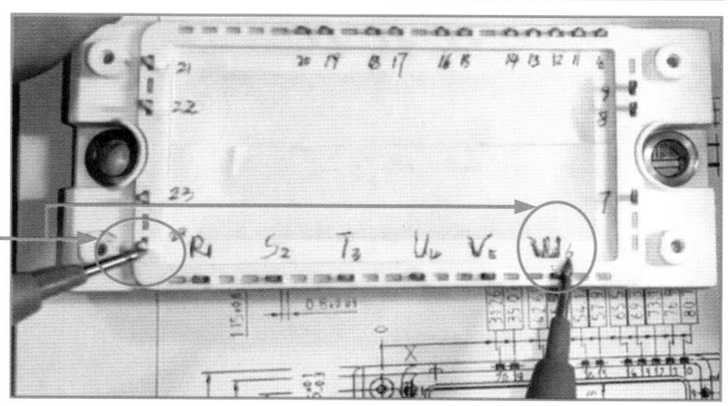

⑬将红表笔接 24 引脚，黑表笔接 6 引脚，测量逆变电路下臂中的变频管，测量的值为 0.43V，测量值正常。由于六次测量中，测量值均正常，因此逆变电路中的六只变频管均正常。

图 12-11　IGBT 模块检测方法（续）

12.3 IGBT 检测经验总结

IGBT 检测经验总结如下：

（1）对于正常的单个 IGBT 进行检测时，将指针万用表调到 R×10k 挡，然后黑表笔接 C 极，红表笔接 E 极，此时万用表的指针指向无穷大，用手指同时触及一下 G 极和 C 极，万用表的指针向右摆向电阻值较小的方向（说明 IGBT 被触发导通）并保持；再用手指同时触及 G 极和 E 极，万用表的指针又返回到无穷大位置（说明 IGBT 被关断截止）。

（2）用数字万用表二极管挡测量 IGBT 时，将万用表的红表笔接 E 极，黑表笔接 C 极，正常的 IGBT 会显示 0.3V~0.6V 左右的压降。

第13章 看图检修电路中的晶振

晶振是晶体振荡器（有源晶振）和晶体谐振器（无源晶振）的统称。其作用在于产生原始的时钟频率，这个频率经过频率发生器的放大或缩小后就成了电路中各种不同的总线频率。晶振是应用非常广泛的元器件，几乎在所有的电子电路中，都要用到晶振。本章将通过实例来讲解电路板中晶振的检修方法。

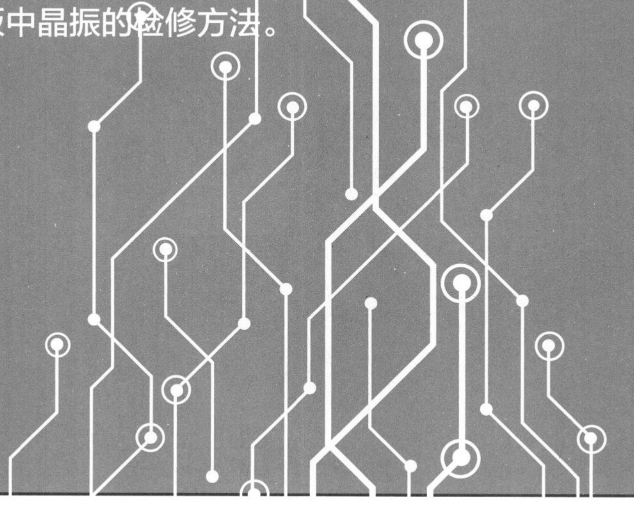

13.1 看图识电气设备中的晶振

各种电气设备的电路中有各种各样的晶振，根据晶振的种类不同，其外形也不一样。下面我们来辨识一下电路板中各式各样的晶振及晶振的符号。

13.1.1 从电路板中识别晶振

电路板中常用的晶振包括普通晶振、恒温晶振器、温度补偿晶振和压控晶振等。下面我们从电路板中认识一下它们。

1. 普通晶振

普通晶振（SPXO）是一种简单的晶体振荡器，通常称为钟振，是一种完全由晶体自由振荡完成工作的晶振。图 13–1 所示为普通晶振。

图 13–1 普通晶振

2. 恒温晶振

恒温晶振（OCXO）是一种将晶体置于恒温槽内，通过设置恒温工作点，使槽体保持恒温状态，在一定范围内不受外界温度影响，达到稳定输出频率效果的晶振。图 13–2 所示为恒温晶振内部结构及外形图片。

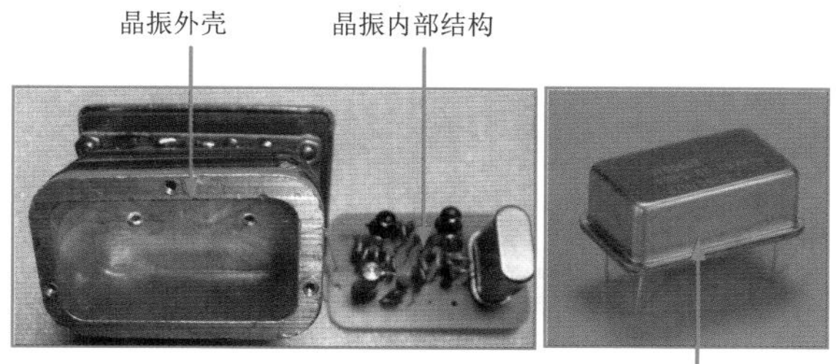

OCXO 的主要优点是频率温度特性在所有类型晶振中是最好的，由于电路设计精密，其短期频率稳定度和相位噪声都较好。不足之处在于：消耗功耗大、体积大，使用时还需预热 5min。OCXO 主要用于各种类型的通信设备、数字电视及军工设备等。

图 13–2　恒温晶振内部结构及外形

3. 温度补偿晶振

温度补偿晶振（TCXO）是一种通过感应环境温度，将温度信息做适当变换后控制输出频率的晶振。图 13–3 所示为温度补偿晶体振荡器。

TCXO 的输出频率会随着温度的不同有一些微小的变化，但是这个变化会弥补其他元件随温度产生的变化而让整体的变化减小。

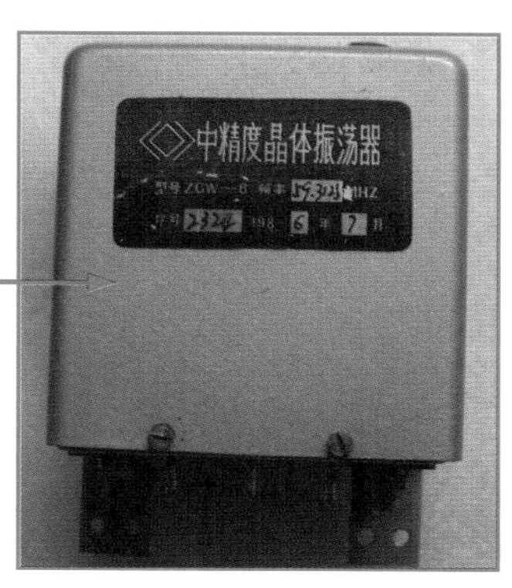

图 13–3　温度补偿晶振

4. 压控晶振

压控晶振（VCXO）是一种通过红外控制电压使振荡效率可变或可调的石英晶体振荡器，前面提到的三种晶振也可以带压控端口。图 13–4 所示为压控晶振。

图 13-4 压控晶振

13.1.2 晶振的图形符号和文字符号

晶振是电子电路中最常用的电子元件之一，一般用“X”文字符号表示，单位为 Hz。晶振的电路图形符号如图 13-5 所示；图 13-6 所示为电路图中的晶振。

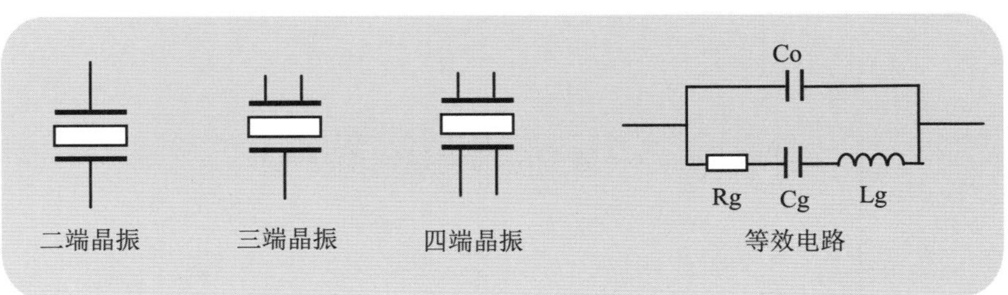

图 13-5 晶振的图形符号及等效电路

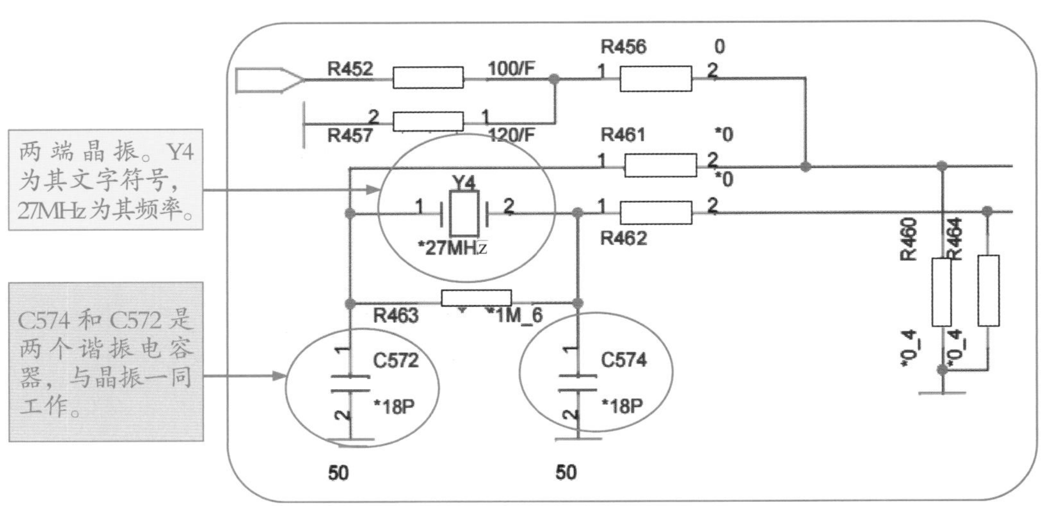

图 13-6 电路图中的晶振

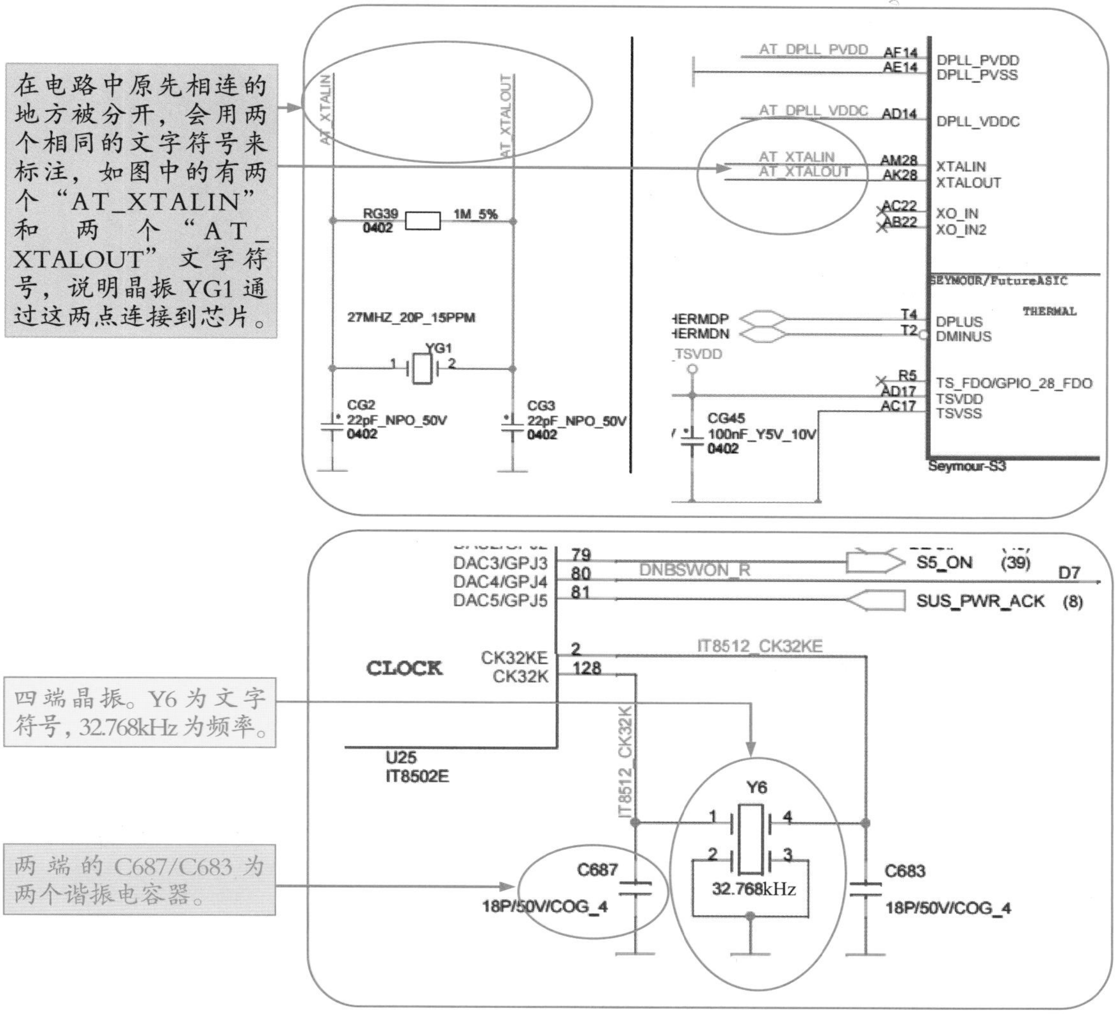

在电路中原先相连的地方被分开，会用两个相同的文字符号来标注，如图中的有两个“AT_XTALIN”和两个“AT_XTALOUT”文字符号，说明晶振 YG1 通过这两点连接到芯片。

四端晶振。Y6 为文字符号，32.768kHz 为频率。

两端的 C687/C683 为两个谐振电容器。

图 13-6　电路图中的晶振（续）

13.2 晶振的检修实战

通过对前面内容的学习，读者对晶振已经有了一个基本了解。接下来通过实战案例来讲解使用万用表检测晶振的方法。

13.2.1　使用数字万用表检测晶振（电压法）

检测晶振的好坏可以通过阻值或频率来判断，也可以通过两脚的电压来判断。下面详细讲解使用数字万用表通过测量晶振引脚的电压判断晶振好坏的方法。

晶振两脚对地电压检测方法如图 13-7 所示。

❶检查待测晶振的外观，看待测晶振是否有烧焦或针脚断裂等明显的物理损坏。

❷清洁待测晶振的引脚，以避免因油污的隔离作用而影响测量的准确性。

❸将数字万用表旋至直流电压挡的量程 2。

❹将红表笔接晶振的其中一个引脚，黑表笔接地，观察其读数为 0.03。

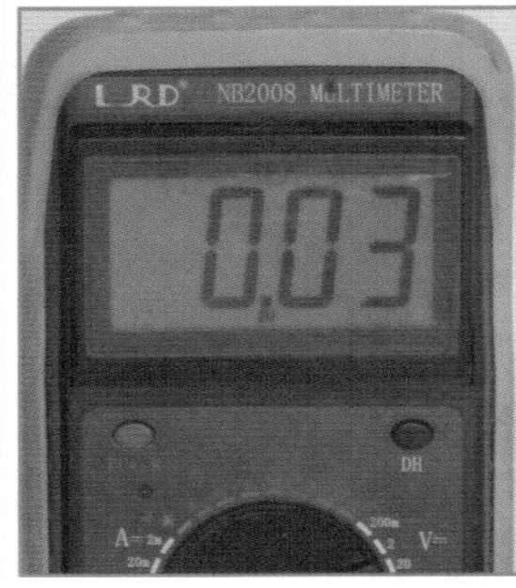

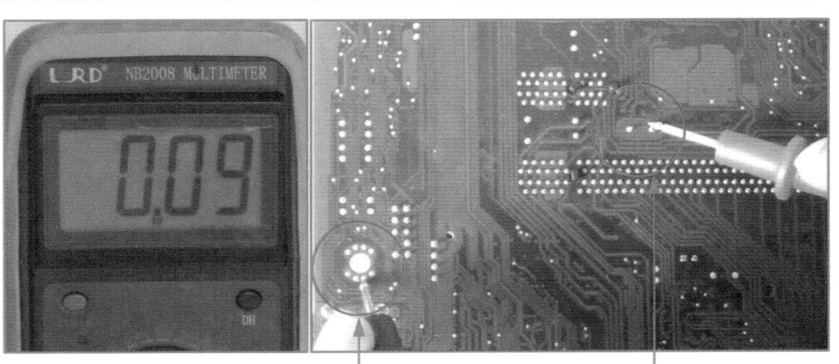

❺将红表笔接晶振的另一个引脚，黑表笔接地，观察其读数为 0.09。

图 13-7　晶振两脚对地电压的检测方法

测量结论：由于两次测量的电压差为 0.06，说明晶振正常。

提示：如果两次测量的结果完全一样，说明该晶振已经损坏。

13.2.2　使用指针万用表检测晶振（电阻法）

本例中将用指针万用表开路检测晶振的电阻值，通过电阻值来判断晶振的好坏。

用指针万用表开路检测晶振的方法如图 13-8 所示。

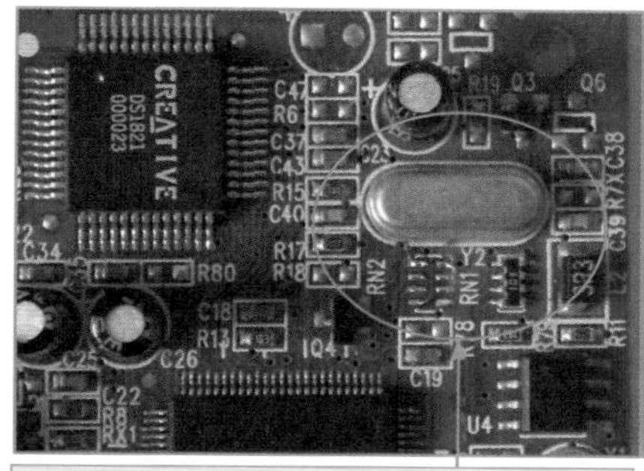

❶检查待测晶振是否有烧焦或针脚断裂等明显的物理损坏。

❷用电烙铁将待测晶振从电路板上焊下，将两引脚清洁干净，避免污物的隔离作用而影响检测的准确性。

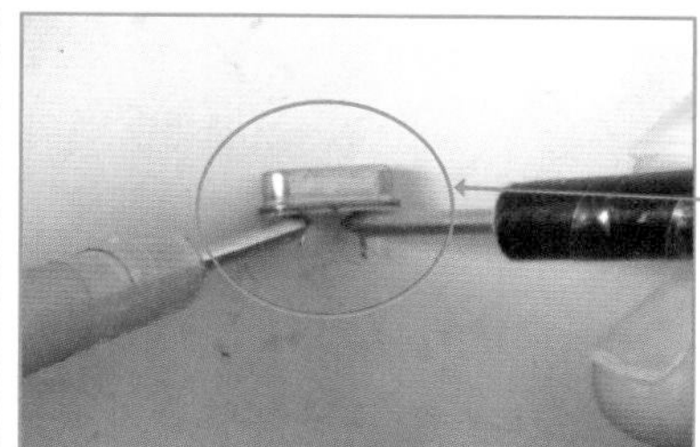

❸选择欧姆挡的 R×10k 挡，短接表笔并调零；接着将两表笔任意接在晶振的两引脚上测量。观察表盘读数为无穷大。

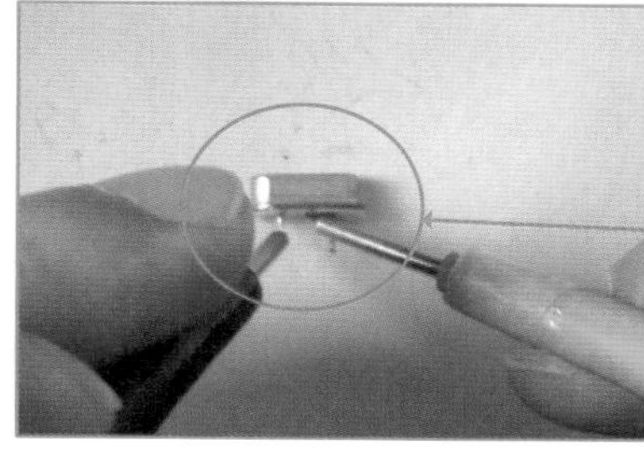

❹将两表笔交换，再次进行测量。观察表盘读数为无穷大。

图 13-8　用指针万用表开路检测晶振的方法

测量结论：两次所测的结果均为无穷大，说明晶振未发生漏电或短路故障。

13.3 晶振检测经验总结

晶振检测经验总结如下：

（1）用万用表欧姆挡 R × 10k 挡检测晶振两只引脚的阻值，若测得的阻值为无穷大，说明该晶振可能正常（内部断路阻值也为无穷大）；若测得的阻值为 0 或者阻值接近 0，说明该晶振内部有漏电损坏现象。

（2）在路测量晶振的两个引脚的对地电压值，然后比较它们之间的电压差。正常情况下，两次测量的电压应有一个压差（零点几伏的压差），如果两次测量的结果完全一样或相差非常小，说明该晶振已发生损坏。

（3）在路分别测量晶振两只引脚的对地阻值，如果阻值很小（小于 50Ω），则可能与晶振连接的谐振电容器或控制芯片损坏。

看图检修电路中的集成稳压器

集成稳压器是指集成稳压电路的集成电路，是一种将不稳定直流电压转换成稳定直流电压的集成电路。由于集成稳压器具有稳压精度高、工作稳定可靠、外围电路简单、体积小、质量轻等显著优点，在各种电源电路中得到了越来越普遍的应用。本章将通过实例来讲解电路板中集成稳压器的检修方法。

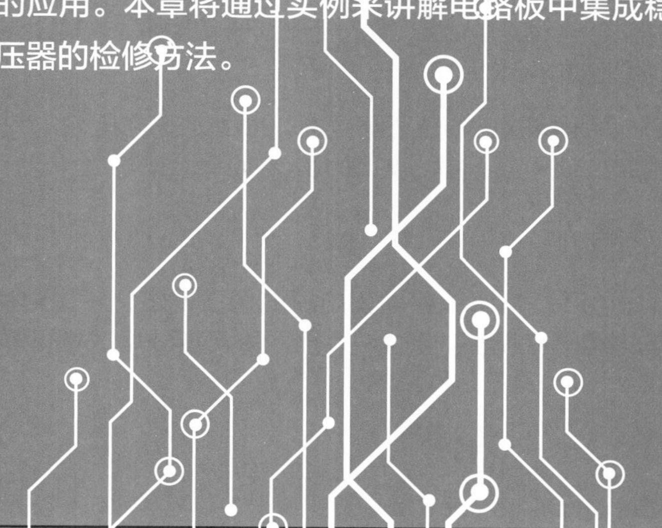

14.1 看图识电气设备中的集成稳压器

各种电气设备的电路中有各种各样的集成稳压器，根据集成稳压器的种类不同，其外形也不一样，下面我们来辨识一下电路板中各式各样的集成稳压器及其符号。

14.1.1 从电路板中识别集成稳压器

从外形看，集成稳压器一般分为多端式（稳压器的外引线数目超过三个）和三端式（稳压器的外引线数目为三个）两类。图 14–1 所示为电路中常见的集成稳压器。

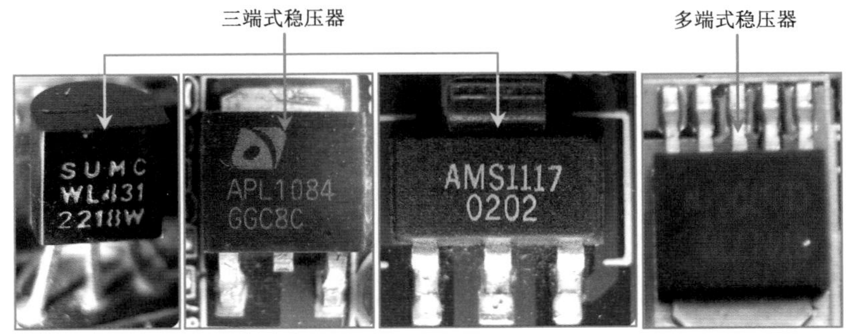

图 14–1 电路中常见的集成稳压器

电路板中常用的集成稳压器包括固定集成稳压器、可调式集成稳压器和精密稳压器等。下面我们分别认识一下它们。

1. 固定集成稳压器

固定集成稳压器是将功率调整管、误差放大器、取样电路、保护电路等元器件集成在一块芯片内，构成一个有输入端（输入电压在一定范围）、输出端（输出电压固定）和公共接地端的三脚集成电路。

常见的固定集成稳压器以三端稳压器居多，如固定正电压输出的有 78×× 系列，固定负电压输出的有 79×× 系列等，如图 14–2 所示。

2. 可调式集成稳压器

可调式集成稳压电路是指可调整输出电压的稳压电路。输出电压一般通过稳压器的 ADJ 引脚连接的电阻器来调整。图 14–3 所示为可调式集成稳压器。

78×× 系列集成稳压器是常用的固定正输出电压的集成稳压器，输出电压有 5V、6V、9V、12V、15V、18V、24V 等规格。其中，“××”表示固定电压输出的数值，如 7805、7806、7809、7812、7815、7818、7824 等，对应的输出电压分别是 +5V、+6V、+9V、+12V、+15V、+18V、+24V。

78×× 系列集成稳压器最大输出电流为 1.5A，78×× 系列集成稳压器的内部含有限流保护、过热保护和过压保护电路，采用了噪声低、温度漂移小的基准电压源，工作稳定可靠。其三个引脚中，1 引脚为输入端（INPUT），2 引脚为接地端（GND），3 引脚为输出端（OUTPUT）。

79×× 系列集成稳压器是常用的固定负输出电压的三端集成稳压器，除输入电压和输出电压均为负值外，其他参数和特点与 78×× 系列集成稳压器相同。79×× 集成稳压有三个引脚，1 引脚为接地端（GND），2 引脚为输入端（INPUT），3 引脚为输出端（OUTPUT）。

图 14-2　固定集成稳压器

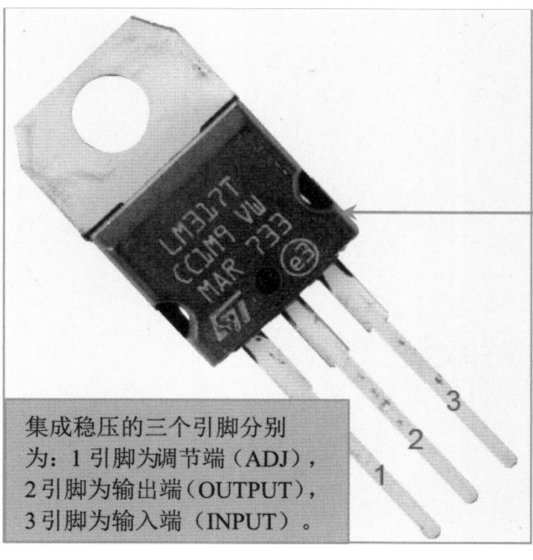

集成稳压的三个引脚分别为：1 引脚为调节端（ADJ），2 引脚为输出端（OUTPUT），3 引脚为输入端（INPUT）。

可调式集成稳压器是指稳压器的输出电压可以根据电路需要调整，一般可调集成稳压器的输出电压在一定范围。如 LM317 可调稳压器的输出电压为 1.25 ~ 40V。电路中常见的可调式集成稳压器主要有 LM117、LM317、LM337、L1084、LM1117 等。这些可调式集成稳压器又可分为正输出三端可调式集成稳压器、负输出三端可调式稳压器两种，如 LM317 为正电压输出型，LM337 为负电压输出可调式稳压器。

图 14-3　可调式集成稳压器

3. 精密稳压器

电路中常用的精密电压基准集成稳压器主要有 TL431、WL431、KA431、μA431、LM431 等。其中，TL431 是一个有良好的热稳定性能的三端可调分流基准源，输出电压为 2.5~36V，工作电流范围为 1~100mA，典型动态阻抗为 0.2Ω，在很多应用中可以用它代替齐纳二极管，例如，数字电压表、运放电路、可调压电源、开关电源等。如图 14–4 所示为 TL431 集成稳压器的外形及电路符号。

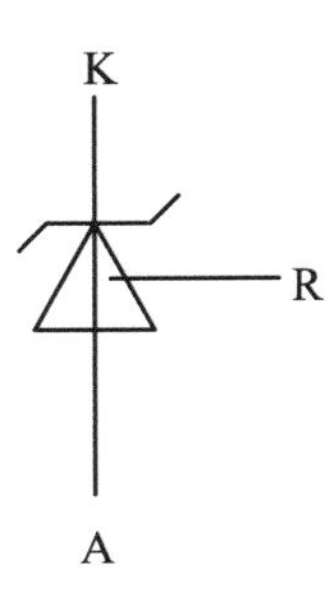

图 14–4　TL431 集成稳压器的外形及电路符号

14.1.2　集成稳压器的图形符号和文字符号

集成稳压器在电路中常用字母“Q”文字符号表示，而集成稳压器在电路中有不同的图形符号。图 14–5 所示为集成稳压器的图形符号；如图 14–6 所示为电路图中的集成稳压器。

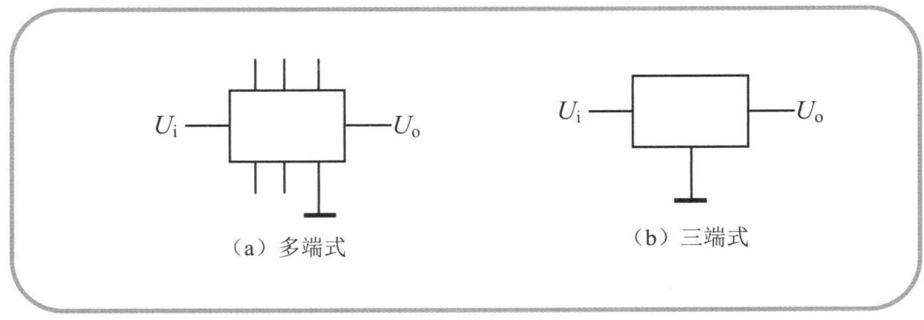

图 14–5　稳压器的电路图形符号

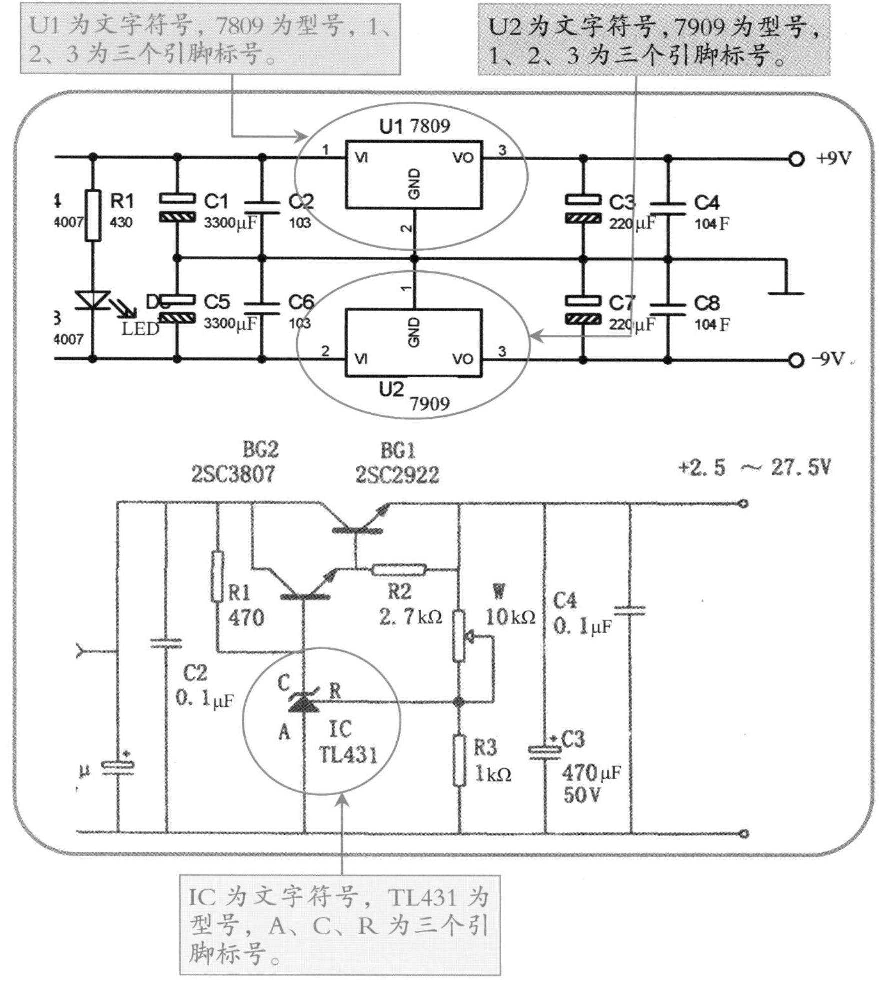

图 14-6　电路图中的集成稳压器

14.2 集成稳压器的检修实战

通过对前面内容的学习，读者对集成稳压器已经有了一个基本了解。接下来通过实战案例来讲解使用万用表检测集成稳压器的方法。

14.2.1 使用指针万用表检测集成稳压器（电阻法）

通过检测集成稳压器引脚间的阻值可以判断集成稳压器是否正常。检测时可以采用数字万用表的二极管挡进行检测，也可以使用指针万用表欧姆挡的R × 1k 挡进行检测。

使用指针万用表检测集成稳压器的方法如图 14-7 所示。

❶观察待测集成稳压器是否有烧焦或针脚断裂等物理损坏现象。

❷用电烙铁将待测集成稳压器卸下。

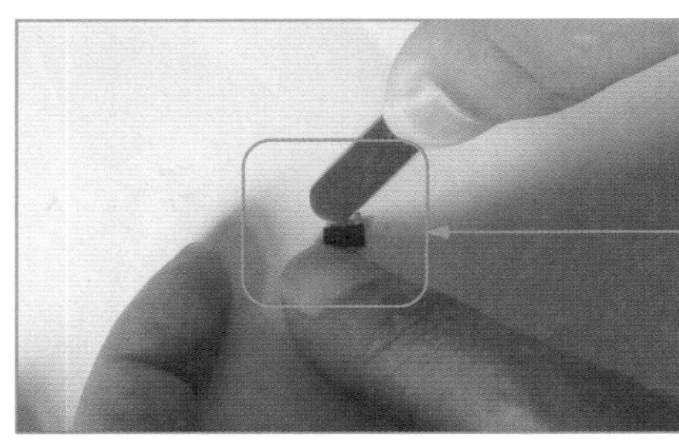

❸清洁集成稳压器的引脚，去除引脚上的污物，以避免因油污的隔离作用而影响检测的准确性。

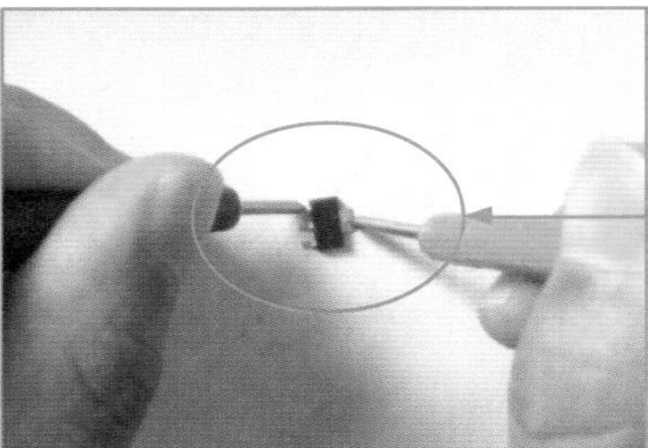

❹选择指针万用表欧姆挡的 R×1k 挡，短接表笔并调零；接着将黑表笔接触集成稳压器 GND 引脚（中间引脚），红表笔接触其他两个引脚中的一个引脚测量阻值。观察表盘，测量的阻值为 20.5k。

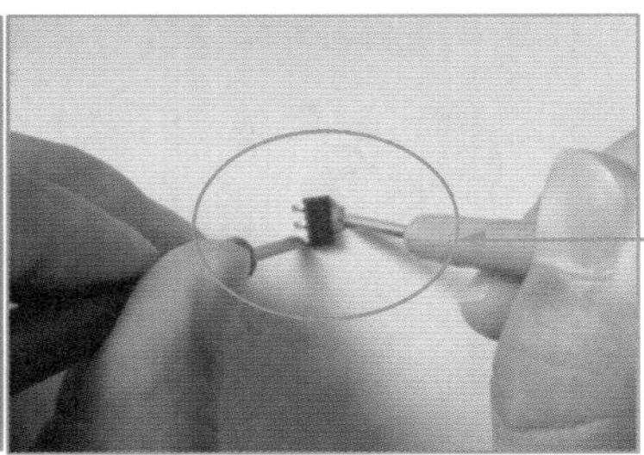

❺黑表笔不动，红表笔接触剩余的第三只引脚测量阻值。观察表盘，测量的阻值为 26k。

图 14-7　电阻法检测集成稳压器

测量结论：由于测量的电阻值不为 0 和无穷大，因此可以判断此集成稳压器基本正常，不存在开路或短路故障。

14.2.2　使用数字万用表检测集成稳压器（电压法）

接下来，我们讲解使用数字万用表测电压的方法检测集成稳压器，具体检测方法如图 14-8 所示。

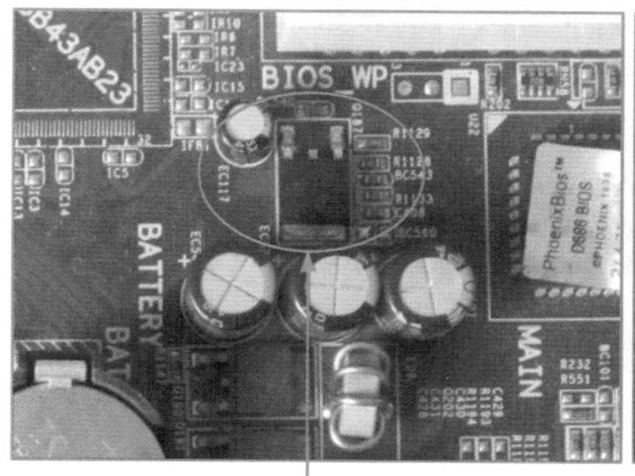

❶检查待测集成稳压器的外观，看待测集成稳压器是否有烧焦或针脚断裂等物理损坏现象。

❷清洁待测集成稳压管的引脚，以避免因油污的隔离作用而影响测量的准确性。

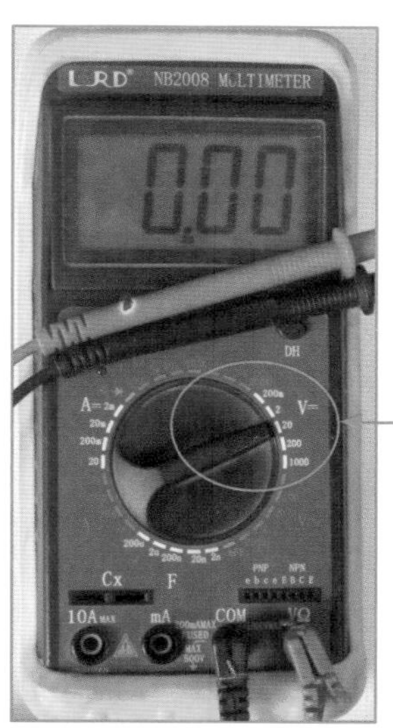

❸将待测集成稳压管电路板接上正常的工作电压，并将数字万用表旋至直流电压挡的量程 20 挡。

❹给电路板通电，将红表笔接集成稳压器电压输出端引脚，黑表笔接地。记录读数 3.38。

图 14-8　电压法检测集成稳压器

❺如果输出端电压正常，则稳压器正常；如果输出端电压不正常，就再次测量输入端电压。接着将红表笔接触集成稳压器的输入端，黑表笔接地。记录读数 5.03。

图 14-8　电压法检测集成稳压器（续）

测量结论：如果输入端电压正常，输出端电压不正常，则说明稳压器或稳压器周边的元器件可能有问题。接着检查稳压器周边的元器件，如果周边元器件正常，则说明稳压器有问题，需更换稳压器。

14.3 集成稳压器检测经验总结

集成稳压器检测经验总结如下：

（1）在测量稳压器的稳压值时，如果输出的稳压值正常，则说明集成稳压器正常；如果输出的稳压值不正常，则说明集成稳压器已损坏。

（2）在使用代换法检测集成稳压器时，用完好的同型号、同规格集成稳压器来代换电路中被测集成稳压器，此方法可以判断出被测集成稳压器是否被损坏。

（3）集成稳压器的引脚虚焊故障是常见现象，可能由于灰尘腐蚀或震荡造成引脚和电路板接触不良。对于此类故障，通常用加焊锡的方法进行处理。

（4）集成稳压器烧坏故障通常由过电压或过电流引起。在集成稳压器被烧坏后，某些引脚的直流工作电压也会明显变化，用常规方法检查能发现故障部位。

看图检修电路中的集成运算放大器

运算放大器是一种带有特殊耦合电路及反馈的放大器，其输出信号可以是输入信号加、减或微分、积分等数学运算的结果。运算放大器的种类繁多，广泛应用于电子行业当中。本章将通过实例来讲解电路板中的运算放大器的检修方法。

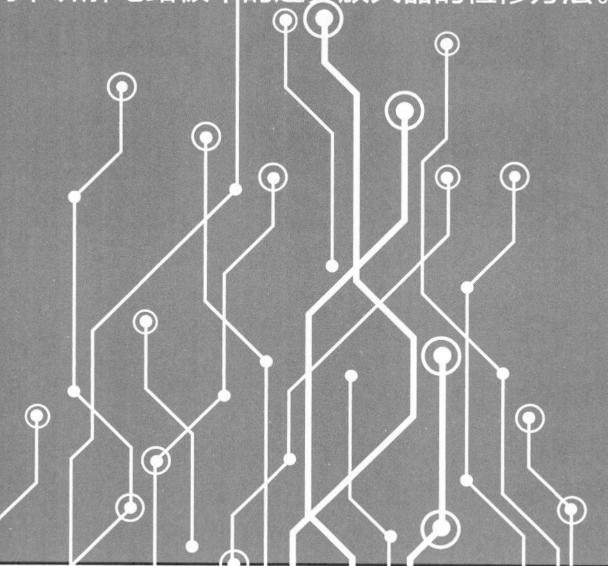

15.1 看图识电气设备中的集成运算放大器

各种电气设备的电路中有各种各样的集成运算放大器，根据集成运算放大器的种类不同，其外形也不一样。下面我们来辨识一下电路板中各式各样的集成运算放大器及其符号。

15.1.1 从电路板中识别集成运算放大器

电路板中常用的集成运算放大器包括通用型、精密型、高速型和可编程控制型等。图 15–1 所示为电路中的集成运算放大器。

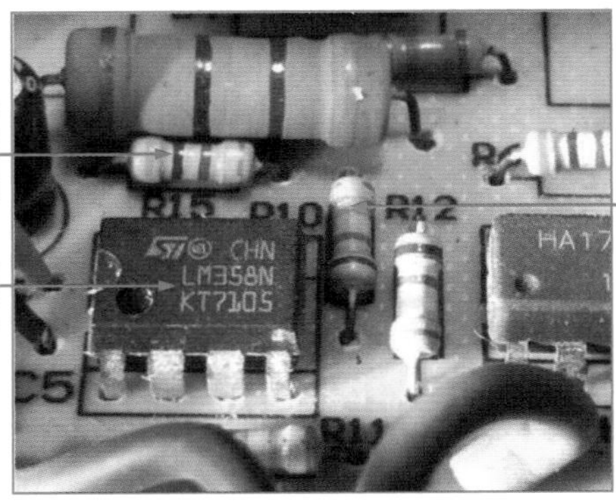

（a）电路板中的运算放大器

LM358

LF356

LF324

TL082

LT337

TLE2072

（b）运算放大器芯片

图 15–1 电路中的运算放大器及芯片

1. 通用型运算放大器

通用型运算放大器就是以通用为目的而设计的运算放大器，应用较为广泛。目前市面上有大量通用的和精密的运算放大器可供选择，如图 15–2 所示。

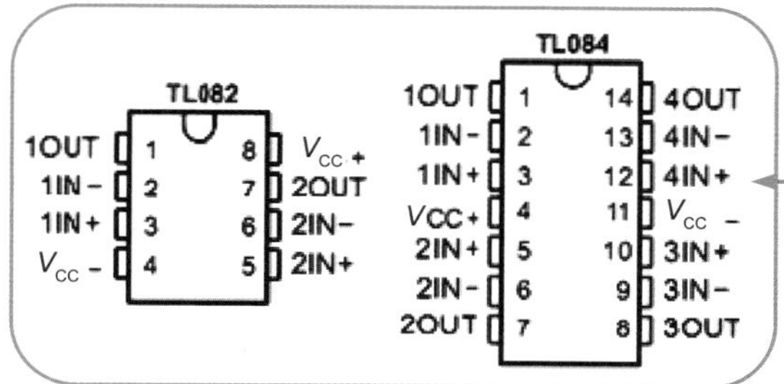

通用型运算放大器价格低廉、性能指标能适合于一般性（偏移电压、稳定性等指标一般）使用。如μA741(单运算放大器)、LM358(双运算放大器)、TL082（双运算放大器）、TL084（四运算放大器）、LM324（四运算放大器）等。

图 15-2　通用型运算放大器

2. 精密型运算放大器

精密型运算放大器稳定性高、偏移电压低、偏置电流小。一般 JFET 运算放大器的偏置电流很小，MOSTET 运算放大器偏置电流更小，如图 15-3 所示。

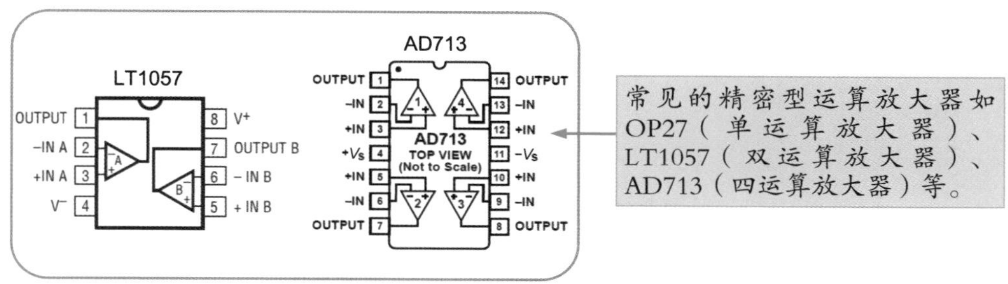

常见的精密型运算放大器如OP27（单运算放大器）、LT1057（双运算放大器）、AD713（四运算放大器）等。

图 15-3　精密型运算放大器

3. 高速型运算放大器

高速型运算放大器具有高转换速率和宽频率响应。一般在快速 A/D 和 D/A 转换器、视频放大器中，要求集成运算放大器的转换速率一定要高，单位增益带宽一定要足够大，像通用型运算放大器是不适合高速应用的场合的，如图 15-4 所示。

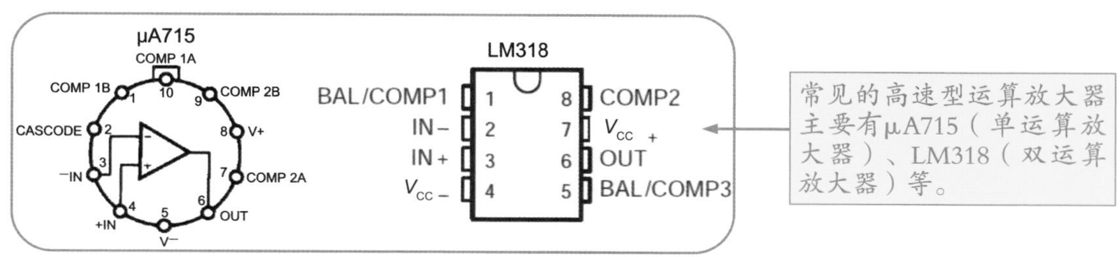

常见的高速型运算放大器主要有μA715（单运算放大器）、LM318（双运算放大器）等。

图 15-4　高速型运算放大器

4. 可编程控制型运算放大器

可编程控制型运算放大器主要应用在低压场合（如电池供电电路）。这类运算放大器可以通过外部电流来编程，以获得需要的特性（如放大倍数、输入补偿、偏置电流、转换速度等），如图 15–5 所示。

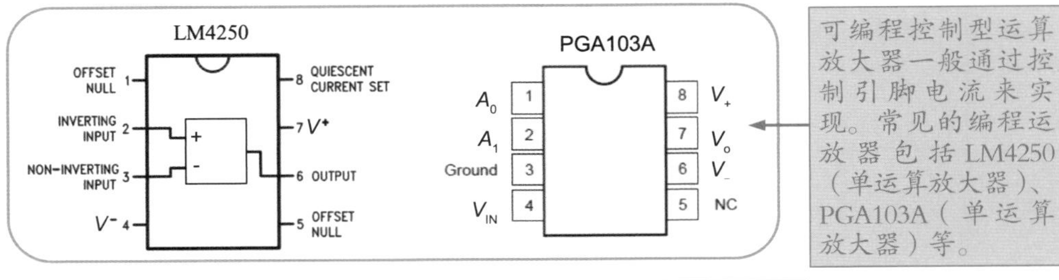

图 15–5　可编程控制型运算放大器

15.1.2　集成运算放大器的图形符号和文字符号

集成运算放大器在电路中常用字母“U”文字符号表示，而集成运算放大器在电路中有不同的图形符号。如图 15–6 所示为集成运算放大器的图形符号；如图 15–7 所示为电路图中的集成运算放大器。

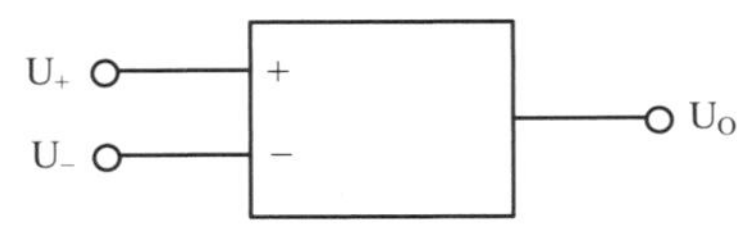

图 15–6　集成运算放大器的图形符号

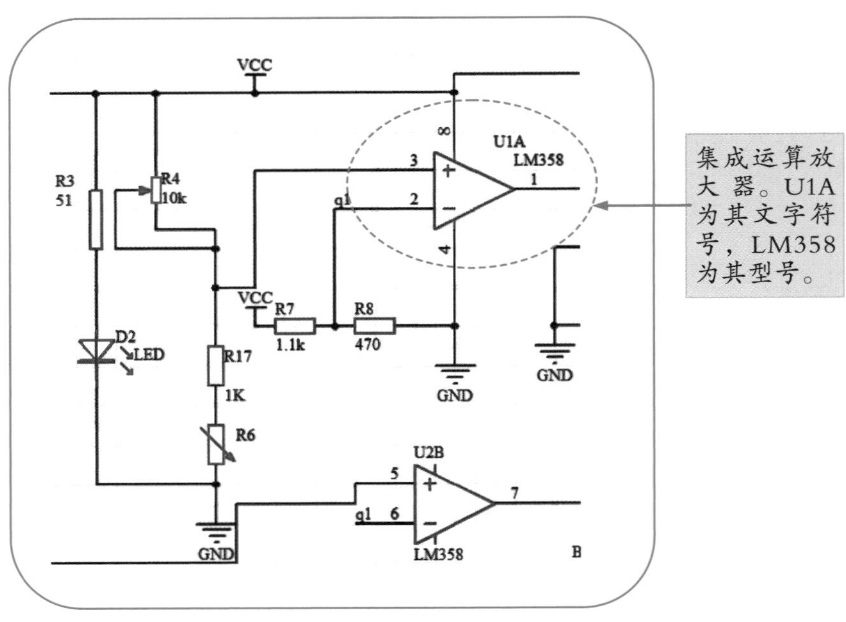

图 15–7　电路图中的集成运算放大器

集成运算放大器的检修实战

通过对前面内容的学习，读者对集成运算放大器已经有了一个基本了解。接下来通过实战案例来讲解使用万用表检测集成运算放大器的方法。

在检测集成运算放大器时，一般采用在路测量电压或开路测量各引脚间的电阻值。下面以在路测量为例讲解（以LM393为例）集成运算放大器的检测方法，如图 15–8 所示。

❶观察集成运算放大器，看待测集成运算放大器是否损坏，是否有烧焦或针脚断裂等情况。

❷清洁集成运算放大器的引脚，去除引脚上的污物，以确保测量时的准确性。

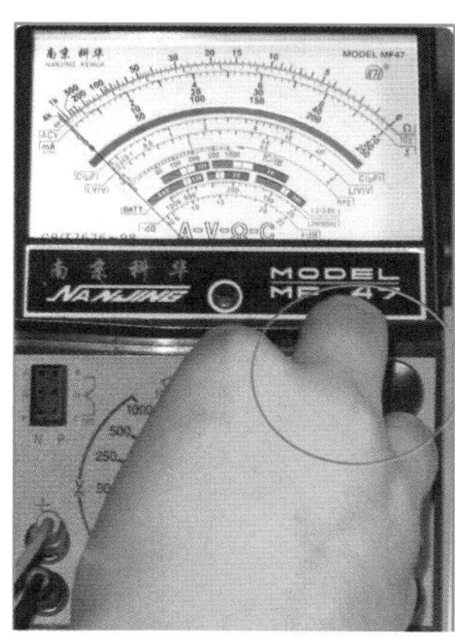

❸将指针万用表的功能旋钮旋至直流电压挡的 10V 挡。

❹给主板通电，然后将黑表笔接 LM393 的第 4 引脚（负电源端），红表笔接 LM393 的第 1 引脚（输出端 1）。观察表盘，测量的电压值为 5.1。

图 15–8　LM393 集成运算放大器的检测

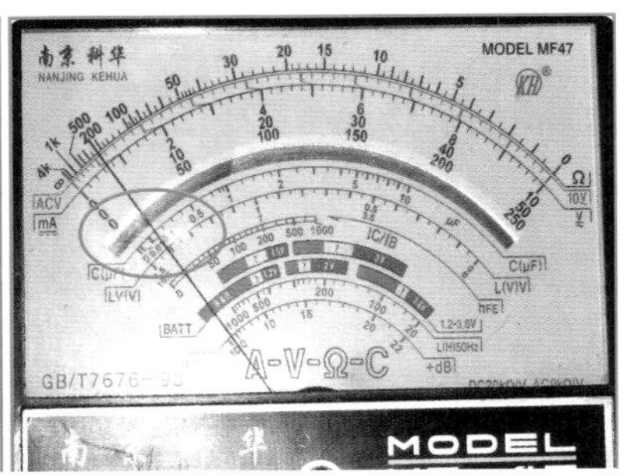

❺用金属镊子依次点触运算放大器的第 2 引脚和第 3 引脚两个输入端（加入干扰信号），观察后发现万用表的表针有较大幅度的摆动。

图 15-8　LM393 集成运算放大器的检测（续）

测量结论：由于指针万用表表针有较大幅度的摆动，说明该运算放大器 LM393 正常。如果万用表表针不动，则说明运算放大器已损坏。

15.3 集成运算放大器检测经验总结

集成运算放大器检测经验总结如下：

（1）集成运算放大器烧坏故障通常由过电压或过电流引起。集成电路被烧坏后，从外表一般看不出明显的痕迹。严重时，集成运算放大器可能会烧出一个小洞或有一条裂纹之类的痕迹。集成运算放大器被烧坏后，某些引脚的直流工作电压也会明显变化，用常规方法检查能发现故障部位。

（2）集成运算放大器的引脚虚焊故障是常见的故障现象，可能由于灰尘腐蚀或震荡造成引脚和电路板接触不良。对于此类故障，通常用加焊锡的方法进行处理。

（3）当集成运算放大器内部局部电路被损坏时，相关引脚的直流电压会发生很大变化。在检修时，根据测量的电压情况，很容易判断故障部位。

第16章 看图检修电路中的专用电子元器件

显示器件、传感器、光电子器件等各种专用电子元器件的应用非常广泛，如 LED 数码管和点阵屏在很多电子设备中用来显示数据；传感器在很多设备中用来获取关键工作参数；光电子元器件在电路中用来传输数据或信号。这些专用电子元器件在很多设备中非常重要。本章将通过实例来讲解电路板中专用电子元器件的检修方法。

16.1 显示器件的认识与检测实战

常见的显示器件包括 LED 数码管、LED 点阵屏等，下面通过实战案例来讲解使用万用表检测显示器件的方法。

16.1.1 一位与多位 LED 数码管的认识与检测实战

LED 数码管也称半导体数码管，是目前数字电路中最常用的显示器件之一。它是将若干发光二极管按一定图形排列，并按共阴极方式或共阳极方式连接后封装在一起而组成的数码显示器件。如果按照显示位数（即全部数字字符个数）划分，有 1 位、2 位、3 位、4 位、5 位、6 位数码管，如图 16–1 所示。

图 16–1　LED 数码管

目前，常用的小型 LED 数码管多为“8”字形数码管，它内部由 8 个发光二极管组成，如图 16–2 所示。其中 7 个发光二极管（a~g）作为 7 段笔画组成“8”字结构（故也称为 7 段 LED 数码管），剩下的 1 个发光二极管（h 或 dp）组成小数点。

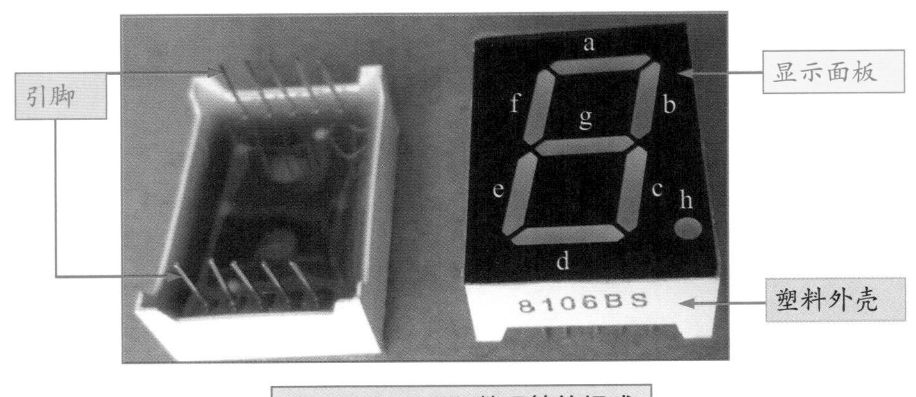

图 16–2　LED 数码管的组成

各发光二极管按照共阴极或共阳极的方法连接，即把所有发光二极管的负极（阴极）或正极（阳极）连接在一起，作为公共引脚；而每个发光二极管对应的正极或者负极分别作为独立引脚（称“笔段电极”），其引脚名称分别与发光二极管相对应，即 a、b、c、d、e、f、g 引脚及 h 引脚（小数点），如图 16-3 所示。

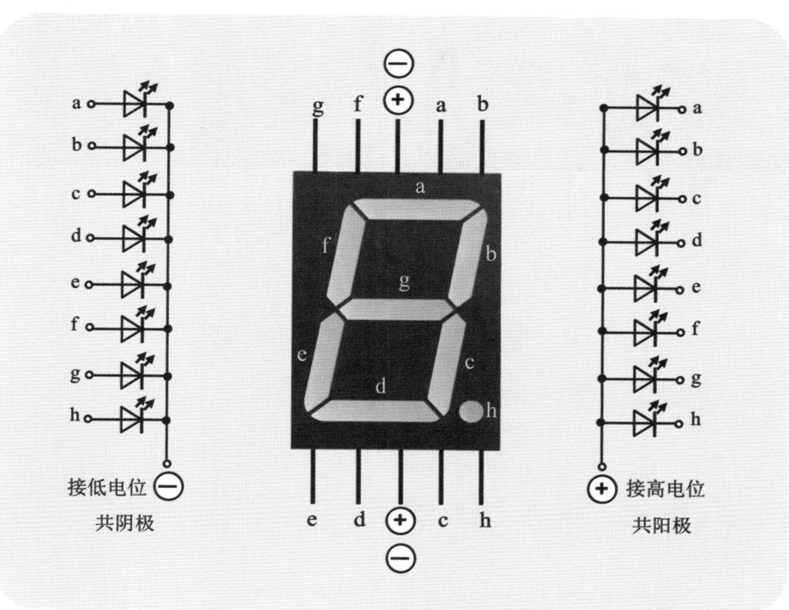

图 16-3　LED 数码管电路

常见的 LED 数码管引脚排列如图 16-4 所示。

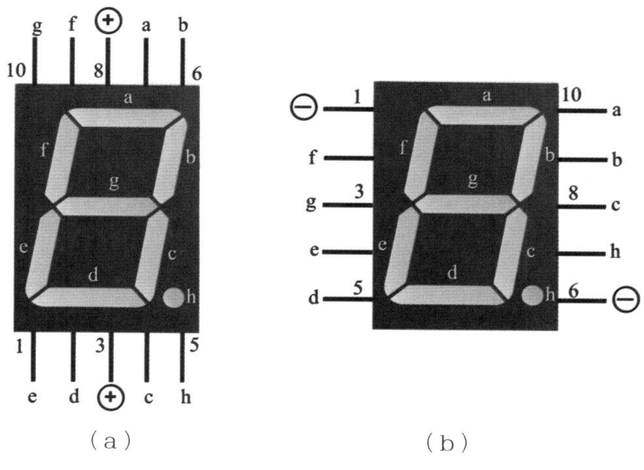

图 16-4　常见的 LED 数码管引脚排列

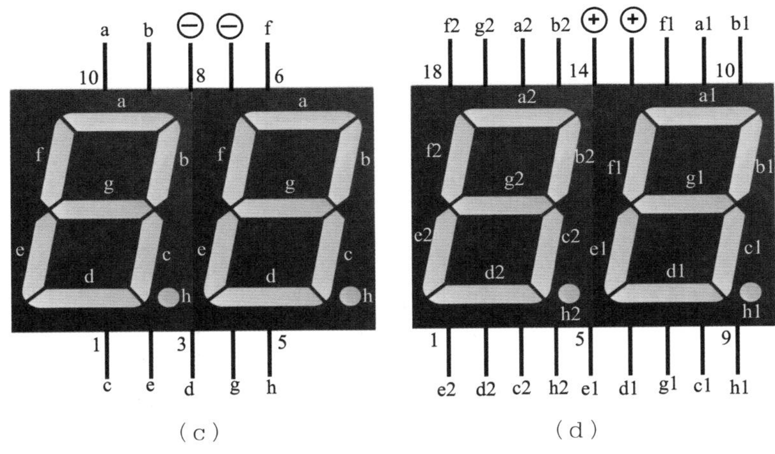

图 16-4 常见的 LED 数码管引脚排列（续）

接下来讲解如何使用数字万用表检测 LED 数码管。

1. 辨别 LED 数码管的公共引脚

辨别 LED 数码管公共引脚的方法如图 16-5 所示。

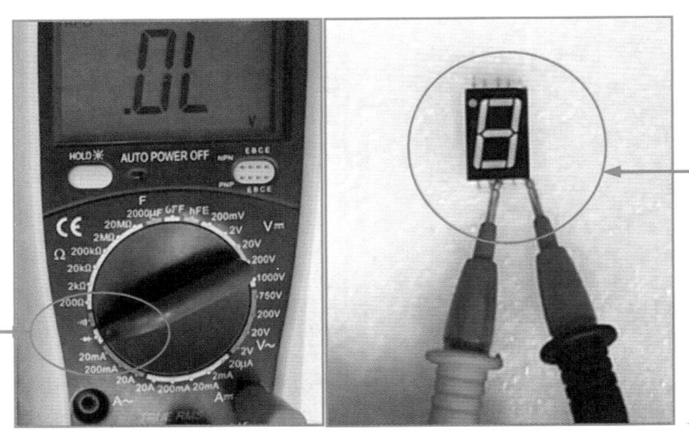

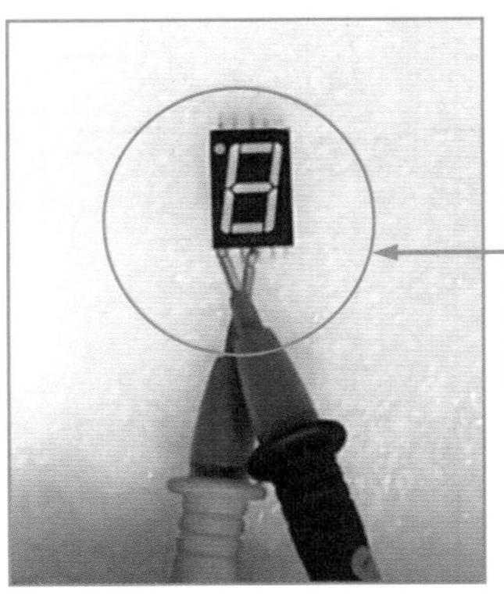

图 16-5 判断 LED 数码管的公共引脚

❹ 判断 LED 数码管是否是共阴极的操作方法：将黑表笔接 8 引脚，红表笔接其他任意引脚，观察 LED 灯，发现被点亮。

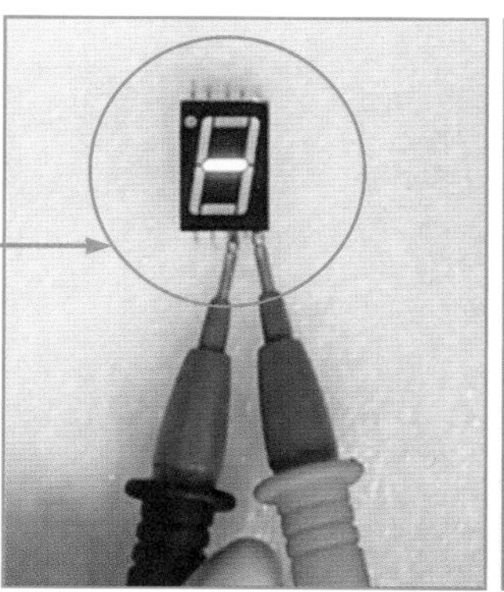

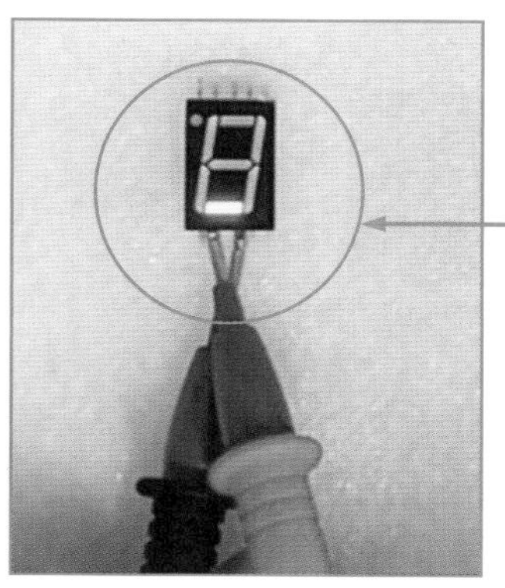

❺将红表笔接其他引脚测试，依旧被点亮。说明测量的 LED 数码管是共阴极，8 引脚为公共端。

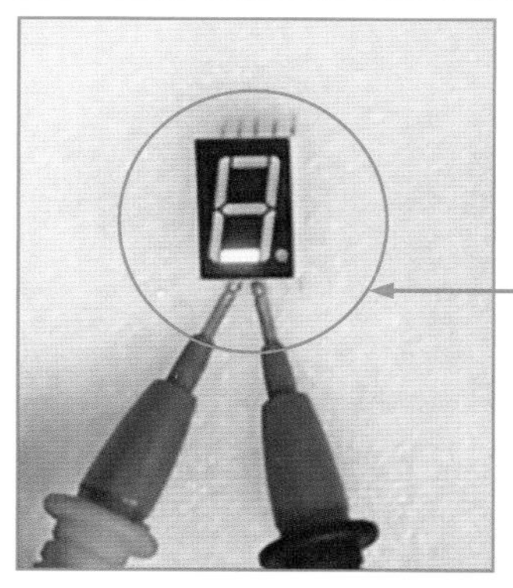

❻判断 3 引脚是否是公共引脚：将黑表笔接 3 引脚，红表笔接其他任意引脚，观察 LED 灯，发现被点亮。说明 3 引脚也是公共引脚。

图 16–5　判断 LED 数码管的公共引脚（续）

测量结论：此 LED 数码管为共阴极数码管，3 引脚和 8 引脚为其公共引脚。

2. 使用数字万用表检测 LED 数码管的好坏

下面我们用数字万用表来检测一个 LED 数码管的好坏，此数码管为共阴极数码管，它的第 1 引脚和第 8 引脚为公共引脚。检测 LED 数码管好坏的方法如图 16–6 所示。

❶将数字万用表的挡位调到二极管挡，准备测量。

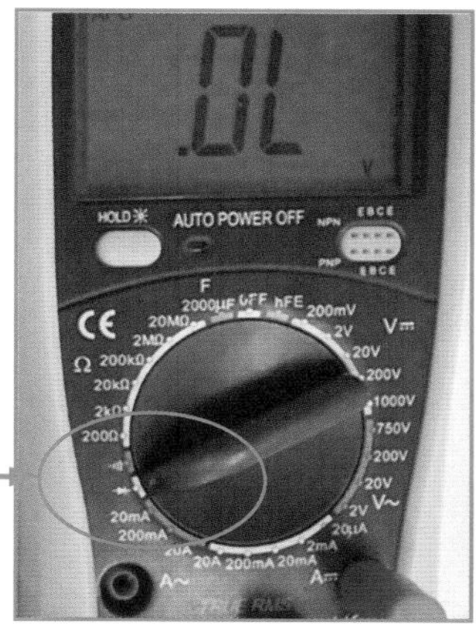

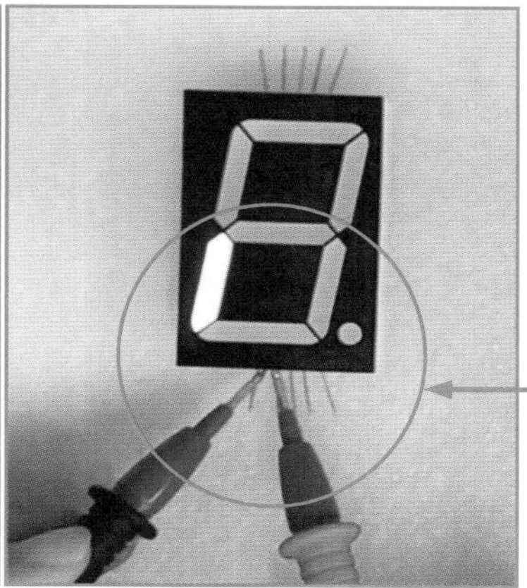

❷将黑表笔接数码管的 1 引脚，红表笔接 2 引脚，观察 LED 灯，发现被点亮，说明此段 LED 灯正常。

图 16–6　检测 LED 数码管好坏

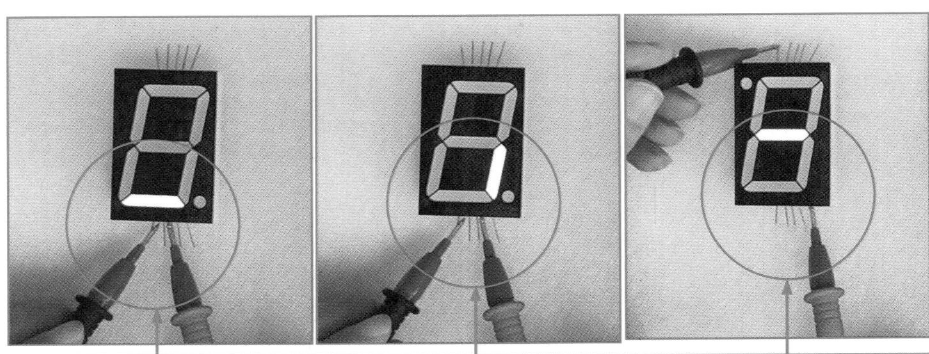

❸用同样的方法，将黑表笔接数码管的1引脚，红表笔依次接3引脚、4引脚、5引脚，依次观察LED灯，发现均被点亮，说明这些引脚连接的LED灯均正常。

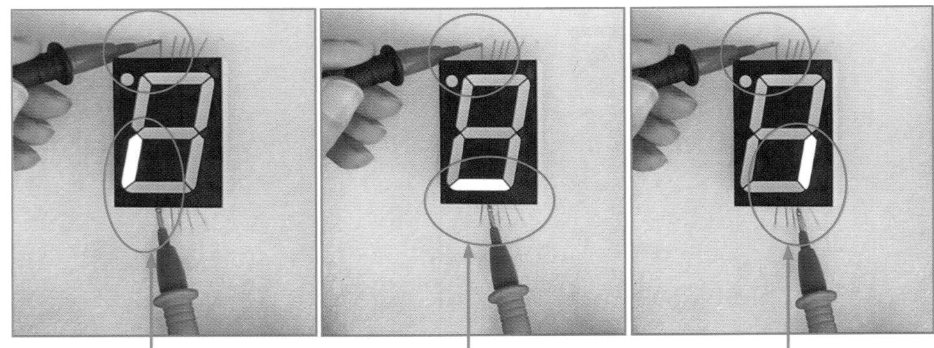

❹接着用同样的方法，将黑表笔接数码管的1引脚，红表笔依次接6引脚、7引脚、9引脚和10引脚，依次观察LED灯，发现均被点亮，说明这三只引脚连接的LED灯均正常。

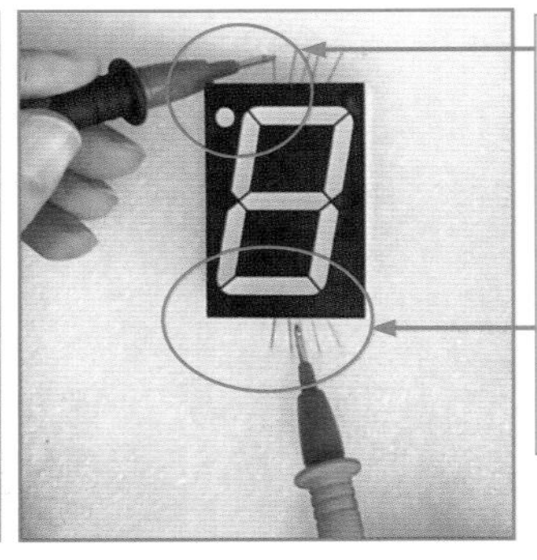

❺测量两个公共引脚，将万用表挡位调到蜂鸣挡，然后用两只表笔分别接1引脚和8引脚，发现万用表发出蜂鸣声，说明此两引脚连接正常。

图16-6　检测LED数码管好坏（续）

提示：若测到某只引脚时，所对应的笔段的LED灯也不发光，则说明被测笔段的发光二极管已经开路损坏。

16.1.2　单色与彩色LED点阵屏的认识与检测实战

LED点阵屏由LED灯（发光二极管）组成，以LED灯亮灭来显示变化的数字、文字、图形、动画视频等。LED点阵屏不仅可以用于室内环境，还可以用于室外环境，具有亮度高、工作电压低、功耗小、小型化、寿命长、耐冲击和性能稳定等优点。

LED 点阵屏按颜色基色可以分为单基色显示屏（单一颜色）、双基色显示屏（红和绿双基色）、全彩色显示屏（红、绿、蓝三基色，256 级灰度的全彩色显示屏可以显示一千六百多万种颜色）。如图 16–7 所示为 8×8 LED 点阵屏。

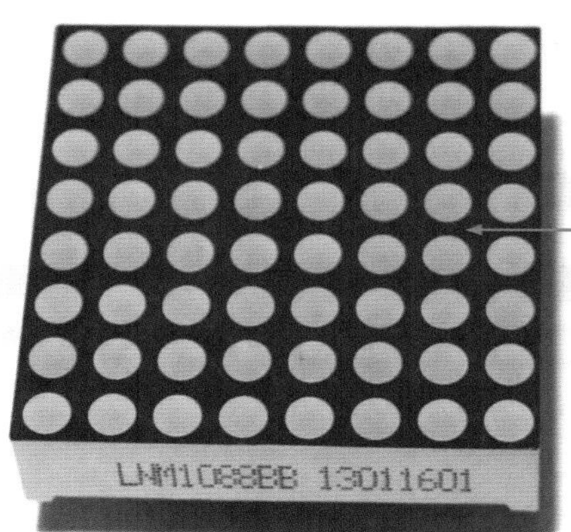

图 16–7　8×8 LED 点阵屏

1. 共阳和共阴点阵屏

如图 16–8 所示为 LED 点阵屏接线图，如果将 LED 点阵屏的发光二极管每行的阳极连在一起，则该 LED 点阵屏为共阳；反之，则为共阴。

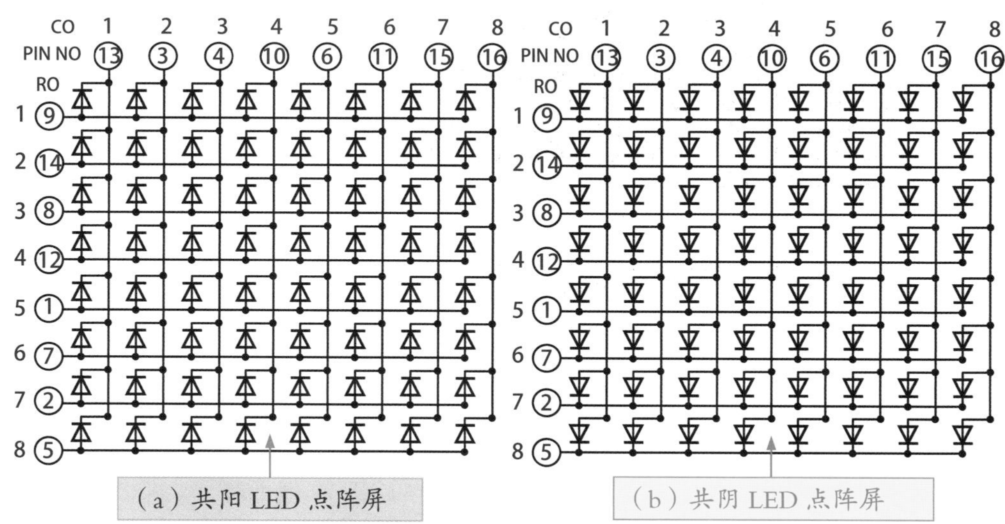

图 16–8　LED 点阵屏接线示意

若点阵为共阳，将 LED 灯所在的行给高电平，而所在的列给低电平时，就可以点亮该 LED 灯；反之，若点阵为共阴。将 LED 灯所在的行给低电平，而所在的列给高电平时，LED 灯就可以被点亮。

如图 16–9 所示的LED 点阵屏为共阳，要点亮红点所在的LED 灯，只需给第 2 行高电平，给第 5 列低电平即可。

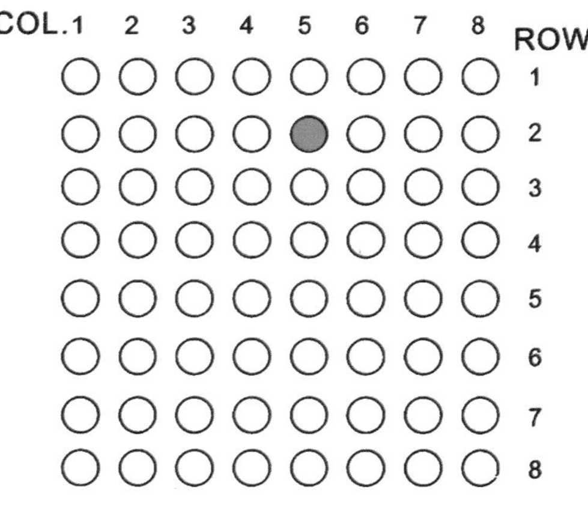

图 16–9　点亮图中的 LED 灯

2. 确定 LED 点阵屏引脚编号及所控制的 LED 灯

当拿到一个没有规格说明的 LED 点阵屏时，我们就需要自己来确定引脚编号及其所控制的 LED 灯，如图 16–10 所示。

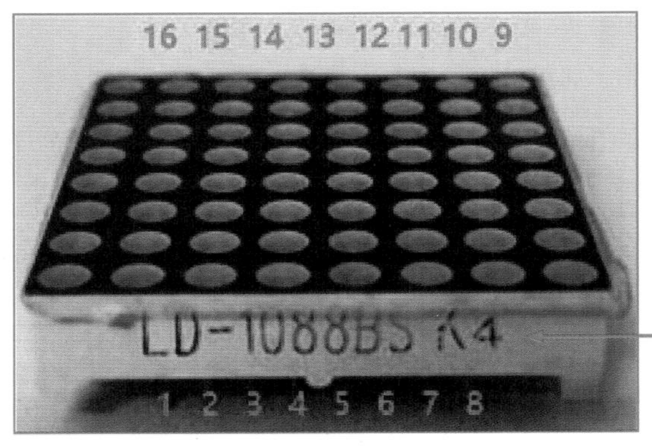

将侧面带有字那面朝上，引脚那面朝向自己。上面一排引脚我们编号 1~8，下面一排编号 9~16。另外，在 LED 点阵屏背面的第 1 个引脚旁边通常会标注数字 1，代表该引脚是这排的第 1 个引脚。

图 16–10　LED 点阵屏引脚编号

确定好引脚编号后，接着来确定每个引脚控制的 LED 灯的行列号。先将数字万用表的挡位调到二极管挡。然后用红表笔触碰第 1 引脚，然后用黑表笔滑过其他各个引脚，如图 16–11 所示。如果此时发现某列或某行上的一些 LED 灯被点亮了，那么就可以判断出第 1 引脚是阳极，而且根据被点亮的 LED 灯的行列号，可以知道它控制哪一行；将红表笔触碰某一引脚，黑表笔滑过另一排引脚，如果没有任何一个 LED 灯被点亮，那么红表笔触碰的引脚就为阴极；用黑表笔触碰该引脚，红笔滑过另一排引脚，即可根据被点亮的 LED 等行列号，确定该引脚所控制的列。

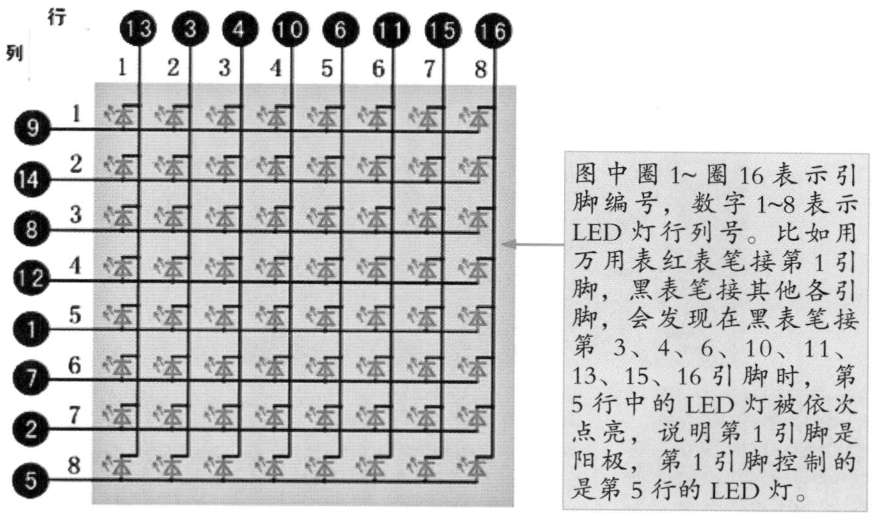

行
列
13 3 4 10 6 11 15 16
1 2 3 4 5 6 7 8
9 14 8 12 1 7 2 5
1 2 3 4 5 6 7 8
图中圈 1~ 圈 16 表示引脚编号，数字 1~8 表示 LED 灯行列号。比如用万用表红表笔接第 1 引脚，黑表笔接其他各引脚，会发现在黑表笔接第 3、4、6、10、11、13、15、16 引脚时，第 5 行中的 LED 灯被依次点亮，说明第 1 引脚是阳极，第 1 引脚控制的是第 5 行的 LED 灯。

图 16-11　确定各个引脚所控制的 LED 灯

对于彩色LED点阵屏的各个引脚控制的LED灯行列号方法与图16-11中的单色LED点阵屏一样，如图 16-12 所示为双色 LED 点阵屏的结构示意。

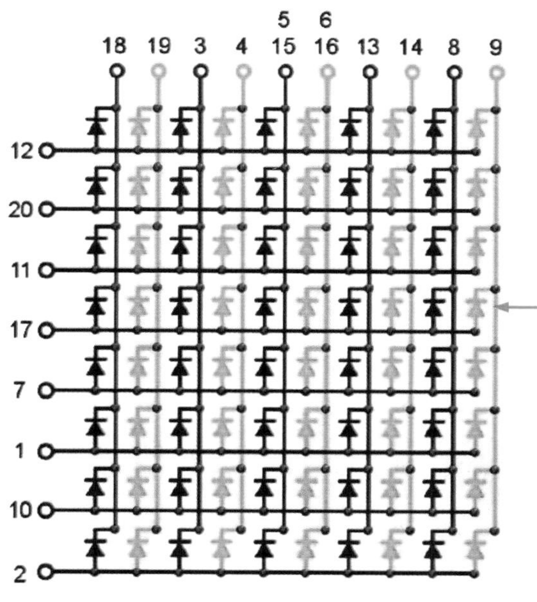

5 6
18 19 3 4 15 16 13 14 8 9
12 20 11 17 7 1 10 2
用万用表红表笔接第 1 引脚，黑表笔接其他各引脚，会发现在黑表笔接第 4、6、9、14、19 引脚时，第 6 行中的 LED 灯被依次点亮并显示为绿色，黑表笔接第 3、5、8、13、18 引脚时，第 6 行中的 LED 灯被依次点亮并显示为红色，说明第 1 引脚是阳极，第 1 引脚控制的是第 6 行的 LED 灯。

图 16-12　双色 LED 点阵屏的结构示意

3. 使用数字万用表检测 LED 点阵屏的好坏

检测 LED 点阵屏好坏的方法如图 16-13 所示。

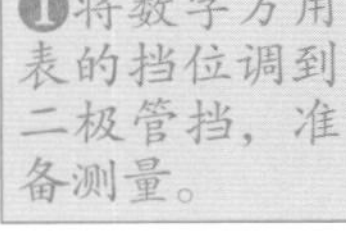
❶将数字万用表的挡位调到二极管挡，准备测量。

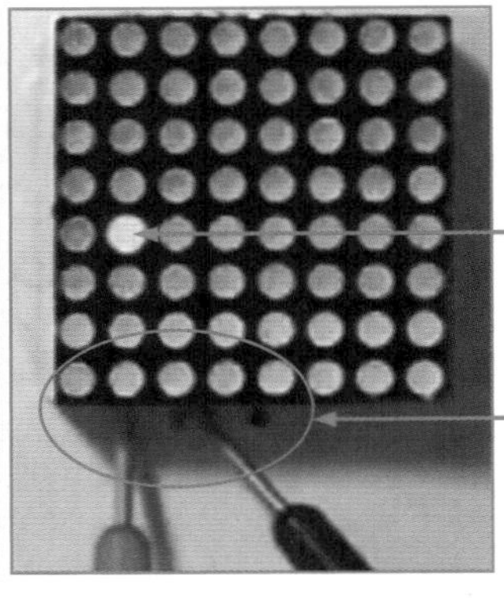
❷将红表笔接数码管的1引脚，黑表笔接2引脚，观察LED灯被点亮，说明此段LED灯正常。

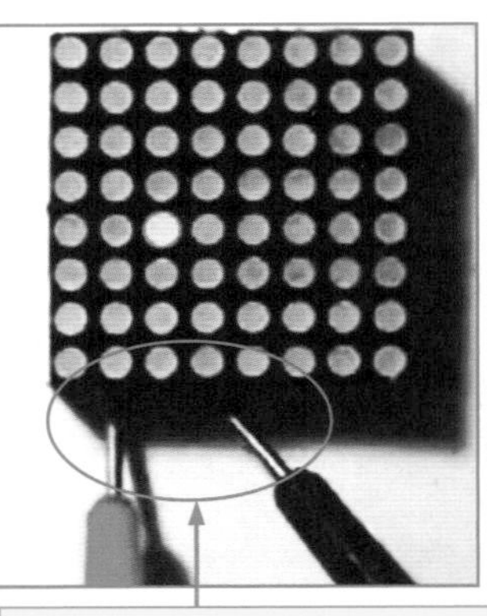

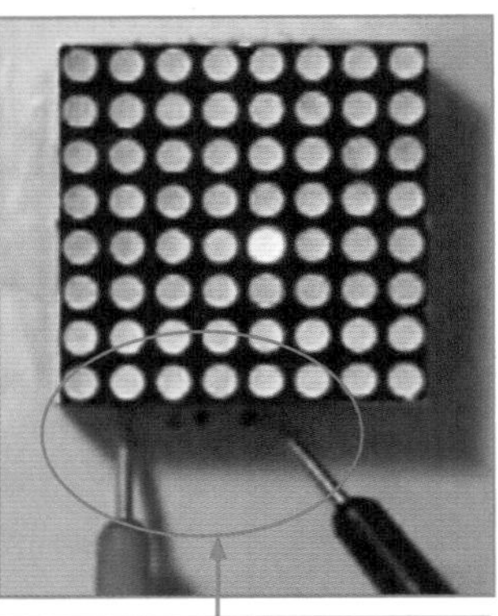

❸用同样的方法，将红表笔接数码管的1引脚，黑表笔依次接3引脚、4引脚、5引脚，观察LED灯均被点亮，说明这些引脚连接的LED灯均正常。

❹继续测量，红表笔接数码管的1引脚，黑表笔依次接16引脚、15引脚、14引脚，观察LED灯均被点亮，说明这些引脚连接的LED灯均正常。如果黑表笔接触某一只引脚时，没有LED灯被点亮，可能是黑表笔接触的引脚为阳极，也可能是对应的LED灯损坏了，需要将红表笔接刚刚黑表笔接的引脚，黑表笔滑过其他引脚看是否有LED灯亮，如果有，就说明正常；如果没有，就说明有LED灯被损坏。

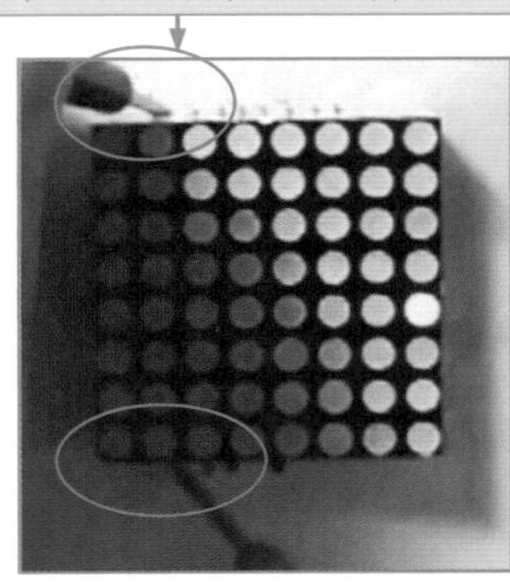

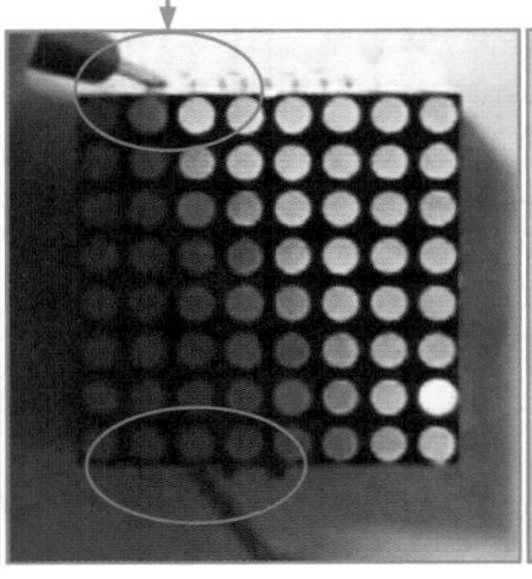

图16-13　LED点阵屏的检测方法

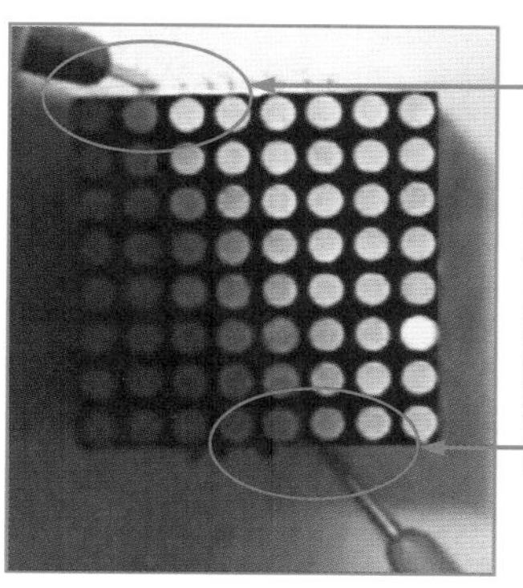

❺用同样的方法继续测量，将红表笔换一个引脚，黑表笔依次接其他引脚进行测量，直到测量完所有LED灯为止。

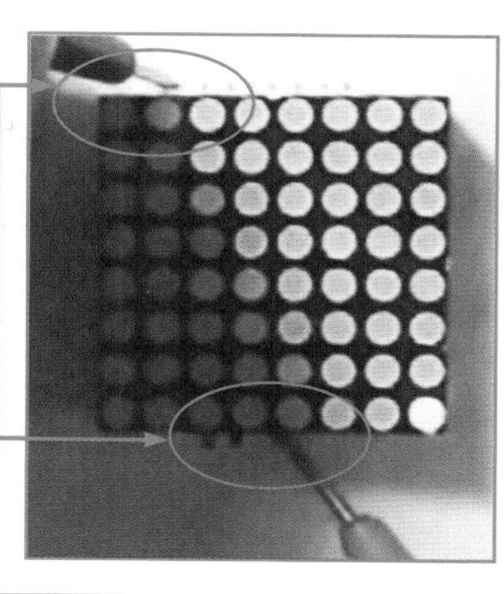

图 16-13　LED 点阵屏的检测方法（续）

提示：如果有 LED 点阵屏的内部接线图，可以按照接线图依次检测每个 LED 灯的好坏（看是否能被点亮），如果没有内部接线图，就需要按照前面讲解的方法画出 LED 点阵屏接线图，然后再依次检测每个 LED 灯的好坏。

16.2 传感器的检测实战

传感器在各种电子设备中应用非常广泛，常见的传感器如光电传感器、水位传感器、汽车曲轴位置传感器、温度传感器、霍尔传感器等；下面通过实战案例来讲解使用万用表检测传感器的方法。

16.2.1　光电传感器的检测

光电传感器是将光信号转换为电信号的一种器件，它是通过把光强度的变化转换成电信号的变化来实现控制的。如图 16-14 所示为光电传感器。

光电传感器将可见光线及红外线等的“光”通过发射器进行发射，并通过接收器检测由检测物体反射的光或被遮挡的光量变化，从而获得输出信号。

光电传感器包括反射型、透过型和回归反射型三种，如图 16-15 所示。

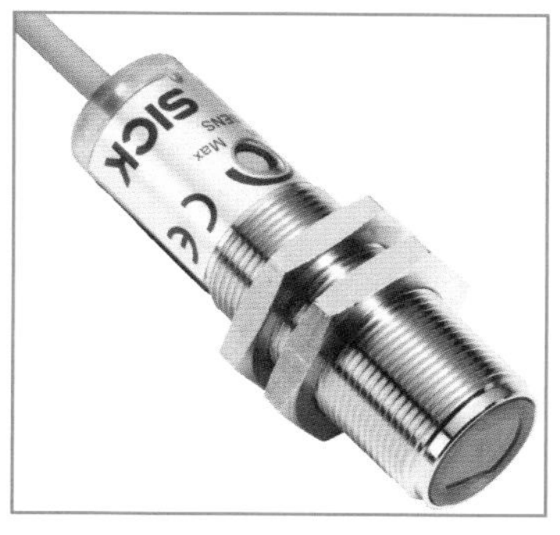

图 16-14　光电传感器

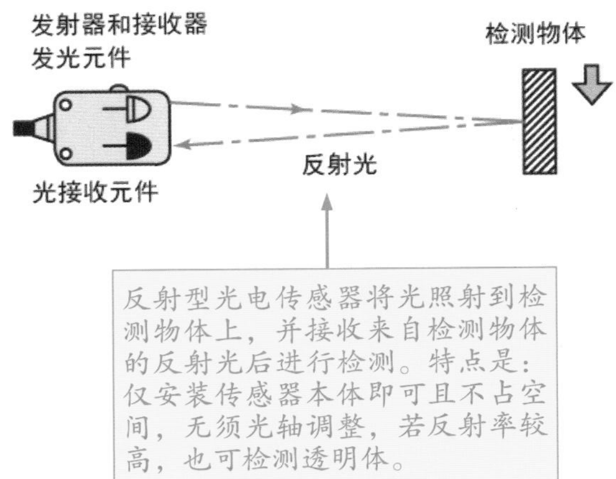

（a）反射型光电传感器

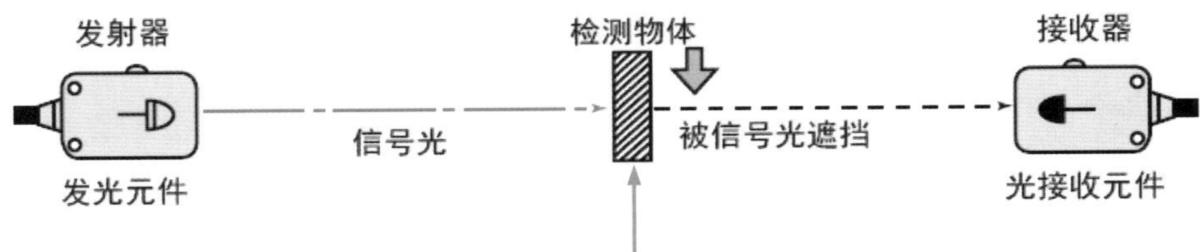

透过型光电传感器通过检测物体遮挡对置的发射器和接收器之间的光轴来进行检测。特点是：检测距离长、检测位置精度高、抗镜头的脏污和灰尘。若为不透明体，则与形状、颜色和材质无关，可直接进行检测。

（b）透过型光电传感器

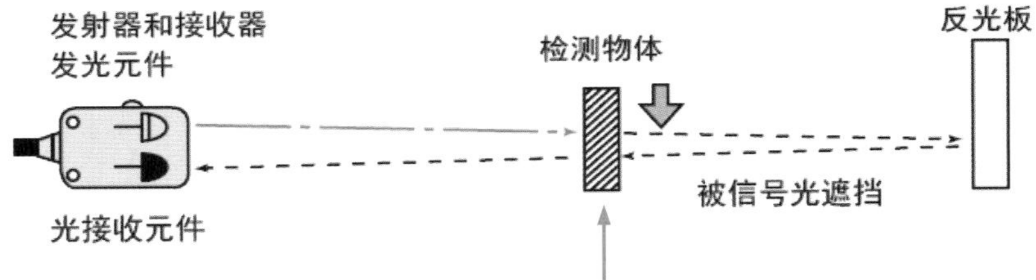

回归反射型光电传感器通过检测物体遮挡传感器发射后由反光板返回的光来进行检测。特点是：由于单侧为反光板，因此可安装在狭小空间；配线简单，与反射型相比，可进行长距离检测；光轴调整非常容易。若为不透明体，则与形状、颜色和材质无关，可直接进行检测。

（c）回归反射型光电传感器

图 16-15　反射型光电传感器

光电传感器的检测方法如图 16-16 所示。

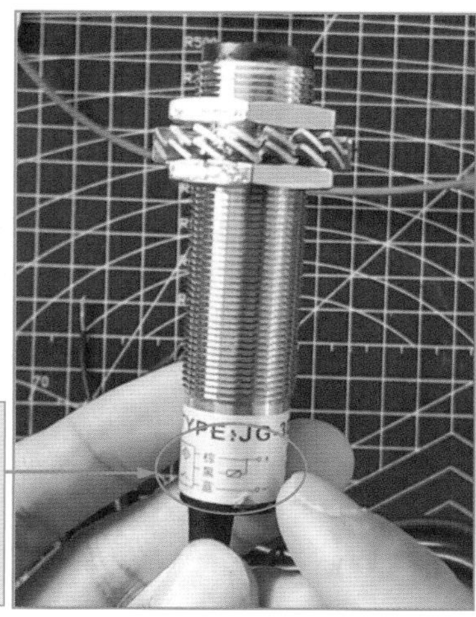

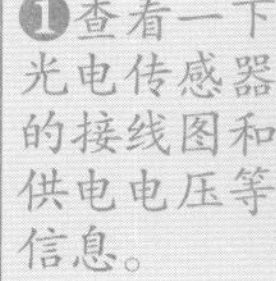
❶查看一下光电传感器的接线图和供电电压等信息。

❷将数字万用表的挡位调到直流电压的20V挡。

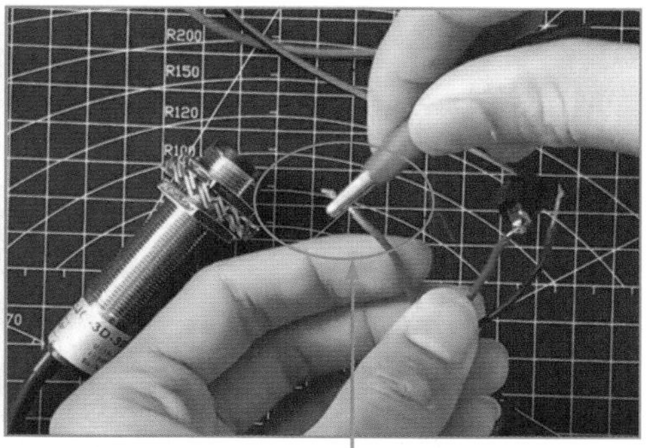

❸给光电传感器连接电源，将电源负极连接到光电传感器的负极线。

❹将电源正极连接到光电传感器的正极输入线。

❺将万用表的黑表笔连接到光电传感器负极线。

❻将红表笔连接到光电传感器的正极输出线。

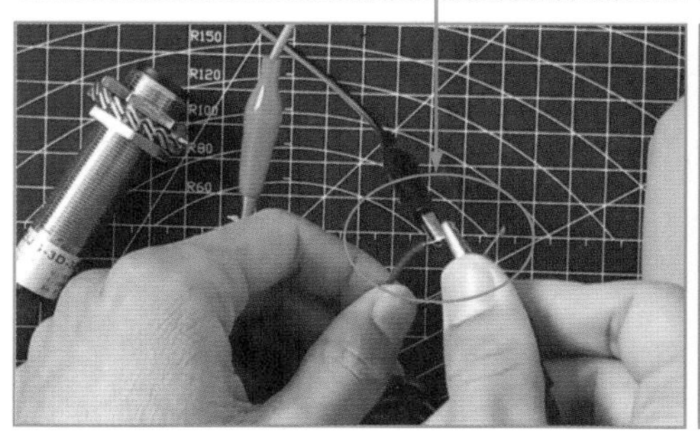

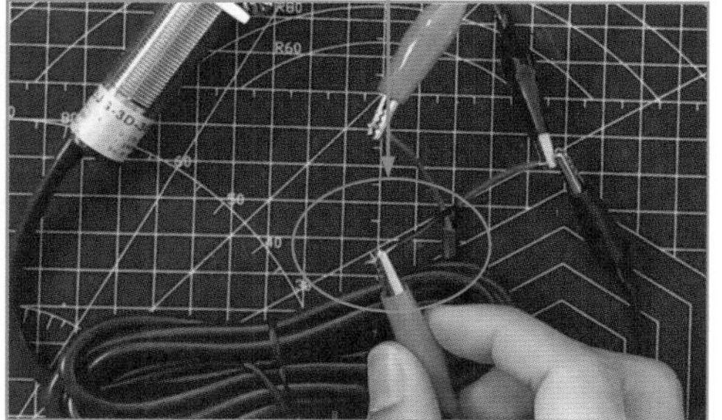

图 16-16　光电传感器的检测方法

❼打开供电电源开关，并保持光电传感器的前方没有遮挡物。这时万用表测量出光电传感器的输出电压为6.73V。

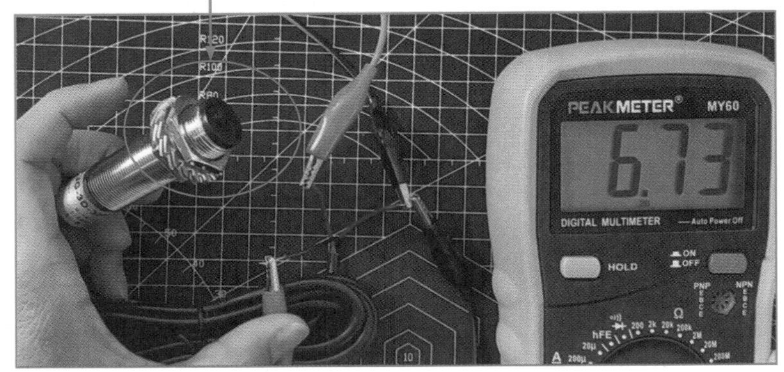

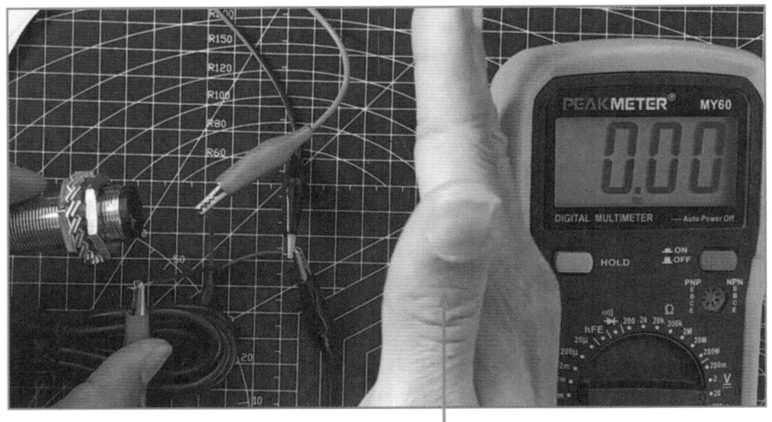

❽将手挡在光电传感器的前方，这时万用表测量出光电传感器的输出电压为0V。

图 16-16　光电传感器的检测方法（续）

测量结论：由于光电传感器前方有遮挡物，测量的电压由6.73V变为0V，说明光电传感器正常。

提示：如果用手挡在光电传感器前面（光电传感器的有效范围内），万用表测量的电压值不变，说明光电传感器损坏。

16.2.2　洗衣机水位传感器的检测

水位传感器是利用洗衣桶内水位高低潮产生的压力来控制触点开关的通断，如图16–17所示。水位开关用塑料软管与盛水桶下侧的储气室口相连接。当向盛水桶内注水时，随着水位的升高，储气室的空气被压缩，并由塑料软管将压力传至水位传感器。

随着气压逐渐升高，水位传感器内的膜片变形并推动动触点与常闭触点分离，常闭触点与公共触点迅速断开，常开触点与公共触点闭合，从而将水位已达到设定值的信号送至程控器或将连接进水阀电磁线圈的电路断开，停止进水。当洗衣机排水时，随着盛水桶水位的下降，储气室及塑料软管内的压力逐渐减小，当气体压力小于弹簧的弹性恢复力时，常开触点与公共触点迅速断开，常闭触点与公共触点闭合，恢复到待检测状态。

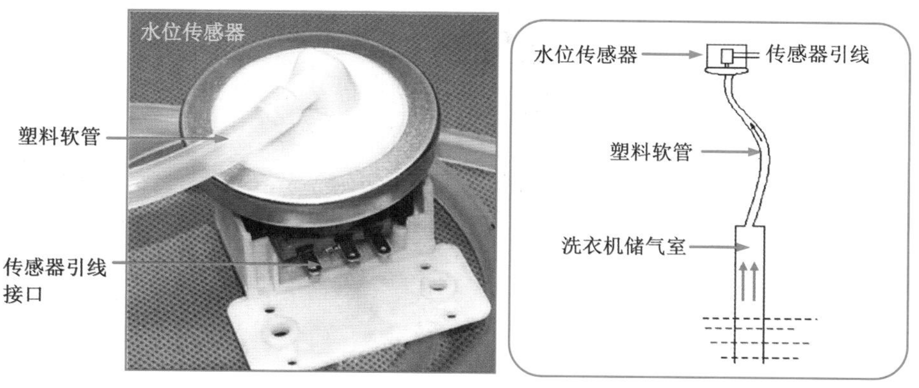

图 16-17　水位传感器及工作原理示意

基本市面上大部分的水位传感器内部都是由一个密封气室、一根弹簧、一个电感量可调的电感线圈(阻值22Ω)、两个22nF涤纶电容和一个后盖组成,如图 16-18 所示。

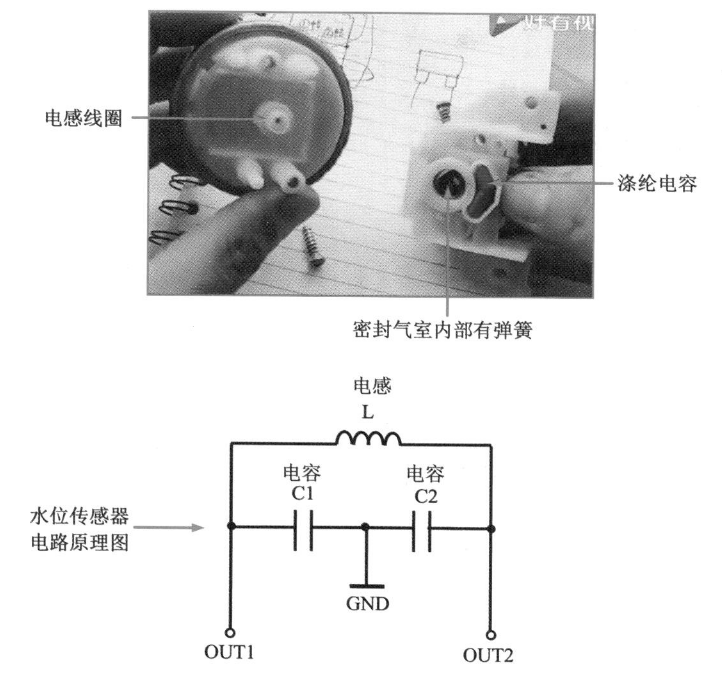

图 16-18　水位传感器内部结构及电路原理示意

洗衣机水位传感器的检测方法如图 16-19 所示。

❶给传感器接口连接一个软管，然后用嘴吹气，听传感器内部是否有响声。如果有，说明传感器内部的隔膜基本正常，接着清洁其引脚的污渍。

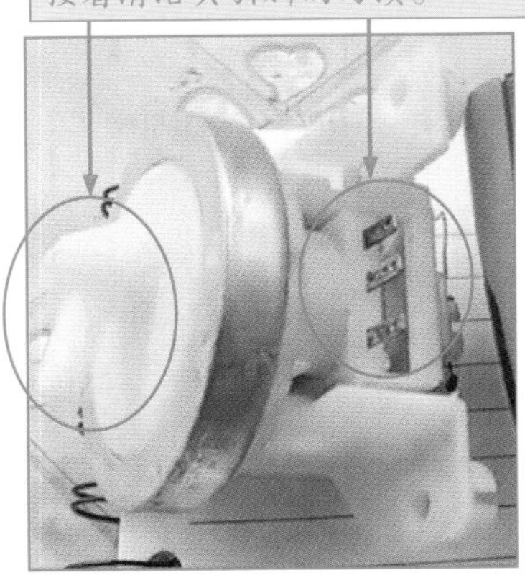

❷如果在吹气时，没有任何响声，那么拆开传感器，检查隔膜和弹簧。

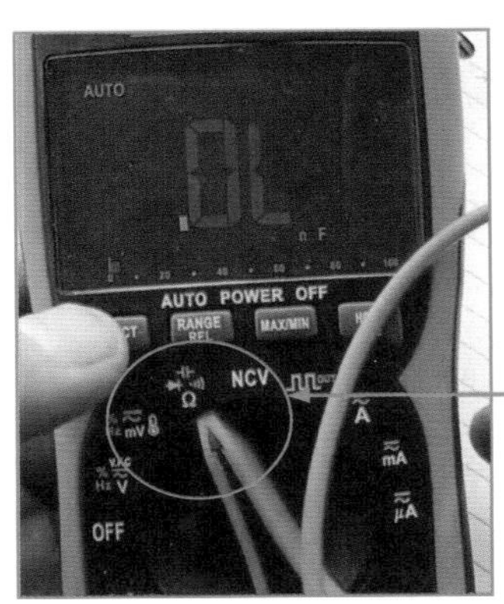

❸将数字万用表的挡位调到Ω挡（或欧姆200挡）。

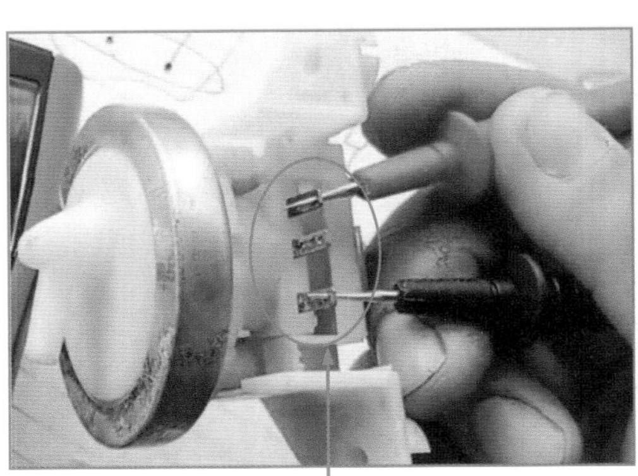

❹将数字万用表的红、黑表笔接在两侧的两只引脚，测量其阻值。

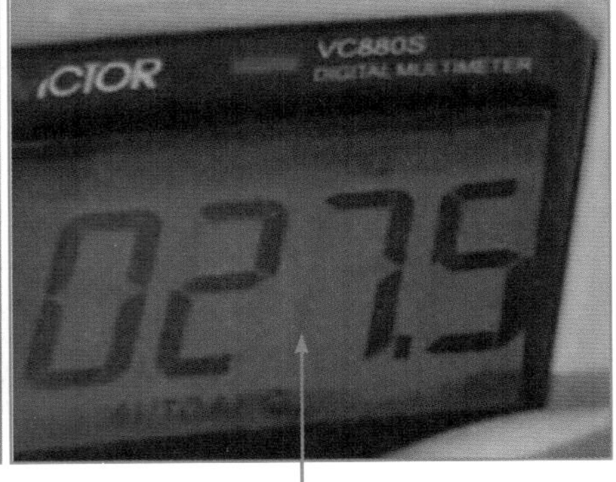

❺测量的阻值为27.5，阻值正常。如果阻值为0或很小，说明传感器内部线圈有短路故障；如果阻值为无穷大，说明传感器内部线圈断路损坏。

图 16-19　检测水位传感器

❻按“SEL/ECT”按钮，切换到电容挡（或将万用表挡位调到电容 20nF 挡。准备测量电容容量。

❼将数字万用表的红、黑表笔接在中间引脚和一侧的一只引脚，测量其电容容量。

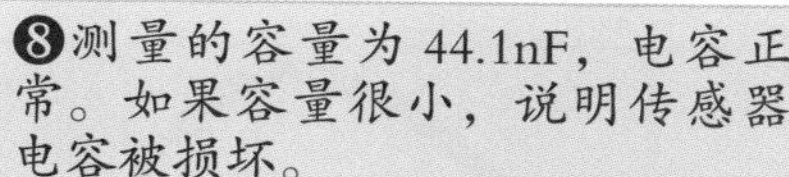
❽测量的容量为 44.1nF，电容正常。如果容量很小，说明传感器电容被损坏。

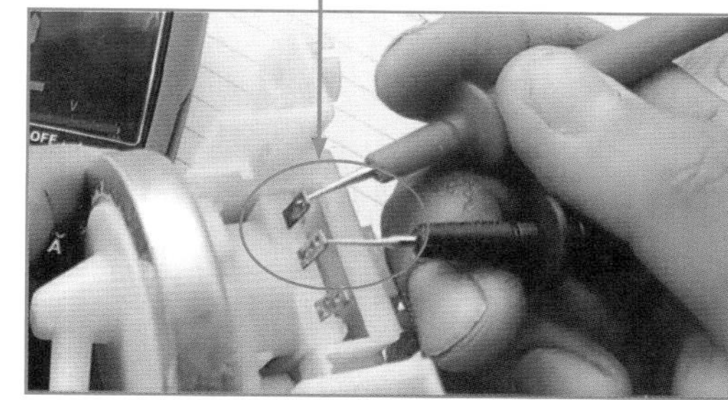

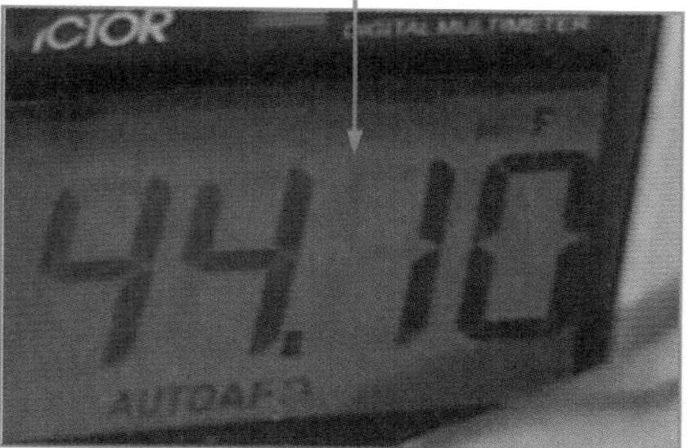

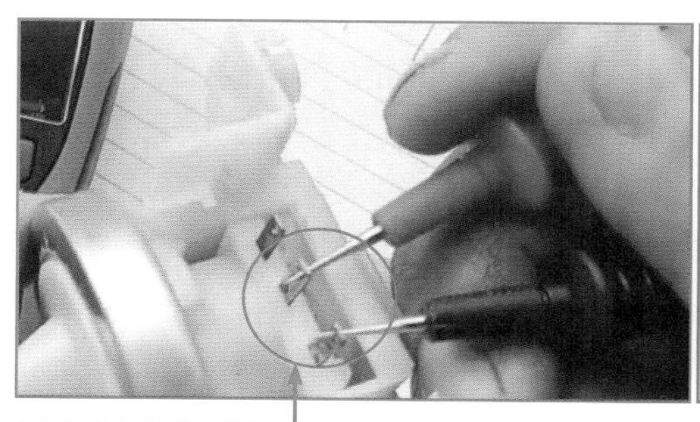

❾将数字万用表的红、黑表笔接在中间引脚和另一侧的一只引脚，测量其电容容量。

❿测量的容量也为 44.1nF，说明电容正常。如果容量很小，或与第一次电容容量相差很大，说明测量的电容器被损坏。

图 16-19　检测水位传感器（续）

16.2.3　汽车曲轴位置传感器的检测

曲轴位置传感器的作用就是确定曲轴的位置，即采集曲轴转动角度和发动机转速信号，并输入 ECU，以便确定喷射顺序、喷射正时、点火顺序、点火正时，然后根据信号监测到的曲轴转角波动大小来判断发动机是否有失火现象。如图 16-20 所示为曲轴位置传感器。

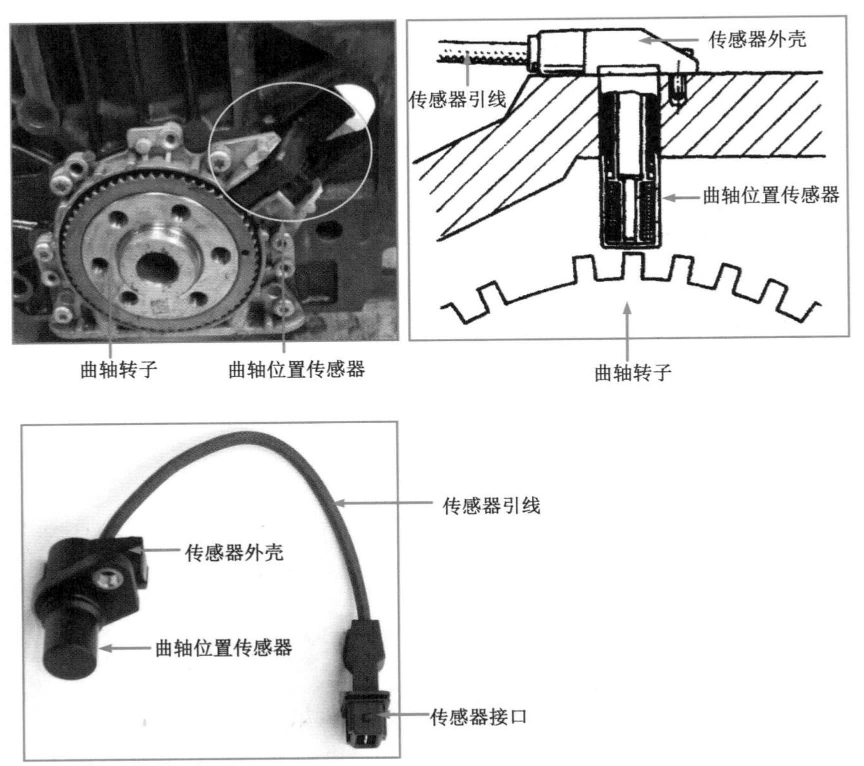

图 16-20　曲轴位置传感器

现在汽车曲轴位置传感器广泛使用的是磁脉冲式曲轴位置传感器，它一般安装于靠近飞轮的变速器壳体位置。还有一种是霍尔式曲轴位置传感器，一般安装在曲轴前端的曲轴皮带轮旁的位置，也有安装在曲轴末端飞轮旁的变速器壳体上，现在已经不是主流。再有一种是光电式曲轴位置传感器，现在基本已经淘汰。

汽车曲轴位置传感器的检测方法如图 16-21 所示。

❶将数字万用表的挡位调到欧姆挡 2k 挡。

❷准备测量位置传感器的阻值。分别测量图中 1 和 3 引脚，1 和 2 引脚，2 和 3 引脚的阻值。

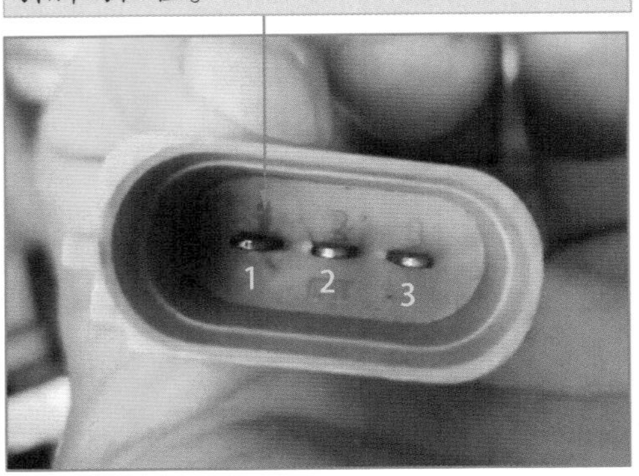

图 16-21　检测汽车曲轴位置传感器

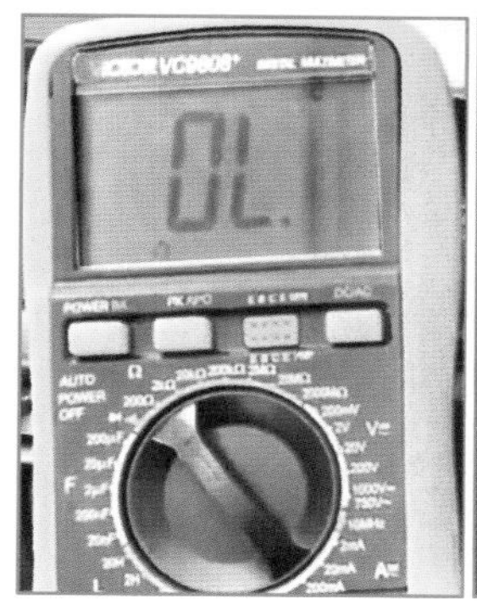

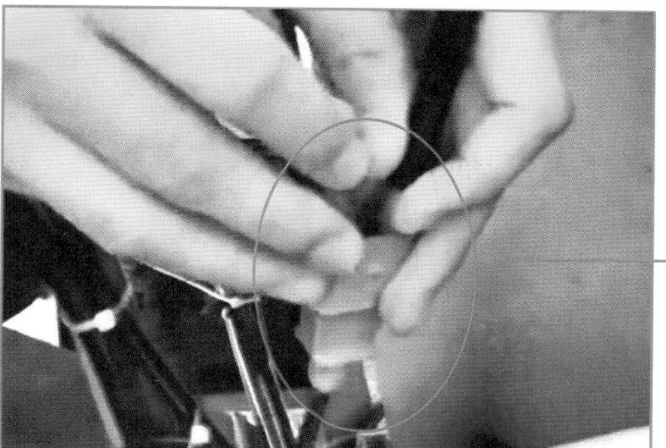

❸将数字万用表的红、黑表笔分别接1和3引脚测量其阻值。测量的值为无穷大，阻值正常。

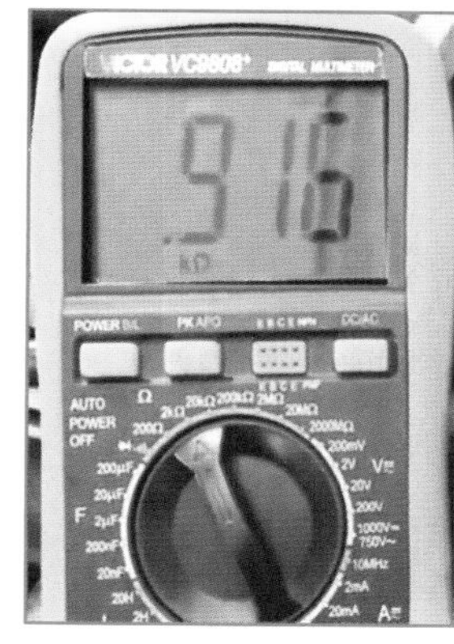

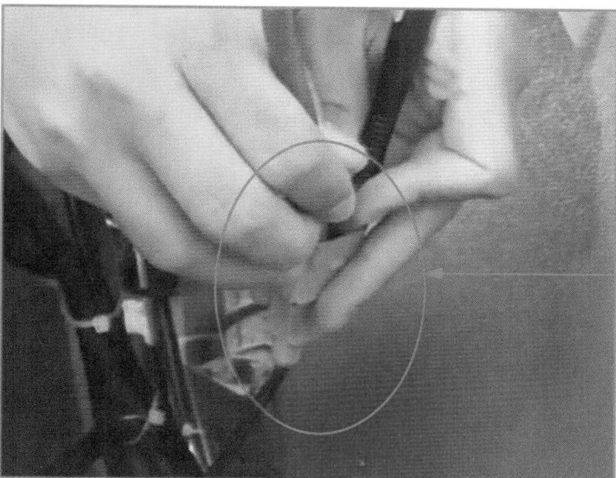

❹将数字万用表的红、黑表笔分别接1和2引脚测量其阻值。测量的值为916，阻值正常。

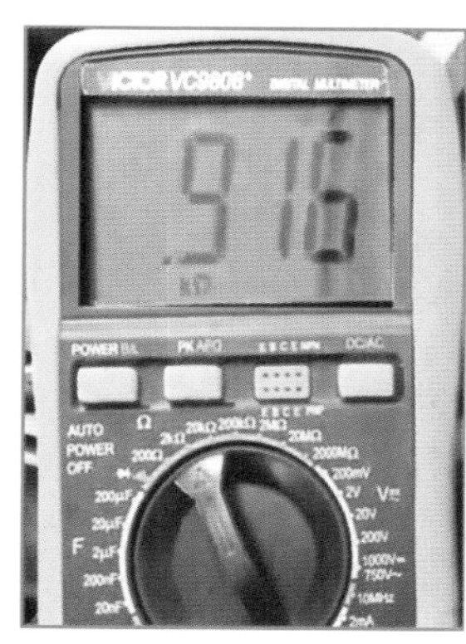

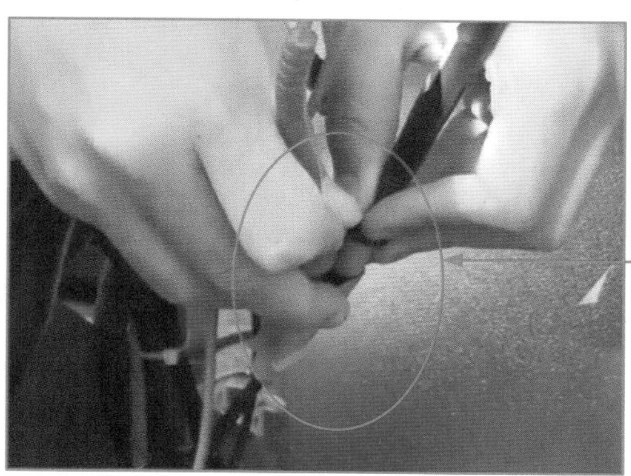

❺将数字万用表的红、黑表笔分别接2和3引脚测量其阻值。测量的值为916，阻值正常。由于三次测量的阻值均正常，因此此传感器正常。

图 16-21　检测汽车曲轴位置传感器（续）

16.2.4　电磁炉温度传感器的检测

电磁炉中的温度传感器采用一个负温度系数的半导体热敏电阻。其电阻值会随着其本身温度的升高而下降，温度降低而上升，通过电阻的变化引起电阻两端电压的变化。如图 16-22 所示为电磁炉温度传感器。

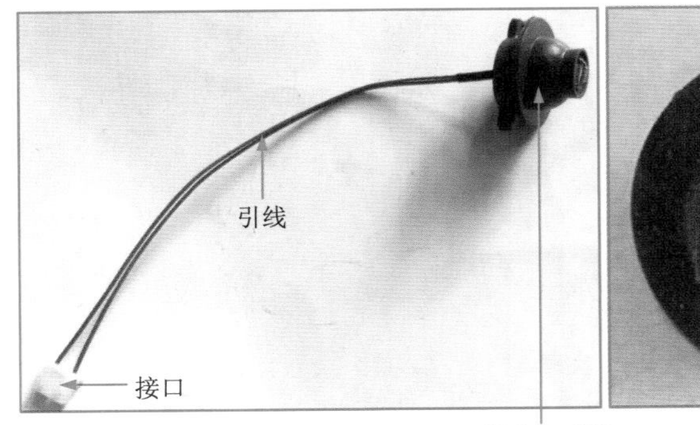

图 16-22　电磁炉温度传感器

电磁炉温度传感器的检测方法如图 16-23 所示。

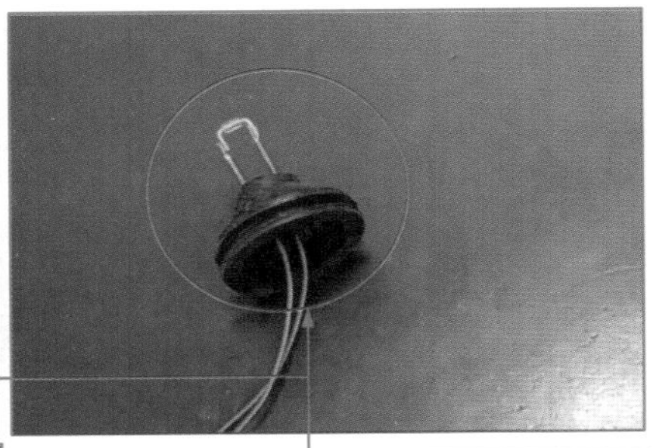

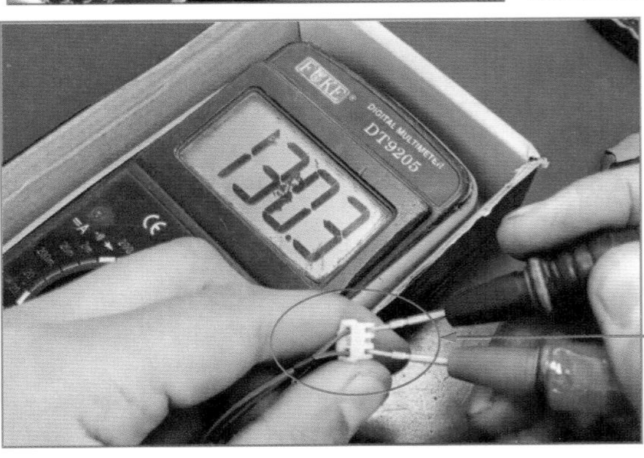

图 16-23　检测温度传感器

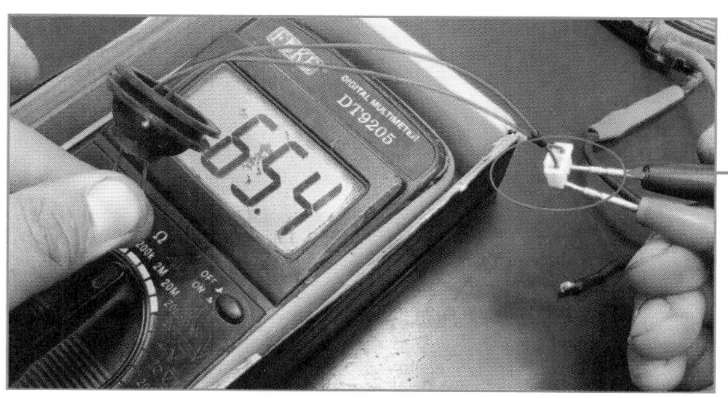

❹保持万用表红、黑表笔连接不动，然后用手捏住传感器的热敏电阻，用手加热热敏电阻。观察到万用表的读数在不断地减小。即在加热传感器的热敏电阻时，其电阻值减小。

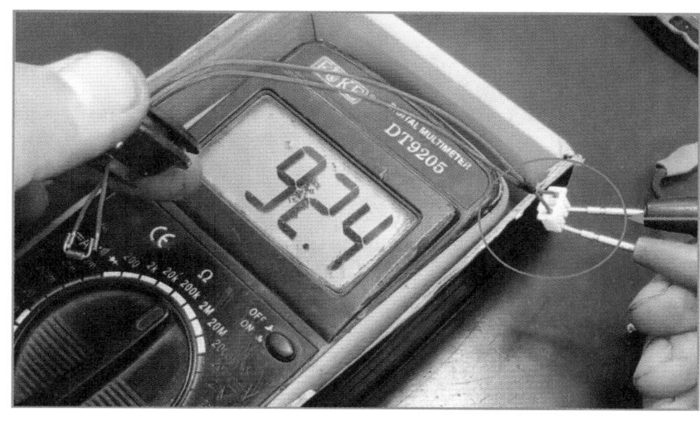

❺继续保持万用表红、黑表笔连接不动，然后松开手。观察到万用表的读数在不断地增加，即热传感器的热敏电阻在温度下降时，其电阻值增加。

图 16-23　检测温度传感器（续）

测量结论：由于电磁炉的温度传感器在常温下的阻值及在温度升高和降低时，传感器中的热敏电阻阻值变化正常，说明此温度传感器正常。

16.2.5　霍尔传感器的检测

霍尔传感器是根据霍尔效应制作的一种磁场传感器（即将变化的磁场转化为输出电压的变化），霍尔传感器广泛地应用于工业自动化技术、检测技术及信息处理等方面，通常被用于计量车轮和轴的速度。

由于霍尔元件产生的电势差很小，故通常将霍尔元件与放大器电路、温度补偿电路及稳压电源电路等集成在一个芯片上，称之为霍尔传感器，如图 16-24 所示。

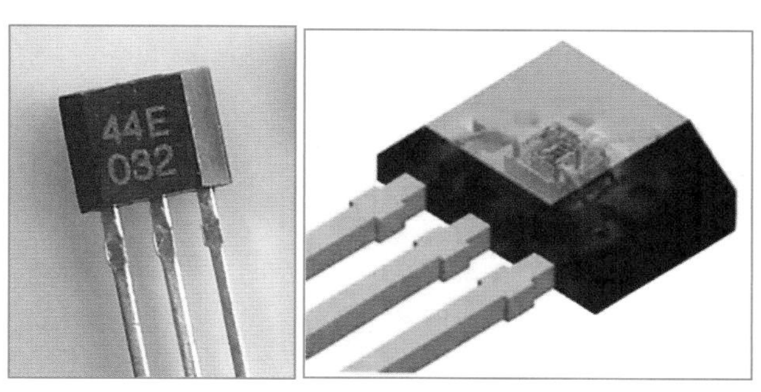

图 16-24　霍尔传感器元件

霍尔传感器的检测方法如图 16–25 所示（以鼓风机上的霍尔传感器为例讲解）。

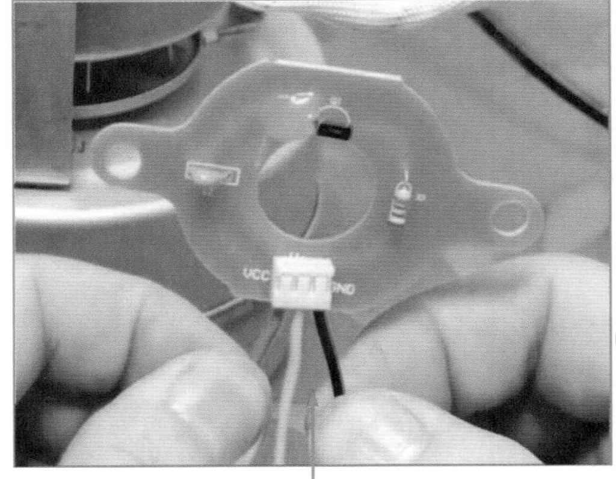

❶鼓风机上的霍尔传感器有 3 根连接线。其中，黑色线为电源负极线，红色线为电源正极线，黄色线为信号线。

❷将数字万用表的挡位调到直流电压挡（或直流电压 20V 挡）。

❸将电源正负极分别连接到霍尔传感器接口的正负极（即红色线和黑色线）；将万用表的红表笔接传感器接口的黄色线，黑表笔接传感器接口的黑色线。准备测量传感器。

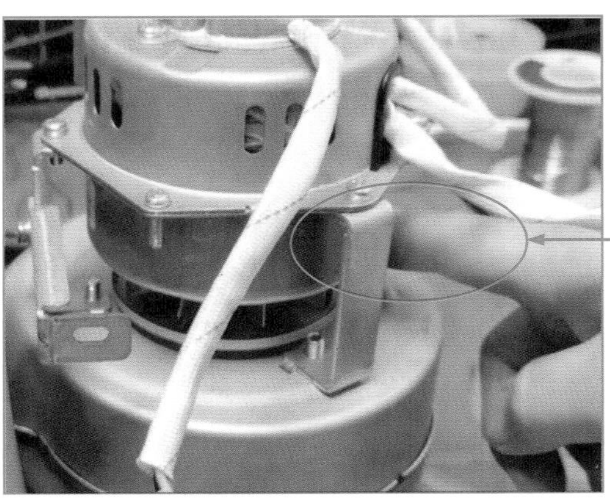

❹接好万用表后，用手转动风机的扇叶，使其转动，然后观察万用表读数变化。

图 16–25　检测鼓风机上的霍尔传感器

❺观察到万用表的读数由小逐渐变大，当扇叶转动变慢时，读数又逐渐变小。这种变化，说明霍尔传感器工作正常，如果转动扇叶时，万用表读数不变，说明霍尔传感器损坏。

图 16-25　检测鼓风机上的霍尔传感器（续）

16.3 光电子元器件的检测实战

光电子元器件包括红外线发光二极管、红外线接收二极管、光耦合器等；下面通过实战案例来讲解使用万用表检测光电子元器件的方法。

16.3.1　红外线发光二极管的检测

红外线发光二极管是由半导体材料制成的光电元件，元件有两个引脚，引脚之间施加电压，通过正向偏置注入电流到 PN 结，来激发红外光（红外光的波长为 830~950nm）。

红外线发光二极管的外形与发光二极管 LED 相似，红外线发光二极管大多采用无色透明、黑色、淡蓝色树脂封装等三种形式。其中，无色透明树脂封装的管子，可以透过树脂材料观察，若管芯下有一个浅盘，即是红外发光二极管，光电二极管和光电三极管无此浅盘。红外线发光二极管有两个引脚，通常长引脚为正极，短引脚为负极，如图 16-26 所示。

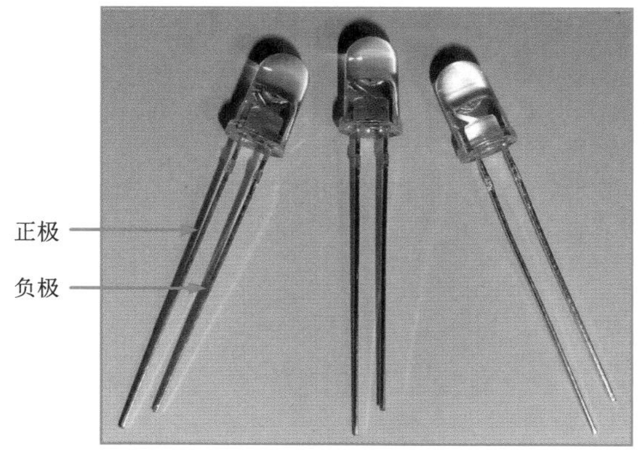

图 16-26　红外线发光二极管

红外线发光二极管的检测方法如图 16–27 所示。

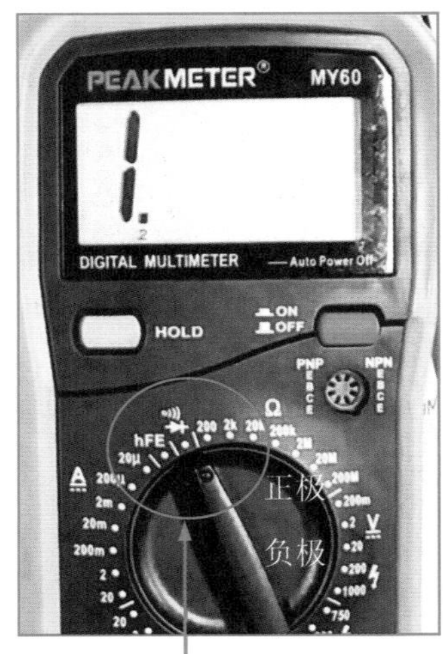

❶将数字万用表的挡位调到二极管挡，准备测量。

❷将数字万用表的红表笔接红外线发光二极管的正极，黑表笔接负极进行测量。发现万用表的值为 1.102V，说明红外线发光二极管正常。若测量的压降为 0，则说明红外线发光二极管已被损坏。

图 16–27　检测红外线发光二极管

16.3.2　红外线接收二极管的检测

红外线接收二极管与红外线发光二极管通常称为对管。红外线接收二极管用来接收红外光，它能很好地接收红外线发光二极管发射的波长为 940nm 的红外光信号，而对于其他波长的光线则不能接收，从而保证了接收的准确性和灵敏度。

从外观上看，常见的红外线接收二极管外观颜色呈黑色。它有两个引脚，通常长引脚为正极，短引脚为负极，如图 16–28 所示。

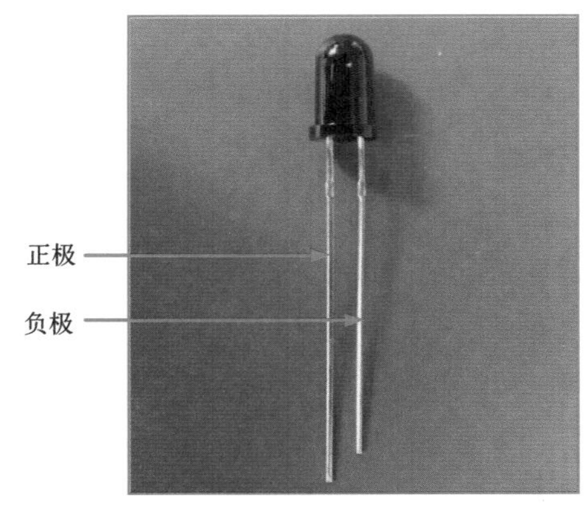

图 16–28　红外线接收二极管

红外线接收二极管的检测方法如图 16-29 所示。

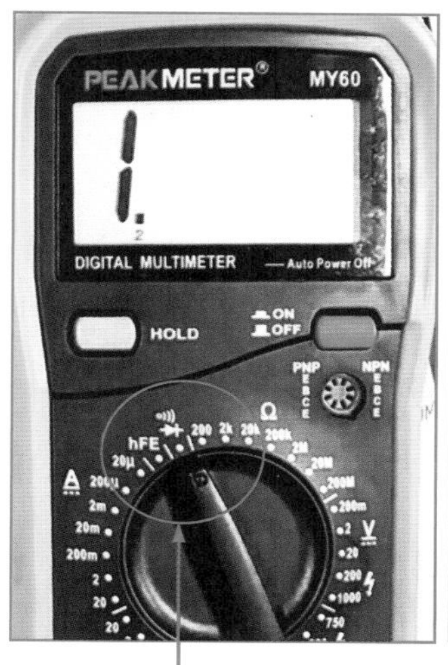

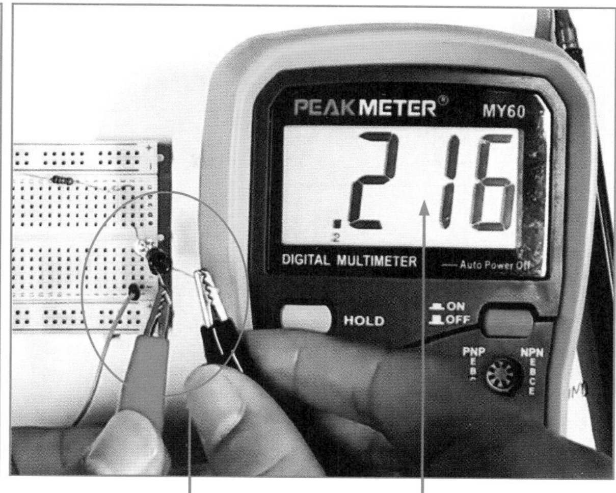

❶将数字万用表的挡位调到二极管挡，准备测量。

❷将红表笔接红外线发光二极管的负极，黑表笔接正极，然后将红外线接收二极管对准正在发射红外光的红外线发光二极管。发现万用表的值为 0.216V，说明红外线接收二极管正常。若测量的压降为 0，则说明红外线接收二极管已损坏。

图 16-29　检测红外线接收二极管

16.3.3　光电耦合器的检测

光电耦合器是以光为媒介传输电信号的一种电—光—电转换器件，即用光将两个电路连接起来的器件。光电耦合器对输入、输出电信号有良好的隔离作用，因此经常应用在对干扰信号敏感的电路中。

光电耦合器一般由光的发射（发光二极管）和光的接收（光电晶体管）两部分组成。将它们组装在同一不透光的密闭壳体内，彼此间用透明绝缘体隔离。光电耦合器中的发光二极管部分引脚为输入端，与电源相连；而光电晶体管部分引脚为输出端，与检测电路相连。如图 16-30 所示为光电耦合器。

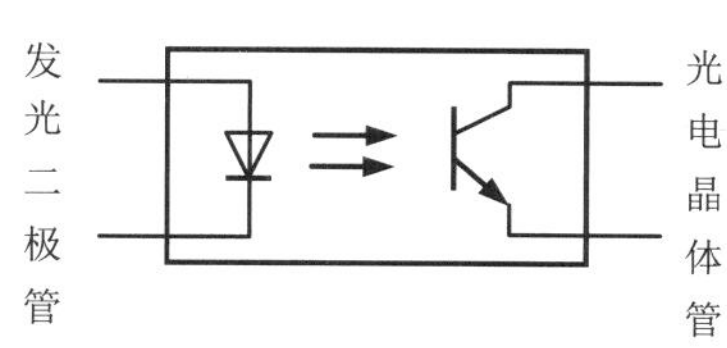

（a）光电耦合器

图 16-30　光电耦合器及内部结构示意

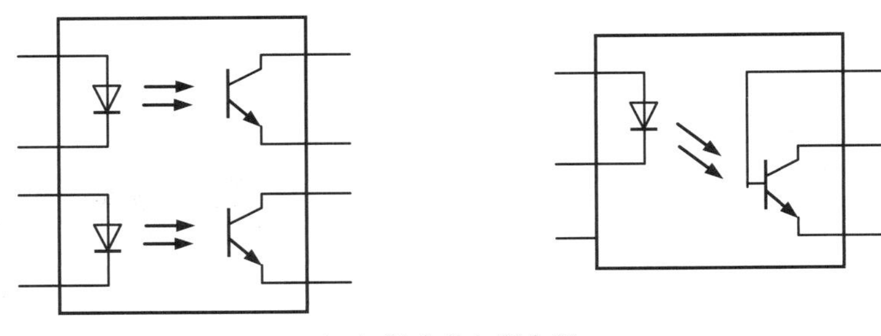

（b）集成光电耦合器

图 16–30　光电耦合器及内部结构示意（续）

1. 光电耦合器是如何工作的

由于光电耦合器的输入 / 输出间互相隔离，电信号传输具有单向性等特点，因而具有良好的电绝缘能力和抗干扰能力。由于光电耦合器的输入端属于电流型工作的低阻元件，因而具有很强的共模抑制能力。所以，它在长线传输信息中作为终端隔离元件可以大大提高信噪比。在计算机数字通信及实时控制中作为信号隔离的接口器件，在电源电路中接收误差反馈信号，可以大大增加设备工作的可靠性。图 16–31 所示为光电耦合器工作原理。

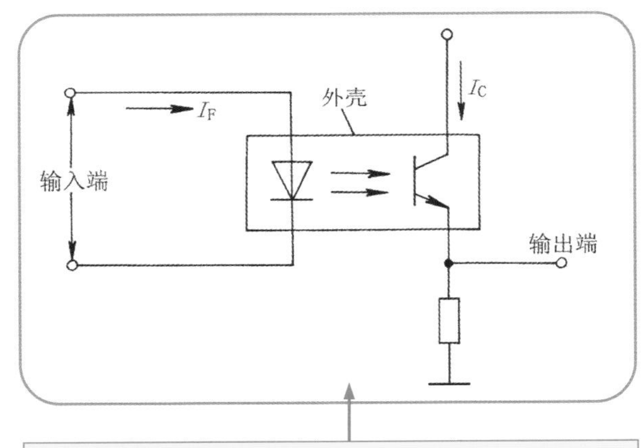

光电耦合器的工作原理是：当在光电耦合器输入端输入电信号以驱动发光二极管（LED），使之发出一定波长的光（光的强度取决于激励电流的大小），被光电晶体管接收而产生光电流，再经过进一步放大后输出。这就完成了电—光—电的转换，从而起到输入、输出、隔离的作用。

图 16–31　光电耦合器工作原理示意

2. 光电耦合器的检测方法

光电耦合器是电路中的重要元器件之一，如果光电耦合器被损坏，将会引起输出电压不稳、通信问题等故障。光电耦合器可以通过测量其引脚阻值的方法来判断其好坏，如图 16–32 所示。

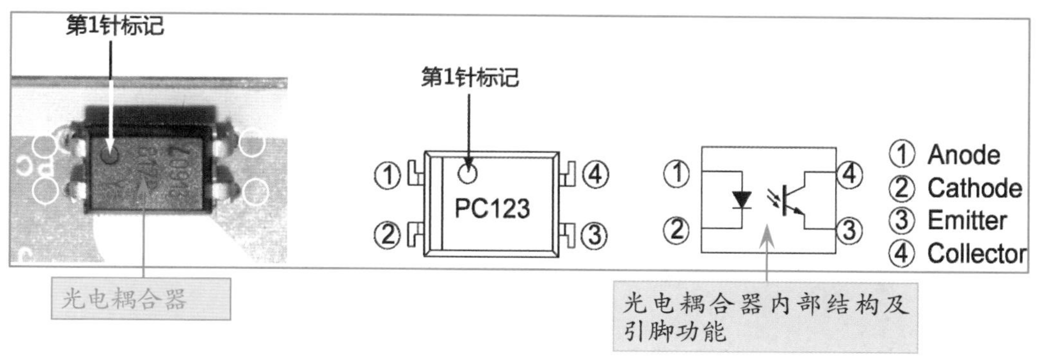

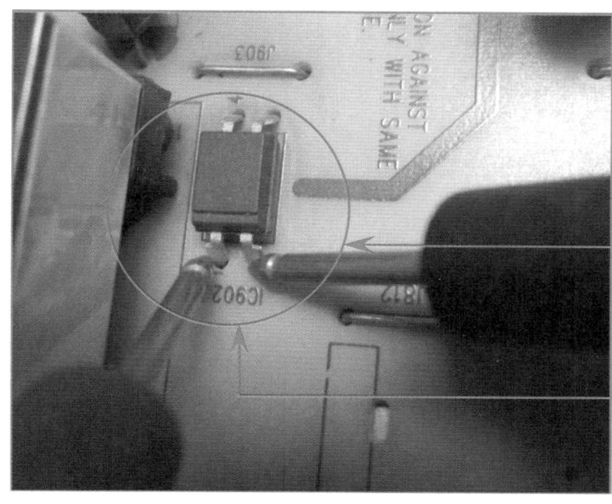

图 16-32　测量光电耦合器引脚阻值

也可以通过测量光耦合器输入 / 输出端的电压变化来判断好坏，如图 16-33 所示。

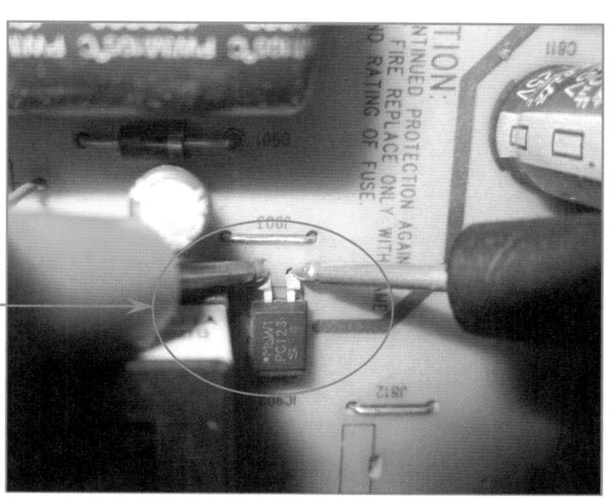

图 16-33　测量光电耦合器电压变化

第17章 看图检修电工线路及设备

生活中处处都离不开电。而若电路中的电气元件、照明线路等出现问题，则会引起电路故障，比如断路器出现故障，将导致家中电灯无法点亮。这些问题的解决都需要具备电工知识来进行维修处理。本章将重点讲解使用万用表检修电路中的电气元件及照明线路。

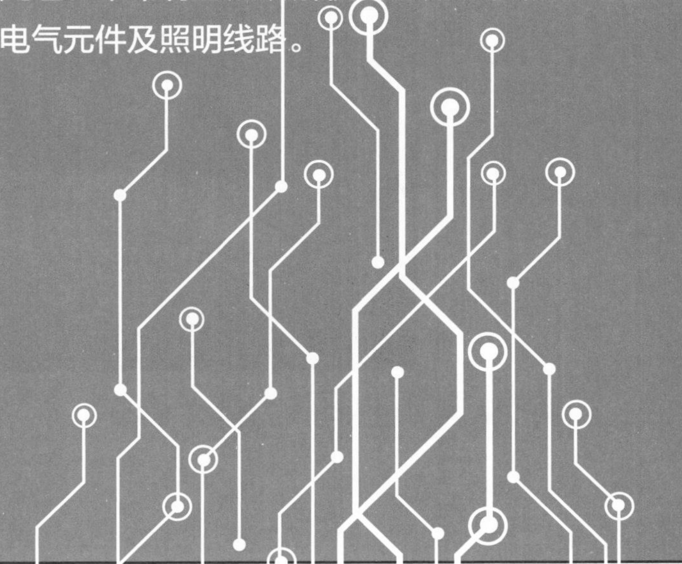

17.1 电气元件的检修实战

常见的低压电气元件包括断路器、接触器、热继电器、中间继电器、时间继电器等；下面通过实战案例来讲解使用万用表检测电气元件的方法。

17.1.1　断路器的检测

断路器又称为自动开关，它是一种既有手动开关作用，又能自动进行失压、欠压、过载和短路保护的电器。可用来分配电能、不频繁地启动异步电动机、对电源线路及电动机等实行保护。当电器源线路发生严重的过载或者短路及欠压等故障时，断路器能自动切断电路，其功能相当于熔断器式开关与过欠热继电器等的组合。

断路器的检测方法如图 17–1 所示。

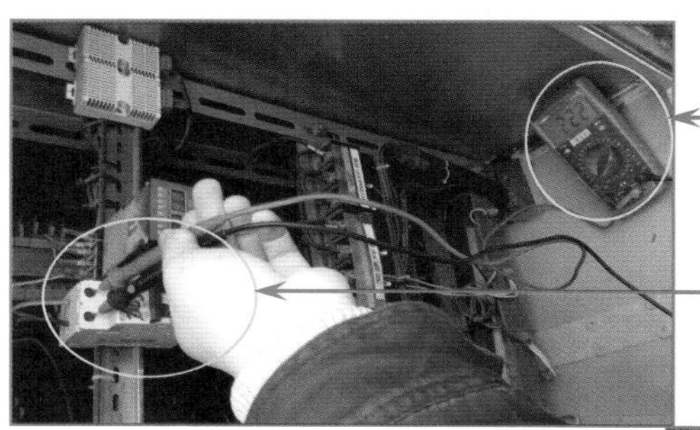

❶ 将数字万用表挡位调到交流 750V 挡，用红、黑表笔接断路器的上端接线端。如果电压正常（与接入电压接近），则说明电源进线端正常，那么就可以判断电源回路没有问题。

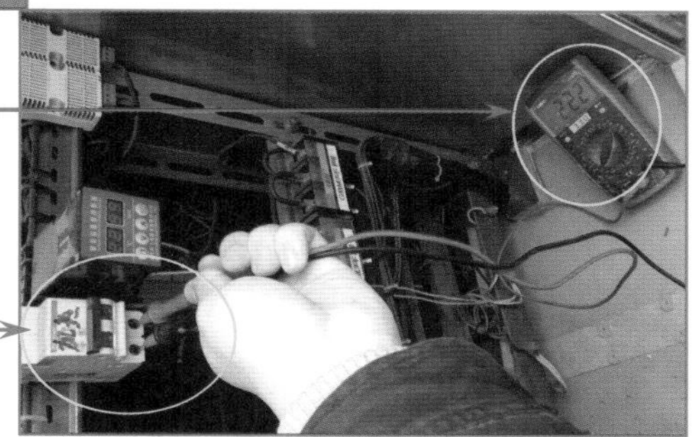

❷ 用红、黑表笔接断路器下端的接线端。如果下端测量的电压正常（与接入电压接近），则可以判断该断路器正常。

图 17–1　断路器的检测方法

17.1.2　接触器的检测

接触器是一种由电压控制的开关装置。在正常条件下，可以用来实现远距离控制或频繁地接通、断开主电路。

接触器主要控制的对象是电动机，可以用来实现电动机的启动，正、反转运动等控制。也可以控制电焊机、照明系统等电力负荷。接触器的工作原理是利用电磁力与弹簧弹力相配合，实现触头的接通和分断。

使用万用表的电阻挡检测接触器，检测方法如图 17–2 所示。

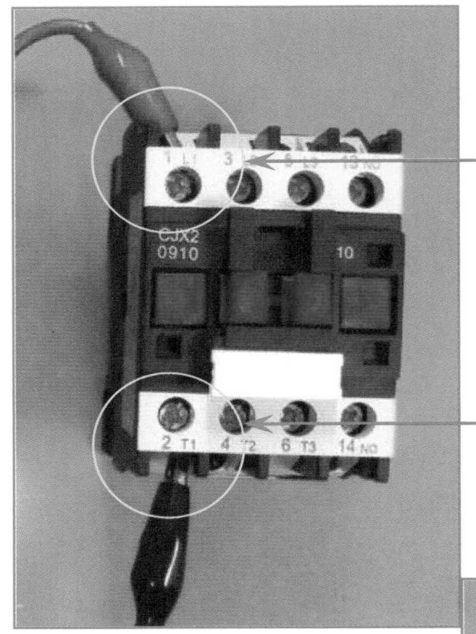

（1）常态下检测接触器常开触点和常闭触点的电阻。因为常开触点在常态下处于开路，故正常电阻应为无穷大，在使用数字万用表检测时，会显示“1.”；在常态下检测常闭触点的电阻时，正常测得的电阻值应接近 0Ω。对于带有联动架的交流接触器，按下联动架，内部的常开触点会闭合，常闭触点会断开。可以用万用表检测触点闭合后和断开后的电阻是否为无穷大和 0。检测时采用万用表的欧姆 200 挡。

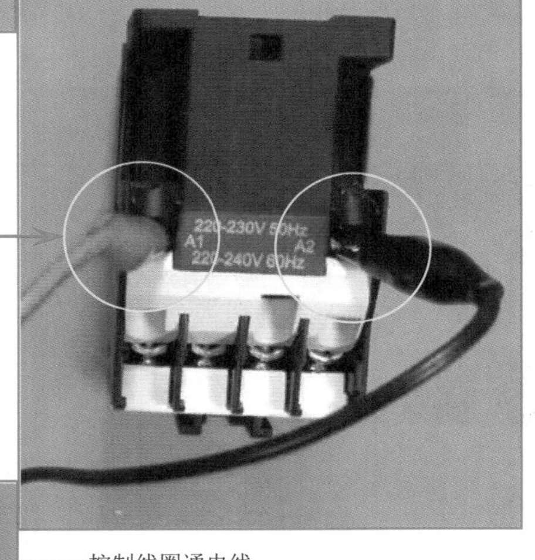

（2）检测控制线圈的电阻。控制线圈的电阻值正常应在几百欧，一般来说，交流接触器功率越大，要求线圈对触点的吸合力越大（即要求线圈流过的电流大），线圈电阻更小。若线圈的电阻为无穷大，则线圈开路；若线圈的电阻为 0，则为线圈短路。检测时采用万用表欧姆 200 挡。

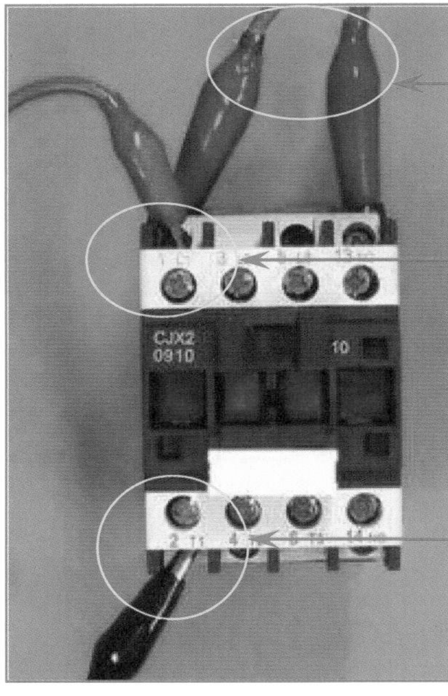

（3）给控制线圈通电来检测常开、常闭触点的电阻。在控制线圈通电时，若交流接触器正常，会发出“咔嗒”声，同时常开触点闭合、常闭触点断开，故测得常开触点的电阻应接近 0Ω、常闭触点的电阻应为无穷大（数字万用表检测时会显示“1”）。如果控制线圈通电前后被测触点的电阻无变化，则可能是控制线圈损坏或传动机构卡住等导致的。检测时采用万用表的电阻挡的 200Ω 挡。

图 17–2　接触器的检测方法

17.1.3　热继电器的检测

热继电器是利用电流通过发热元件时产生热量而使内部触点动作的。热继电器主要用于电气设备发热保护，如电动机过载保护。热继电器检测方法如图 17–3 所示。

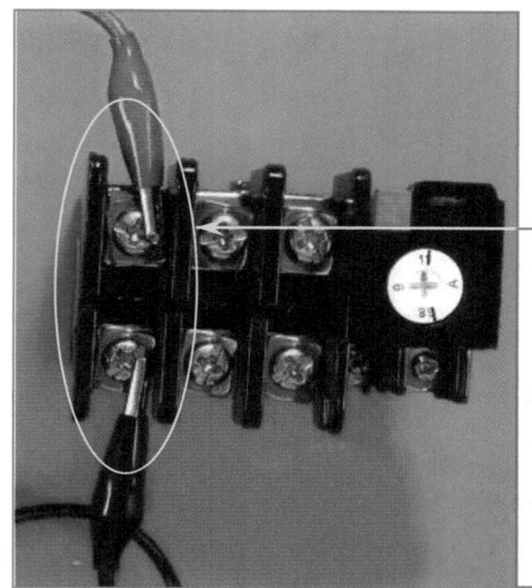

（1）检测发热元件。发热元件由电热丝或电热片组成，其电阻很小（接近 0Ω）。测量时使用万用表电阻挡 200Ω 挡，如果电阻值为无穷大（数字万用表显示超出量程符号“1”），则说明发热元件已损坏。

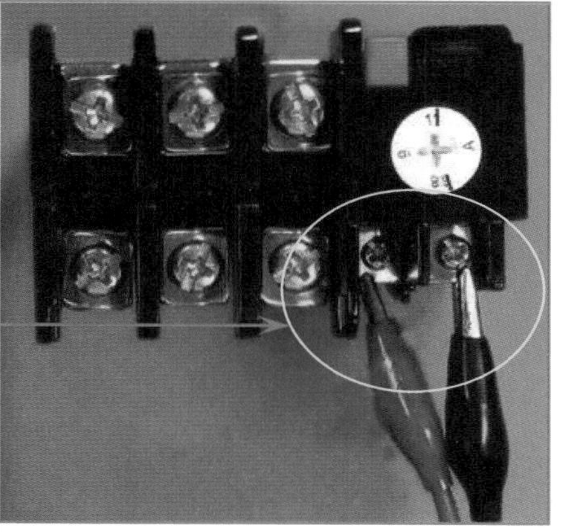

（2）检测常闭触点。触点检测包括未动作时检测和动作时检测。在检测时使用万用表电阻挡 200Ω 挡，未动作时的常闭触点的电阻正常应接近 0。

（3）拨动测试杆的情况下检测常闭触点。在检测时使用万用表电阻挡 200Ω 挡，模拟发热元件过流发热弯曲使触点动作，常闭触点应变为开路，电阻值为无穷大。

图 17–3　热继电器的检测方法

17.1.4 中间继电器的检测

中间继电器用于继电保护与自动控制系统中，以增加触点的数量及容量。 它用于在控制电路中传递中间信号。中间继电器主要控制对象是接触器。

中间继电器的原理和交流接触器一样，线圈通电，动铁芯在电磁力作用下动作吸合，带动触点动作，使常闭触点分开，常开触点闭合；线圈断电，动铁芯在弹簧的作用下带动动触点复位。

中间继电器检测方法如图 17–4 所示。

（1）控制线圈未通电时检测触点。检测时使用万用表电阻挡 200Ω 挡，未通电时，常开触点处于断开状态，电阻应为无穷大；常闭触点处于闭合状态，电阻应接近 0Ω，否则说明继电器已损坏。

（2）给控制线圈通电时检测触点。给中间继电器的控制线圈施加额定电压，再用万用表 20kΩ 挡位检测常开触点和常闭触点的阻值。正常常开触点应处于闭合状态，电阻应接近 0Ω；常闭触点处于断开状态，电阻应为无穷大。

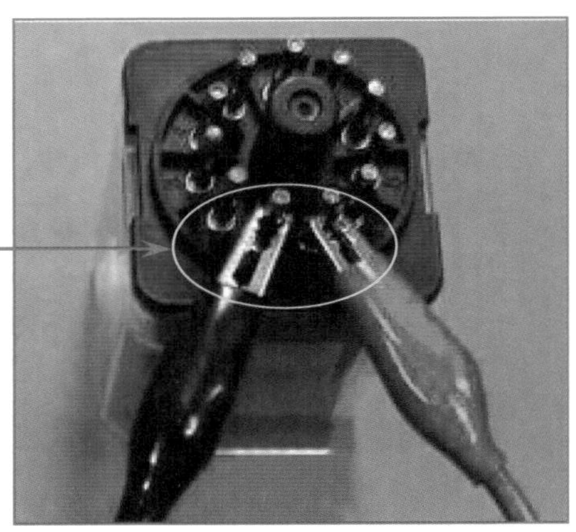

图 17–4 中间继电器的检测方法

17.1.5 时间继电器的检测

时间继电器是一种延时控制继电器，它在得到动作信号后，并不是立即让触点动作，而是延迟一段时间才让触点动作。时间继电器主要用在各种自动控制系统和电动机的启动控制线路中。时间继电器分为通电延时继电器和断电延时继电器。

在检测时间继电器时，主要检测触点、线圈的常态及通电状态检测，如图 17–5 所示。

（1）测量常闭触点时，首先将指针万用表的挡位调到欧姆 200 挡。根据继电器上的触点引脚图，将万用表红、黑表笔接常闭触点的两个引脚，测量其电阻值，若测量的电阻值为 0.04Ω，则表明被测常闭触点正常。若测量的阻值较大或无穷大，则说明常闭触点已损坏。

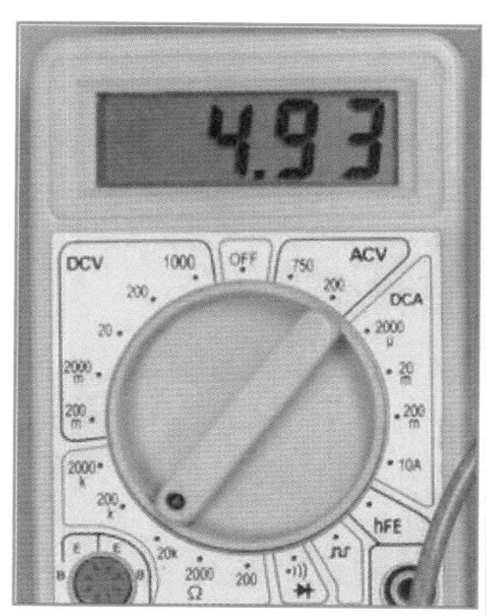

（2）测量控制线圈。先将指针万用表的挡位调到 20kΩ 挡。然后根据继电器引脚图，将万用表的红、黑表笔接控制线圈的两只引脚。测量的电阻值为 4.93kΩ，线圈正常。若线圈的电阻为无穷大，则线圈开路；若线圈的电阻为 0，则说明线圈发生了短路故障。

图 17–5　时间继电器的检测方法

17.2 照明电路的检修实战

照明控制电路在使用时免不了会出故障而导致用户不能用电，照明电路的故障检修并不复杂，常见故障包括照明电路开路故障、短路故障、漏电故障等；下面详细讲解如何检测判断照明电路故障。

17.2.1　照明电路开路故障的检测

查找开路故障时可用试电笔、万用表等进行测试，分段查找与重点部位检查相结合。对较长线路的检测，可采用对分法查找开路点。

照明控制电路开路故障检测方法如图 17–6 所示。

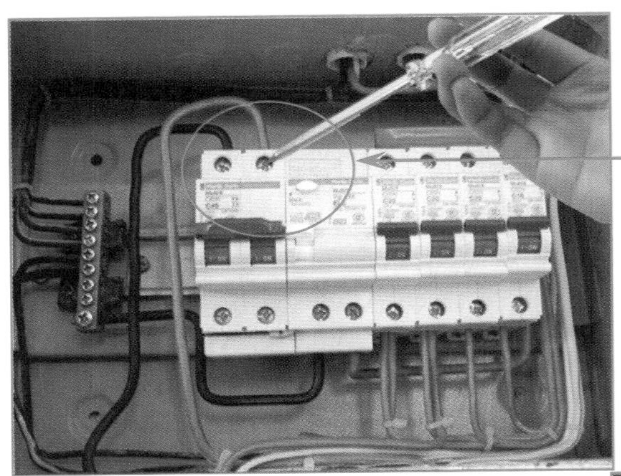

❶先用测电笔检查总闸刀上面的火线接线柱，如果验电笔灯亮，说明进户线的火线正常。若不亮，说明进户线开路，应修复接通进户线。

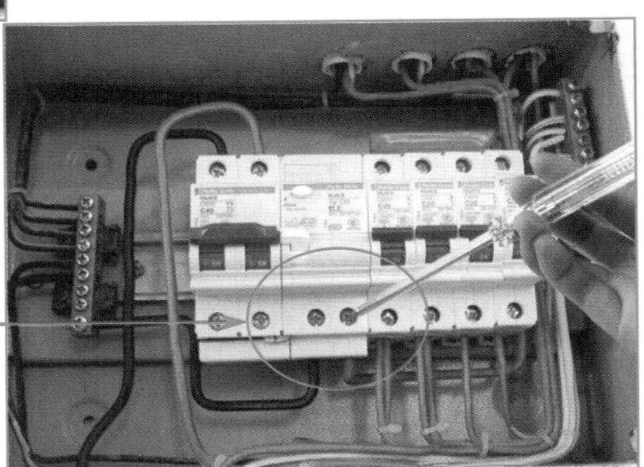

❷用测电笔检查总闸刀下面的火线接线柱（总闸刀开关闭合后测量），如果验电笔灯亮，说明火线正常。若不亮，说明总闸刀损坏，需要更换。

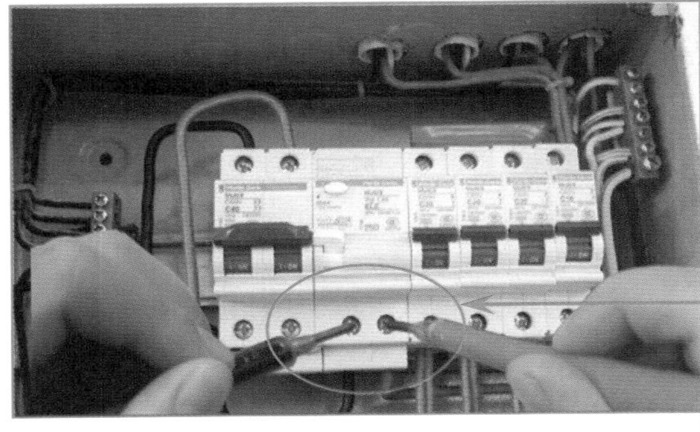

❸将万用表挡位调到交流电压750V挡，然后将红表笔接闸刀下面的火线接线柱，黑表笔接零线接线柱测量其电压。若电压为220V左右，则说明进户线的零线正常；否则，说明零线开路。

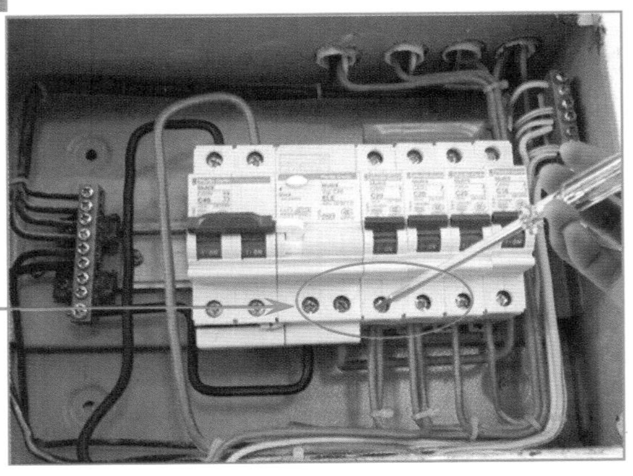

❹用测电笔检查分支断路器下面的火线接线柱，如果验电笔灯亮，说明分支中的火线正常；若不亮，则说明分支火线开路，应修复接通火线。

图 17-6　照明电路开路故障检修

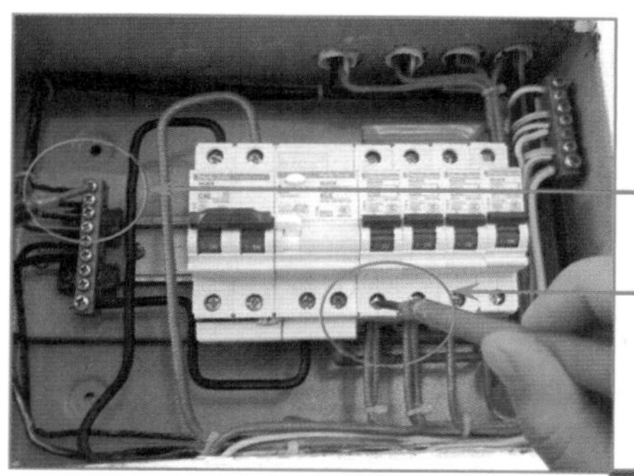

❺如果分支火线正常，接着选择万用表交流电压 750V 挡，两只表笔分别接分支的火线接线柱和零线接线柱测量其电压。若电压为 220V 左右，则说明分支的零线正常；否则，就是分支零线开路，应修复接通零线。

❻如果个别灯或插座出现开路无电的故障，就用验电笔和万用表测量故障部件的接线头，顺藤摸瓜，就可以找到开路点。

图 17-6　照明电路开路故障检修（续）

17.2.2　照明电路短路故障的检修

电路短路故障维修，需要电工师傅用到专业工具（万用表或钳型电流表、摇表等）来检测。

照明电路短路故障的检修方法如图 17-7 所示。

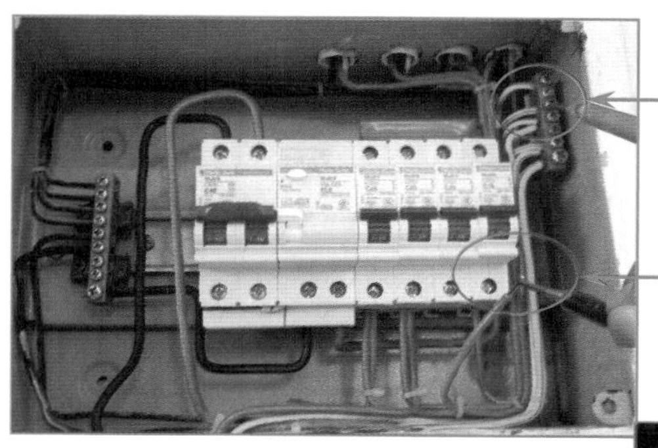

❶打开配电箱，拆卸下分支断路器负载端（即出线端电线），将万用表的挡位调到欧姆挡的 R×10 挡，然后将红表笔接地线，黑表笔分别接火线和零线，可以测出火线的对地阻值和零线的对地阻值。

❷如果测量的阻值无穷大，说明线路完好，（如图测得的对地阻值为无穷大）。如测量的阻值接近 0，说明线路绝缘有损坏，最好换线。

图 17-7　照明电路短路故障检修

17.2.3 照明电路漏电故障的检修

照明电路的漏电主要是由于相线与零线间绝缘受潮气侵袭或被污染造成绝缘不良，导致相线与零线间的漏电；相线与零线之间的绝缘受到外力损伤，而导致相线与地之间的漏电。照明电路漏电故障检修方法如图 17–8 所示。

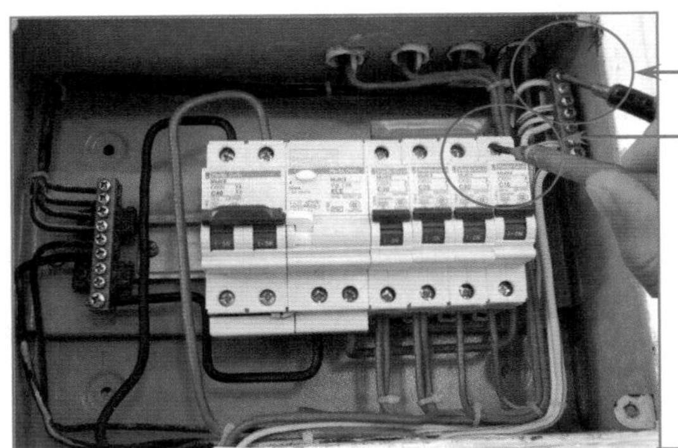

❶打开配电箱，将万用表的挡位调到欧姆挡的 R×10 挡，然后将红表笔接分路断路器进线端，黑表笔接地线，测量分路电线电阻值。

❷如果测量的电阻值为无穷大，说明线路完好。如图测量的电阻值为 62，说明线路有漏电现象，需要排查分支的各段电线。

图 17–8 照明电路漏电故障检修方法

看图检修家用电器元件

电冰箱、电视机、空调器、洗衣机是日常生活使用率较高的家用电器，当这些家用电器出现故障后，可以使用万用表检测相关元件，以判断故障原因。本章将通过实例来讲解这几种家用电器的检修方法。

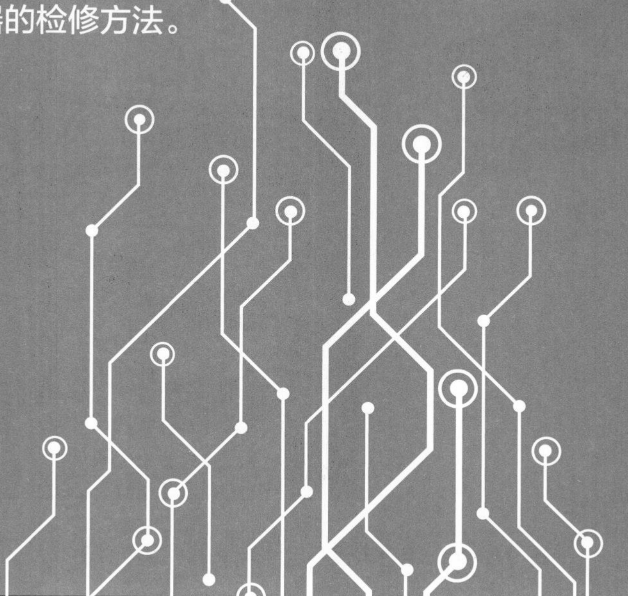

18.1 电冰箱元件的检修实战

电冰箱的常见故障中，一般电冰箱启动器、压缩机、运行电容的故障率较高；下面通过实战案例来讲解用万用表检测这些常见故障的方法。

18.1.1 电冰箱启动器的检修

电冰箱启动器是电冰箱上的重要组成部件，其连接在压缩机接口上，它能在电流浪涌过大、温度过高时对电路起保护作用。在正常情况下，启动器的阻值很小，损耗也很小，不影响电路正常工作；但若有过流（如短路）发生，其温度升高，它的阻值随之急剧升高，达到限制电流的作用，避免损坏压缩机及其他元器件。

电冰箱启动器直接与电机次绕组（启动绕组）串联后，再与电机主绕组（运行绕组）并联。220V 交流电压加到电机两个绕组上后，由于分相作用，两绕组间产生相位差，从而形成椭圆旋转磁场，产生启动转矩，带动电机正常运转。之后，由于启动器变成高阻态，启动电路接近断开，仅由运行绕组带动电机运行。

当启动器出现故障后，可能导致电机不能启动，电冰箱不能制冷；或电冰箱蒸发器表面结霜不均匀或者结霜不全部；或出现电冰箱降温速度比原正常工作时有明显的下降。

电冰箱启动器故障检测方法如图 18-1 所示。

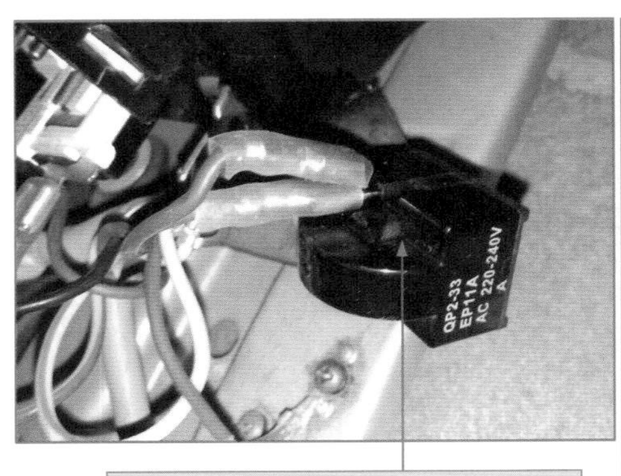

❶拆下启动器，摇晃一下，听听启动器内部是否有声响，如果有，则说明启动器已损坏。

❷如果摇晃启动器时没有声响，就用万用表测量其阻值，先将万用表调到蜂鸣档或 200Ω 挡。

图 18-1 电冰箱启动器故障的检测方法

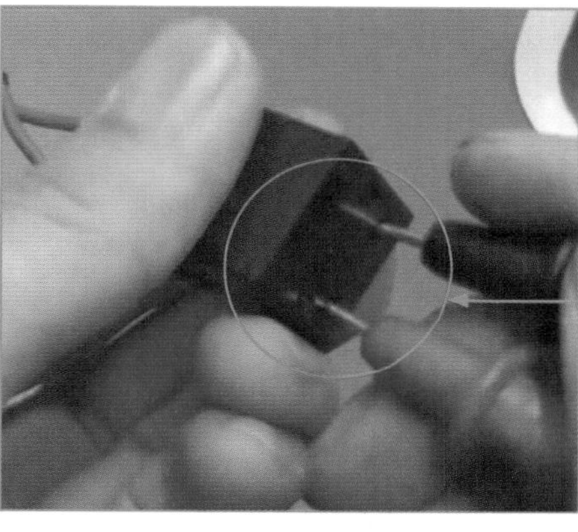

❸用万用表的两只表笔接启动器的连接触点。测量的阻值为16.8Ω，阻值正常。如果启动器的阻值为无穷大或0，则说明启动器已损坏。

图 18-1　电冰箱启动器故障的检测方法（续）

18.1.2　电冰箱压缩机的检修

压缩机是电冰箱上的重要组成部件，电冰箱中常用的压缩机为往复式压缩机，往复式压缩机都是通过电动机带动汽缸内活塞的往复运动，来实现制冷剂气体压缩的。

压缩机在工作时将制冷剂压缩成高温高压的饱和气体，从排气口排出；同时，由吸气口吸入低温低压的制冷剂气体，再进行压缩。这样，制冷剂在电冰箱管路中循环流动，通过与外界进行热交换，达到电冰箱制冷的目的。

当电冰箱的压缩机出现问题时，会使电冰箱管路中的制冷剂不能正常循环运行，从而造成电冰箱不能制冷、制冷效果差、运行时有噪声等故障。如图 18-2 所示为压缩机的检测方法。

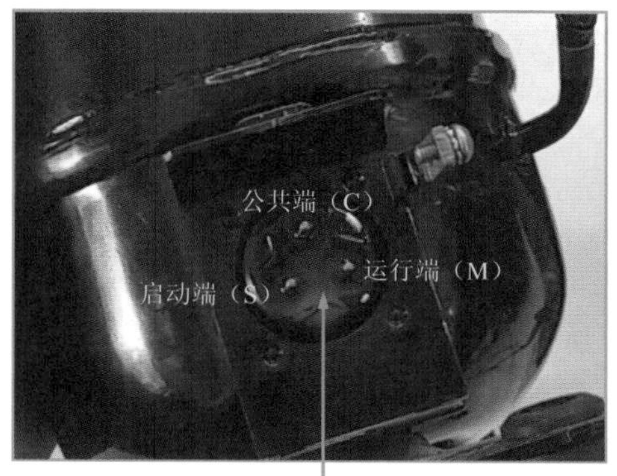

❶拆下压缩机接口连接的启动器和保护器，准备检测压缩机。用万用表分别测量压缩机接口中的公共端与启动端、公共端与运行端、启动端与运行端间的电阻值。正常的压缩机，公共端与启动端间的电阻值加上公共端与运行端间的电阻值等于启动端与运行端间的电阻值。

❷将万用表调到欧姆挡（如果万用表有量程，选择200Ω挡）。

图 18-2　压缩机的检测方法

❸用万用表的两只表笔接压缩机接口中的公共端与启动端，测量的阻值为21.2。

❹将万用表的两只表笔接压缩机接口中的公共端与运行端，测量的阻值为26.3。

❺将万用表的两只表笔接压缩机接口中的启动端与运行端，测量的阻值为46.1。

图 18-2　压缩机的检测方法（续）

测量结论：由于公共端与启动端间的电阻值加上公共端与运行端间的电阻值为21.2Ω+26.3Ω=47.5Ω，与启动端与运行端间的电阻值46.1Ω接近，因此判断此压缩机的绕组正常。

18.1.3　电冰箱运行电容器的检测

电冰箱的运行电容器把交流电移相后接入副绕组（启动绕组）形成一个交变磁场，并与主绕组（运行绕组）的交变磁场形成一个近似圆形的椭圆形旋转磁场，这样可以增加扭矩，提高压缩机效率。如果电冰箱的运行电容器出现故障将会导致电冰箱不制冷或制冷速度慢等故障。如图 18-3 所示为电冰箱运行电容器的检测方法。

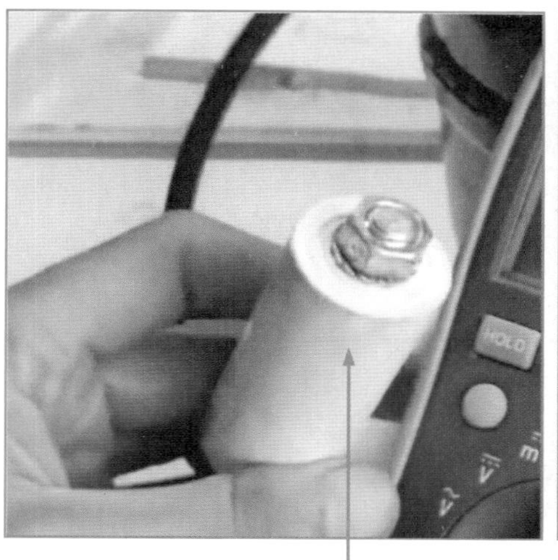

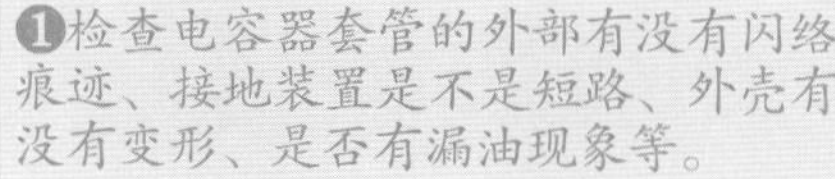

❶检查电容器套管的外部有没有闪络痕迹、接地装置是不是短路、外壳有没有变形、是否有漏油现象等。

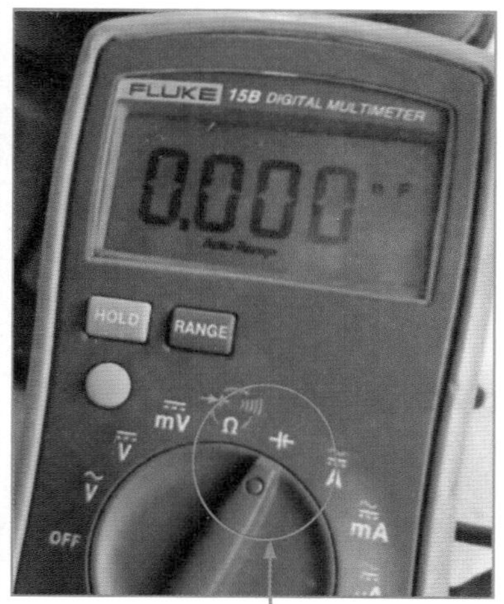

❷将万用表调到电容挡(或电容挡的 20μF 挡）。

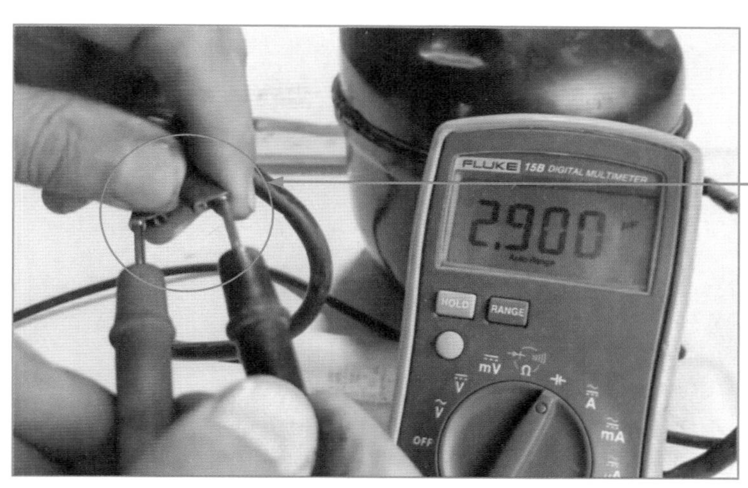

❸将万用表的红、黑表笔接运行电容器连接线的两个接口，测量的电容量为 2.9μF。

图 18-3　运行电容器的检测方法

测量结论：由于此电容器的标称容量为 3μF，因此电容正常。如果测量的容量值与标称容量相差较大，则说明电容器损坏。

18.2 空调器元件的检修实战

空调器常见故障包括电源故障、通信讯号故障、制冷系统故障、压缩机故障、风机故障等，下面通过实战案例来讲解用万用表维修这些常见故障的方法。

18.2.1 空调电路中整流桥的检修

整流桥是由两个或四个二极管组成的整流器件，如图 18–4 所示。主要作用是把交流电转换为直流电，也就是整流，因此得名整流桥。当空调器的室外机交流电源正常，但电源电路整流后的直流电压不正常时，可以对电源电路中的整流桥进行检测。

空调电路中整流桥的检测方法如图 18–5 所示。

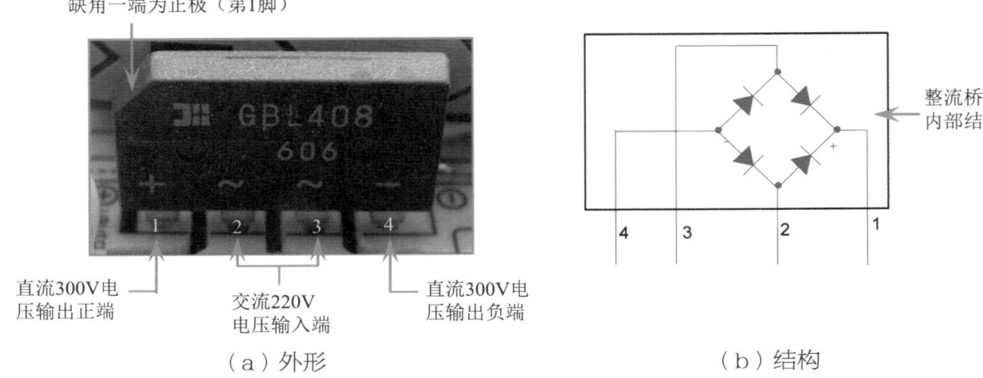

（a）外形　　（b）结构

图 18–4　整流桥外形及结构示意

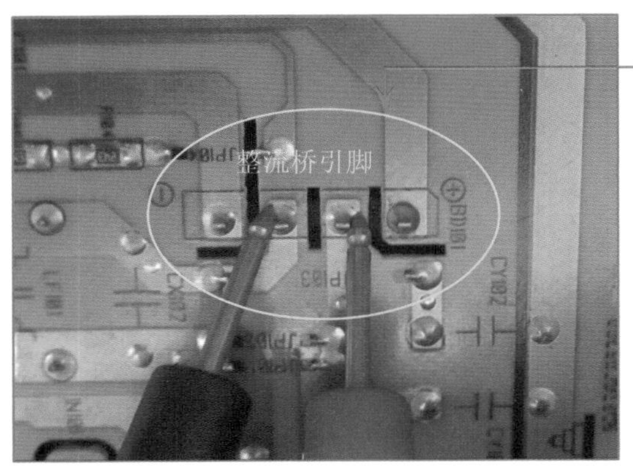

❶将万用表调挡至交流 400V 挡，将两只表笔接整流桥中间两个引脚，测量其输入电压。正常应为 220V 左右。

❷将万用表调挡至直流 400V 挡，红色表笔接正极（缺角一端的引脚为正极），黑色表笔接负极，测量整流堆输出的直流电压，正常应为 310V 左右。

提示：如果测量的整流桥输入电压正常，而输出电压不正常，说明整流桥损坏；如果测量的输入电压不正常，则需要继续检测输入端线路中的元器件。

图 18–5　整流桥的检测方法

18.2.2　空调 IPM 模块的检测

IPM(Intelligent Power Module)模块又称为变频模块，它是实现由直流电转变为交流电从而驱动压缩机运转的关键器件。它是一种智能的功率模块，它将 6 个 IGBT 管连同其驱动电路和多种保护电路封装在一起（如过流保护电路、欠压保护电路、过压保护电路等），从而简化了设计，提高了整个系统的可靠性。如图 18–6 所示为 IPM 模块。

图 18–6　IPM 模块

IPM 模块具有内置的驱动和保护电路的功能，保护功能包括控制电压欠压保护、过热保护和短路保护，一些六管封装的 C 型模块还具有过流保护功能。当其中任一种保护功能动作时，IGBT 栅极驱动单元就会关断门极电流，并输出一个故障信号。此故障信号被送到微处理器，然后由微处理器发出控制信号，关断 IPM 输入端电压，达到保护的目的。

1. IPM 模块输出电压检测实战

变频空调在外风机工作但压缩机不工作时，可测量 IPM 模块驱动压缩机的电压，两相间的电压应在 0~160V 之间且相等，否则说明功率模块已损坏。其检测方法如图 18–7 所示。

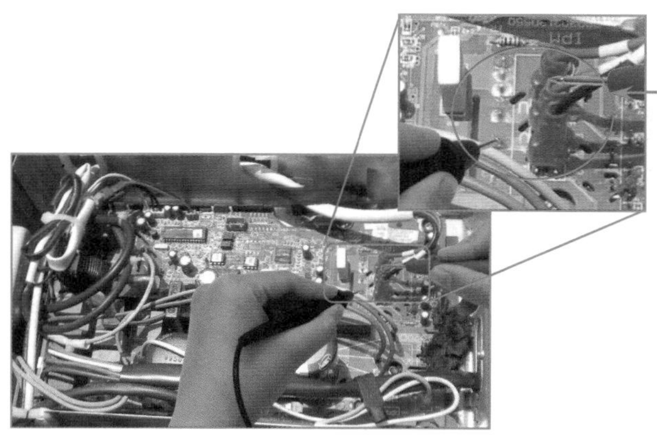

图 18–7　PM 模块输出电压的检测方法

测试分析：将万用表黑表笔接模块正极（P），红表笔分别接 U、V、W 引脚，正常情况下三相电阻值应相等，阻值范围为 200~800kΩ 之间。如果其中任何一相阻值与其他两相阻值不同，则说明 IPM 功率模块已损坏。

提示：也可以通过测量 IPM 模块引脚间的电阻值来判断好坏。用指针万用表的 R×1k 挡，红表笔、黑表笔接模块的 N 端、P 端，此时电阻应为∞；将红、黑表笔交换，再次测量，此时电阻应为 1kΩ。

2. IPM 模块 15V 供电电压检测实战

如果空调显示模块保护或压缩机不工作，就可以检测 IPM 模块直流 15V 供电电压是否正常。其检测方法如图 18–8 所示。

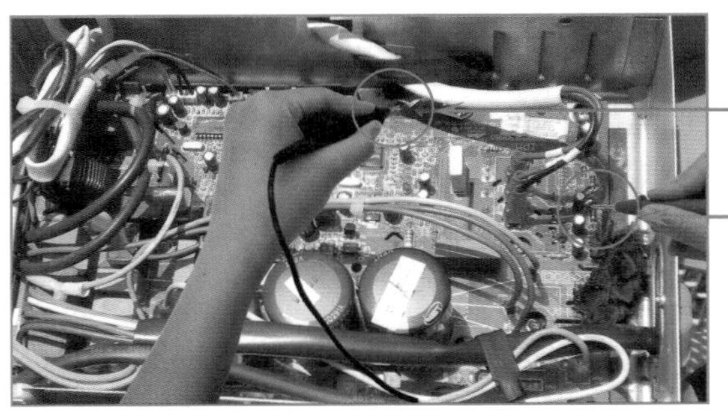

测量时，将万用表调到直流 40V 挡，然后将红表笔接模块供电引脚端连接的稳压二极管引脚，黑表笔接电路板上的公共地，测量电压。正常电压为 15V 左右。

图 18–8　IPM 模块 15V 电压的检测方法

3. IPM 模块输入端电压检测实战

IPM 模块电源输入端的直流电压（P、N 端之间）一般为 260~ 310V，而输出的交流电压一般不应高于 220V。如果功率模块的输入端直流电压不正常，则表明该机的整流滤波电路有故障，而与功率模块无关；如果直流电压正常，而 U、V、W 三相间没有低于 220V 均等的交流电压输出或 U、V、W 三相输出的电压不均等，则可初步判断功率模块有故障。IPM 功率模块输入端电压的检测方法如图 18–9 所示。

❶断开变频空调电源，将指针万用表调到 R×1k 挡，红表笔接模块的 N 端，黑表笔接模块的 P 端，测量阻值，正常应为无穷大。

图 18–9　IPM 模块输入端电压的检测方法

❷将红表笔接模块的 P 端，黑表笔接模块的 N 端，测量阻值，正常应为 1kΩ 左右。

❸将万用表的黑表笔接模块正极（P），红表笔分别接 U、V、W 三端，正常情况下三相电阻值应平衡（阻值差小于 10k），阻值范围为 200k~800k。如果其中任何一相阻值与其他两相阻值不同，则可判定该功率模块损坏。

❹用黑表笔接 N 端，红表笔分别接 U、V、W 三端，其每项阻值也应相等。阻值也在 200k~800k 之间，才能说明模块是好的。否则，判断该功率模块损坏。

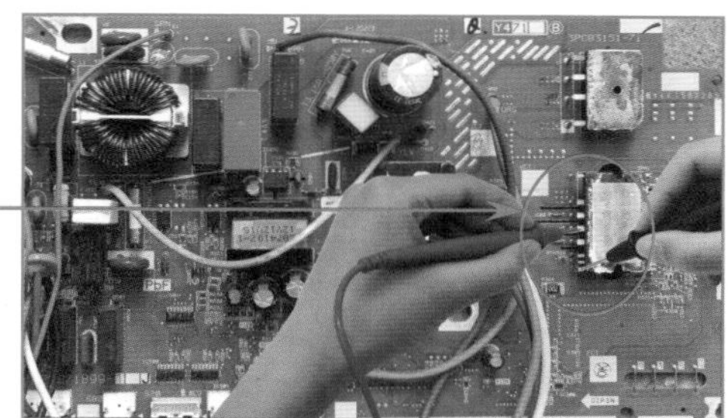

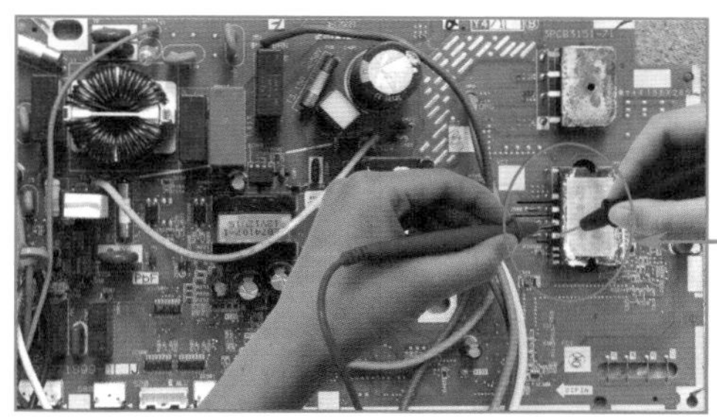

❺测量 IPM 模块上 U、V、W 端口相互之间的正反阻值，正常情况下，模块 6 个组合电阻值应在 300k~800k 之间，且阻值平衡，若其中出现电阻小于 100kΩ 或大于 3MΩ 或阻值不平衡（差值大于 30k），则判定该模块已损坏。

图 18-9　IPM 模块输入端电压的检测方法（续）

18.2.3　空调通信信号的检测

在空调出现通信故障代码提示后，重点检查是否存在室内外连接线接错、松脱、加长连接线不牢靠或氧化的情况，然后测量室外机接线板中通信信号电压是否正常。

空调通信信号的检测方法如图 18-10 所示。

在确认连接线连接都正常的情况下，运行空调，然后将数字万用表挡位调到直流 40V 挡，将红表笔接信号线端子，黑表笔接零线端子，测量电压。正常电压应为 0~28V 且呈规律性变化。

图 18-10　空调通信信号的检测方法

18.2.4　空调强电通信环路电压的检测

当室外机接线端子中无通信电压信号时（且排除连接线故障），需要重点检查通信电路供电电压，包括弱电侧 5V 电压和强电侧 28V 电压（机型不同有所不同）。空调强电通信环路电压的检测方法如图 18-11 所示。

❶将万用表调挡至直流 40V 挡，红色表笔接 5V 稳压器第 3 引脚（输出脚），黑色表笔接第 2 引脚（中间引脚），测量稳压器输出的电压，正常应为 5V 左右。如果电压不正常，再将红表笔接第 1 引脚（输入引脚），测量输入电压，如果输入电压正常，则判定稳压器已损坏。

❷将万用表调挡至直流 400V 挡，红色表笔接室外机强电通信环路电阻的一端，黑色表笔接电路板公共地，测量强电通信环路是否有变化的电压信号。正常应该有 0~28V 变化的电压信号。如果室外机没有通信信号，就用同样的方法测量室内机强电通信环路电压信号。

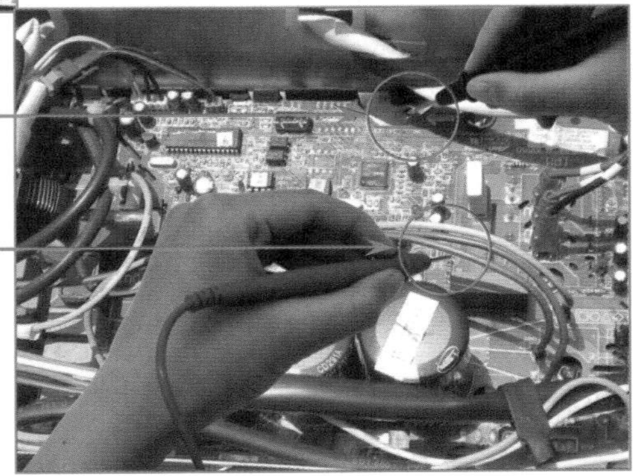

图 18-11　空调强电通信环路电压的检测方法

18.2.5　空调感温包的检测

当空调出现不制冷 / 不制热等方面故障，且需要对感温包（温度传感器）进行检测时，按如图 18–12 所示的方法进行检测。

❶检查感温包端子是否有松脱、接触不良等现象，引线是否破损，感温头是否有打火痕迹，如果有，就会导致主板连带损坏。

❷将数字万用表调到 400kΩ 量程，将两只表笔接感温头端子的两根引线，同时将感温头用手握住升温。观察阻值变化，如果阻值不变，说明感温包已损坏。

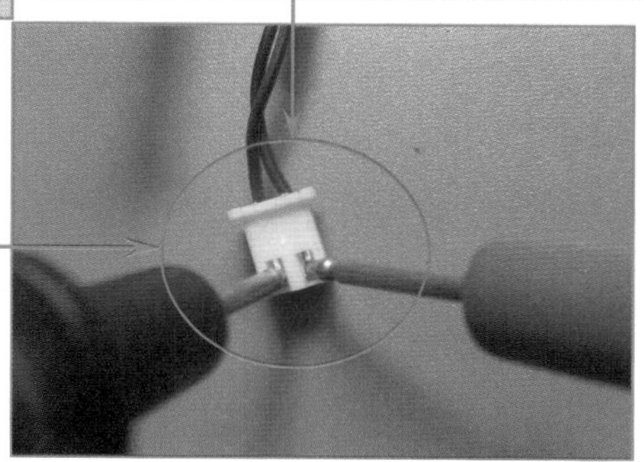

❸将各重要温度点下的阻值与正常阻值表对应（至少测量常温和热水中的阻值），看是否一致，如果不一致，则可判定感温头损坏。

图 18–12　感温包故障检测方法

18.2.6　空调四通阀控制电路的检测

当空调出现不制热等故障时，一般是由于四通阀控制电路出现了问题而导致的。四通阀控制电路中易损元件主要包括继电器、滤波电容及四通阀等。

空调四通阀控制电路的检测方法如图 18–13 所示。

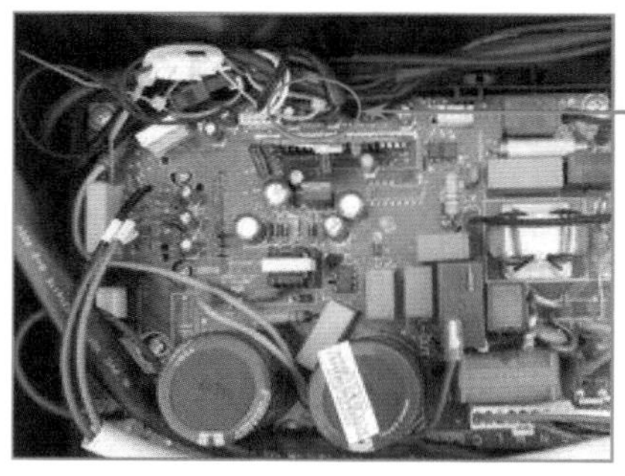

❶将数字万用表调到直流电压 40V 挡，将万用表的两只表笔分别接四通阀端子引线进行测量。正常应有12V左右电压。如电压不正常，则检查12V 稳压器及周边滤波电容器。

图 18–13　四通阀控制电路故障的检测方法

❷在空调处于制热状态时，检查四通阀控制电路中的继电器是否吸合。如果没有吸合，检查继电器电磁铁连接的 12V 供电电压是否正常。将数字万用表调至直流电压挡 40V 挡，将黑表笔接继电器线圈的一端，将红表笔接继电器线圈的另一只引脚，测量电压。正常为 12V 左右。

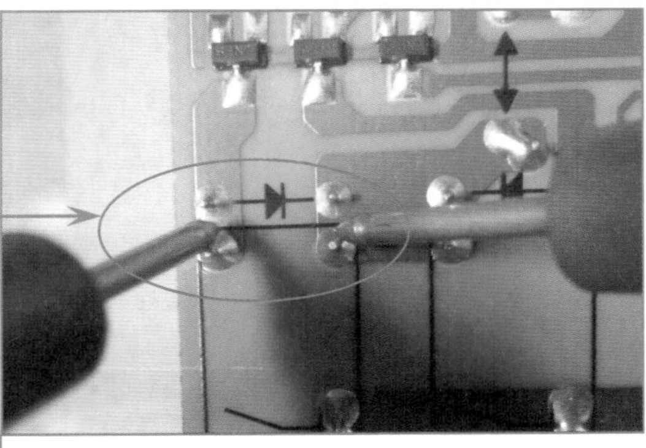

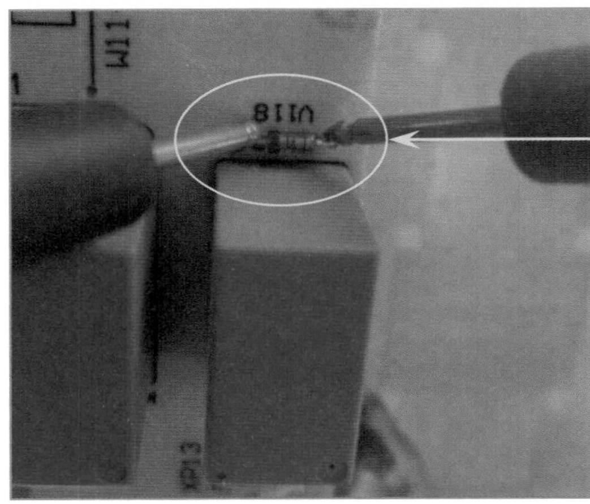

❸检测继电器供电电路中的二极管或 R、C 元件。将万用表调挡至二极管挡，将黑表笔接二极管的负极，将红表笔接二极管的正极进行测量，正常电压应为 0.7V 左右。

图 18-13　四通阀控制电路故障的检测方法（续）

18.2.7　空调室内风机的检测

当室内机风扇出现故障后，一般会发出噪声，或无法运转。这需要重点检查风扇的机械问题，以及检查接线端口、输入电压、运行电容、电机反馈信号等。

空调室内风机的检测方法如图 18-14 所示。

❶检查 PG 风扇电机接线端子是否有松脱和接触不良的现象。

图 18-14　室内风机的检测方法

❷用手晃动风扇风叶，正常时应感觉不到晃动。若风叶与电机轴之间摆动很大，则可能是风叶与电机轴固定螺钉松动；或是电机轴承磨损，有间隙。检查风叶是否卡死，电机胶圈内滑动轴承是否偏心，电机轴承转动是否顺畅。对于电机轴承磨损等问题，一般需要更换新的电机。

❸检查风扇电机壳体温度。可以通过滴水检查。如果滴水发出响声且很快蒸发，则电动机有问题，说明风机已过载运行或已出现故障。

❹将万用表调到交流 400V 挡，红表笔接风扇插座电源输入引脚，黑表笔接地线引脚，测量电机输入电压，正常在 50V 以上。

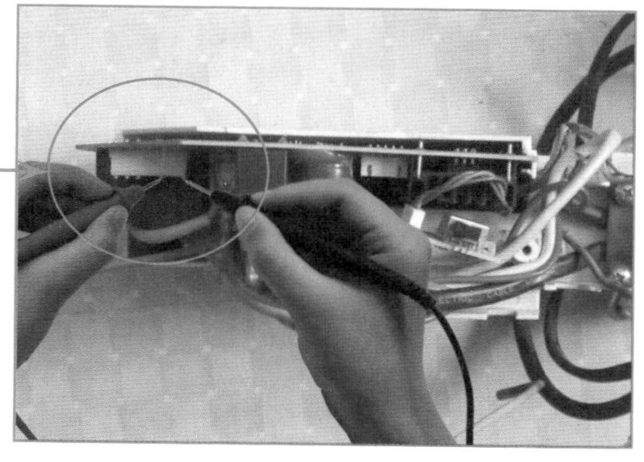

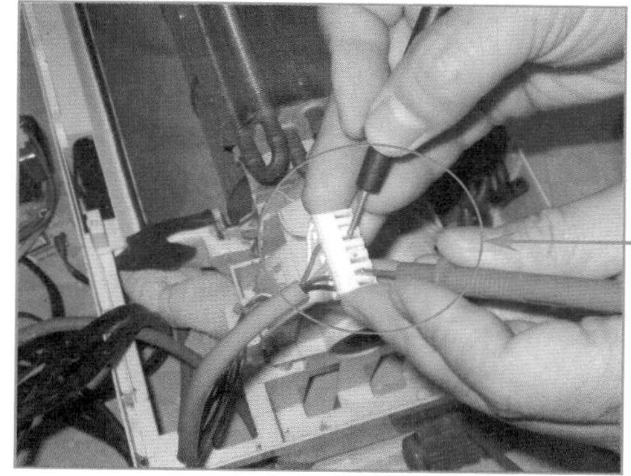

❺检查风扇电动机断线、短路和漏电故障。检修时，首先将电动机从电路板上取下，然后用指针万用表的 R×10Ω 挡，测量电动机各引线端之间的电阻，如果阻值为无穷大，则说明绕组有断路的故障；如果阻值为 0，说明绕组有短路故障。

图 18-14　室内风机的检测方法（续）

❻用指针万用表的R×10k挡测量，将红表笔接启动电容器的一端，将黑表笔接启动电容器的另一端，观察指针变化。在正常情况下，两次测量表针均应首先向右摆动（此过程为电容器的充电过程），然后又慢慢地向左回到无穷大。若测出阻值较小或为零，则说明电容器已漏电损坏或存在内部击穿；若指针从始至终未发生摆动，则说明电容器两极之间已发生断路。

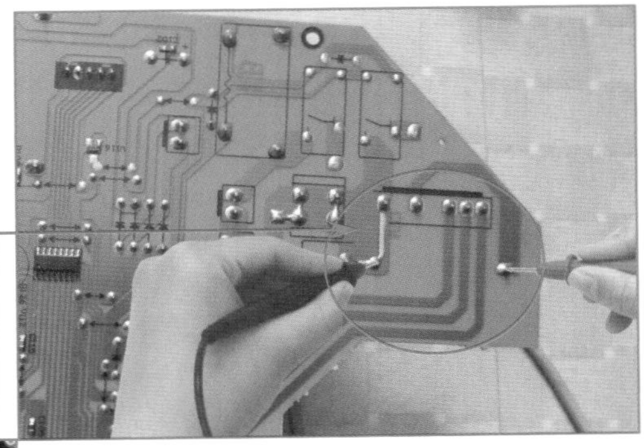

❼在测量PG电机时，可不带驱动板，接上风机电容器后可直接给电机的电源端通入交流电源进行测试，检测其是否能正常运转。

图 18-14　室内风机的检测方法（续）

18.2.8　空调室外风机的检测

当室外风机不转，而压缩机在正常运行的情况下，一般运行一会儿后即会出现防高温等保护。室外风机不转的原因主要为室外风机电容器损坏、电机本体卡死、损坏（异味、绕组开路或短路）、电机控制线路没有输出信号、继电器出现问题等。

空调室外风机的检测方法如图 18-15 所示。

❶检查室外机接线端子中的输入与反馈端接线是否有松脱、接触不良、接线顺序错误等现象。如果有，就须重新接线。

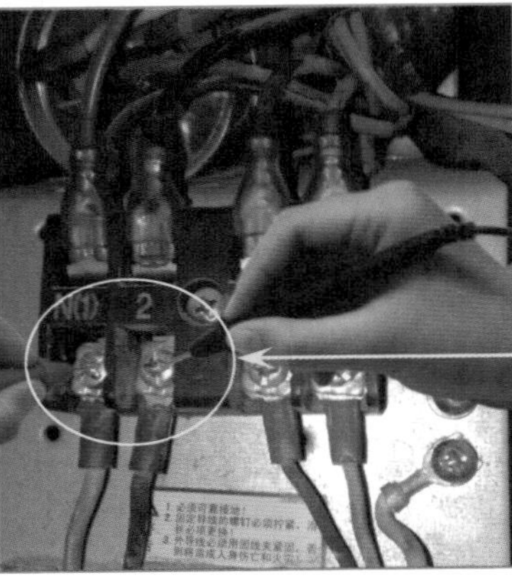

❷测量交流输入电压是否正常：将数字万用表调到交流400V挡，然后将红表笔接火线（一般为1号端子），黑表笔接零线（2号端子）测量电压。变频空调正常电压在150V~260V，且不能快速波动；定频空调正常电压为220V左右。

图 18-15　室外机风机故障的检测方法

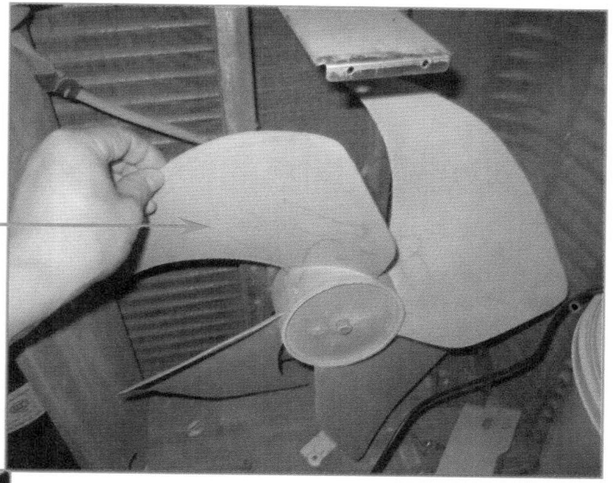

❸检查风叶是否有裂碎或裂纹以及电动机轴是否弯曲。用手晃动风扇风叶，正常时应感觉不到晃动。若风叶与电动机轴之间摆动很大，则可能是风叶与电动机轴固定螺钉松动；或是电动机轴承磨损，有间隙。

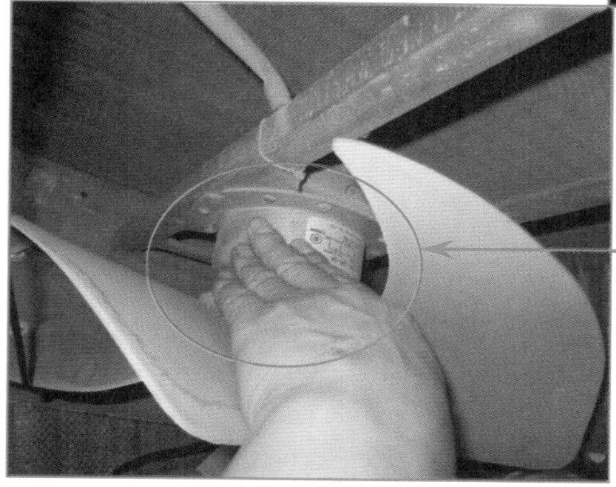

❹检查风扇电动机壳体温度：通过滴水检查，如果滴水发出响声且很快被蒸发，则判定电动机有问题，说明风机已过载运行或已出现故障。

❺断电测量启动电容器：用指针万用表的 R×10k 挡测量，将红表笔接启动电容器的一端，将黑表笔接启动电容器的另一端，观察指针变化。在正常情况下，两次测量表针均应首先向右摆动，然后又慢慢地向左回归无穷大。若测出阻值较小或为零，则说明电容器已漏电损坏或存在内部击穿；若指针从始至终未发生摆动，则说明电容器两极之间已发生断路。

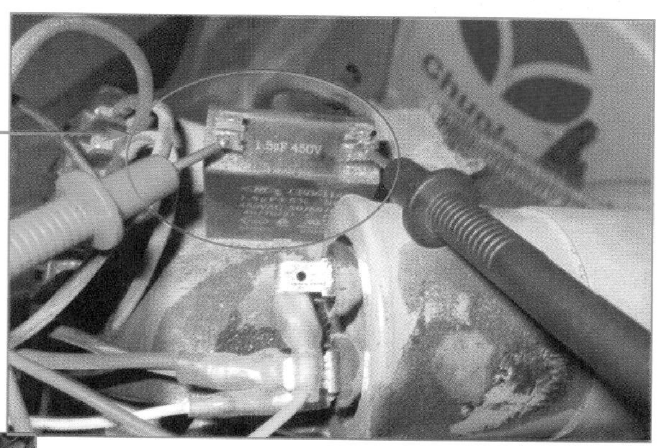

❻检测电机是否正常：拔出风机的红、棕、黑色线（倒扣电器盒为 OFAN 端子线，对应有白、黑、蓝 3 根线），然后用万用表的电阻挡测试三线两两之间的电阻，一般为几百欧姆；否则，为开路，由此可判定为风机线圈烧坏。

图 18-15　室外机风机故障的检测方法（续）

直流风机的测试方法：拔出风机接线插头，测试红、白、黄、蓝对黑（地线）的电阻，如果只有几千欧或阻值更小，可以判定风机已损坏。正常值应为几十千欧或几百千欧。

18.2.9 空调变频压缩机的检测

空调器的变频压缩机常见故障主要有压缩机吸排气性能差、压缩机轻微串气、压缩机本体泄漏、压缩机抖动、压缩机噪声大（吱吱声）、压缩机抱轴，卡缸等。

上述故障通常是由于变频压缩机性能变差、被锈蚀、内部有赃物、压缩机间隙过大、内部电机损坏、机壳焊接处有砂眼、压缩机内部气阀关闭不严等引起。

在检测压缩机好坏的时候，除了检测压缩机的温度、压力等指标外，还可以检测压缩机的电流和阻值。空调压缩机正常工作电流一般为 3A 左右，在检修时，可以使用钳形表测量压缩机的工作电流，根据压缩机的工作电流来判断压缩机的故障。

空调压缩机的故障检测方法如图 18–16 所示。

❶在确定室外机电源电压正常的情况下，首先检查变频空调室外机控制板的接线及压缩机上的接线是否有松脱、接触不良、接线顺序错误等现象。如果有，则须重新接线。

❷在确定接线正常的情况下，检查压缩机电机定子绕组（U/V/W）两两之间的阻值。正常情况下为 0.5~2Ω，且两两之间阻值应相等。检测时将数字万用表挡位调到欧姆挡的 200 挡，将红、黑表笔分别接三个端子中的两个，测量其两两间的阻值。

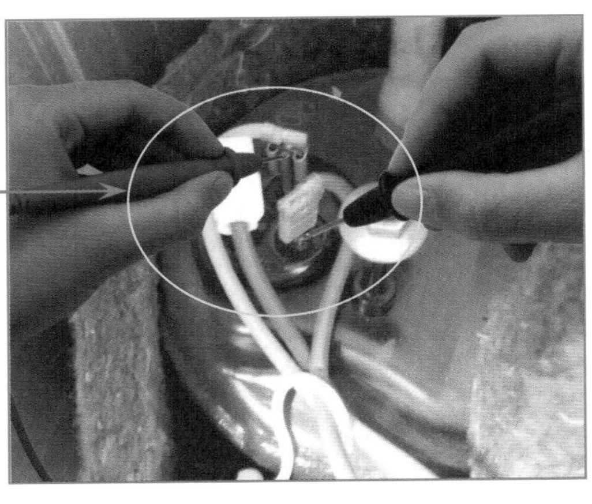

图 18–16 变频压缩机的检测方法

❸压缩机若出现卡缸、抱轴等故障，则在通电后，压缩机常常会出现过载保护器频繁动作，压缩机启动不起来的现象。严重时会导致电流迅速增大而使电动机烧毁。对于这种故障，在通电之前，应用木锤或橡胶锤轻轻敲击压缩机的外壳，并不断变换敲击的位置。在接通电源后，继续敲打，直到故障排除即可。

图 18–16　变频压缩机的检测方法（续）

洗衣机元件的检修实战

洗衣机的常见故障中，一般洗衣机的电动机、压缩机、运行电容器的故障率较高，下面通过实战案例来讲解用万用表维修这些常见故障的方法。

18.3.1　洗衣机电动机的检测

洗衣机电动机大部分采用的是两绕组单相电容式电动机，这种电动机主要由定子、转子、主(副)绕组及端盖等组成。当洗衣机电动机出现故障时，会导致电动机不转或电动机运转无力等故障。

通过数字万用表来检测洗衣机电动机的方法如图 18–17 所示。

❶旋转电动机的转轴，检查是否转动顺畅。如有卡顿，则判定为电动机损坏。

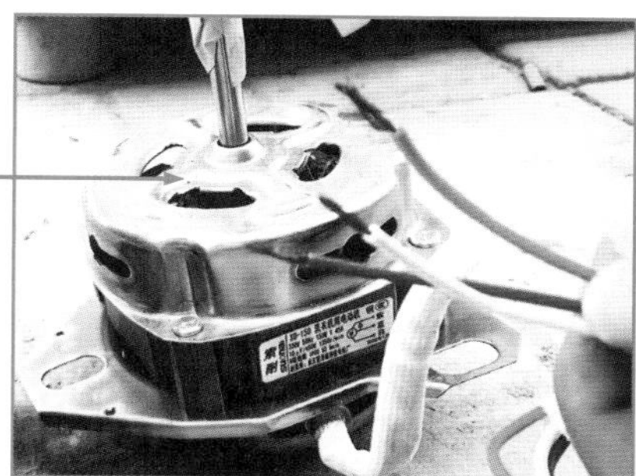

❷先将万用表调到蜂鸣挡（或欧姆 200 挡）。

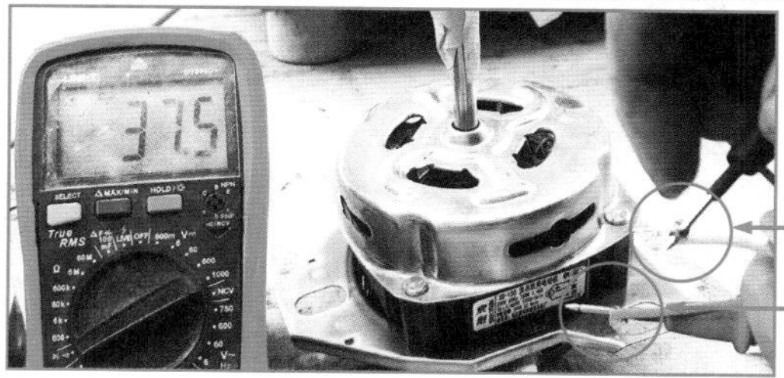

❸用两只表笔接电动机连接线中的任意两根测量（此例中黑表笔接白线，红表笔接蓝线）。测量的阻值为 37.5Ω。如果电阻值为 0 或无穷大，则说明电动机损坏。

图 18–17　洗衣机电动机的检测方法

❹万用表的黑表笔不动（接黑线），红表笔换一根线（换成紫色线）测量。测量的阻值为 37.7。如果电阻值为 0 或无穷大，则说明电动机已损坏。

❺万用表的黑表笔接紫色线，红表笔接蓝色线（或接黑线），测量剩下的两根线的阻值。测量的阻值为 75.1Ω。如果电阻值为 0 或无穷大，则说明电动机已损坏。

图 18–17　洗衣机电动机的检测方法（续）

测试结论：在上述测量的阻值中，两个较小阻值的和（37.5Ω+37.7Ω）为 75.2Ω，与其中最大阻值 75.1Ω 相近，说明洗衣机的电动机正常；如果测量的阻值中，有阻值为 0 或无穷大的情况，则说明电动机已损坏。

18.3.2　洗衣机主板的检修

洗衣机主板是洗衣机的核心部件，一旦洗衣机主板出现故障，就会导致洗衣机的整体工作停滞（既不能通电，也开不了机），有时候甚至会引起其他安全问题。

洗衣机主板好坏的检测方法如图 18–18 所示。

❶将数字万用表调到直流电压 20V 挡。

❷将拆下的主板的电源线插好，为主板供电。

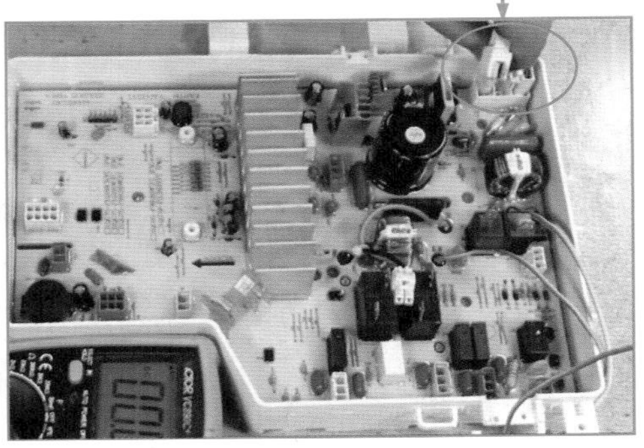

图 18–18　洗衣机主板的检测方法

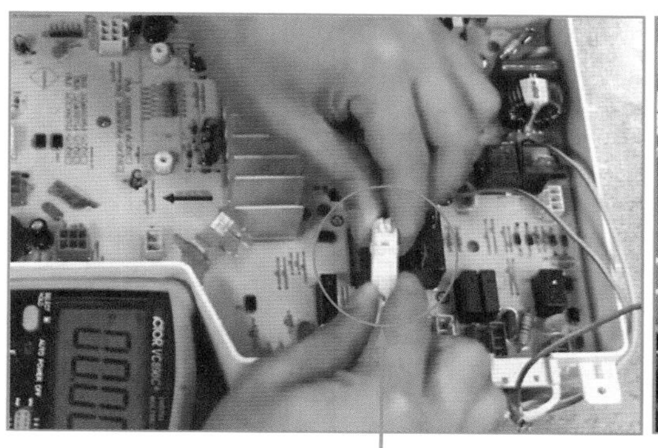

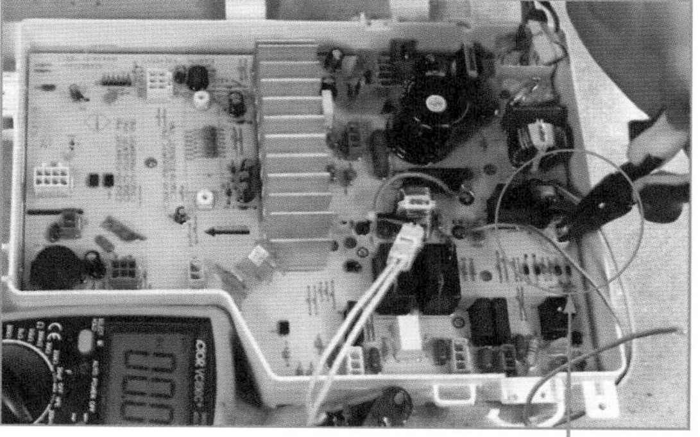

❸将滤波器的插头接好并将滤波器连接到主板。

❹用钳子短路主板开关，使主板启动。

❺将万用表的两只表笔接主板输出接口的电压。测量的电压为 4.97V，正常为 5V，说明主板工作正常。

图 18–18　洗衣机的主板的检测方法（续）

提示：如果主板输出电压不正常，重点检查主板上的滤波电容器、电感器、开关管等元器件。

18.3.3　洗衣机水位开关的检修

洗衣机水位开关用来检测洗衣机中的水位高低，它就相当于压力开关。洗衣机的水位高低检测，是根据与洗衣桶内侧相连的水压气管里的空气压力大小来判断。水位越高，水压就越大，从而导致水位开关里的电感线圈的电感量就越大，然后电感与水位开关内部电容产生的谐振频率会相应变化，主板根据谐振频率的变化来判断水位的高低，从而实现自动控制水位。如果水位开关出现故障，就会出现洗衣机不进水，或进水量不受控制，或出现报警无法开机等故障。

洗衣机水位开关故障的检测方法如图 18–19 所示。

❶洗衣机开机报警显示 E4 故障代码。根据故障代码分析为洗衣机水位开关（即水位传感器）故障引起。

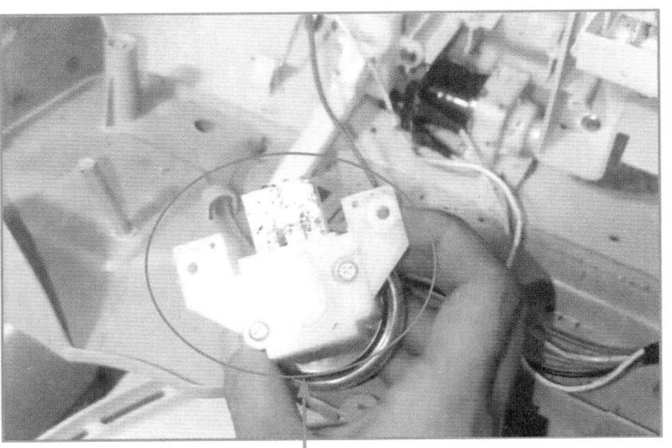

❷准备检测洗衣机水位开关，拆开洗衣机控制面板的外壳，然后拆下水位开关。

❸将数字万用表调到蜂鸣挡（或欧姆 200 挡）。

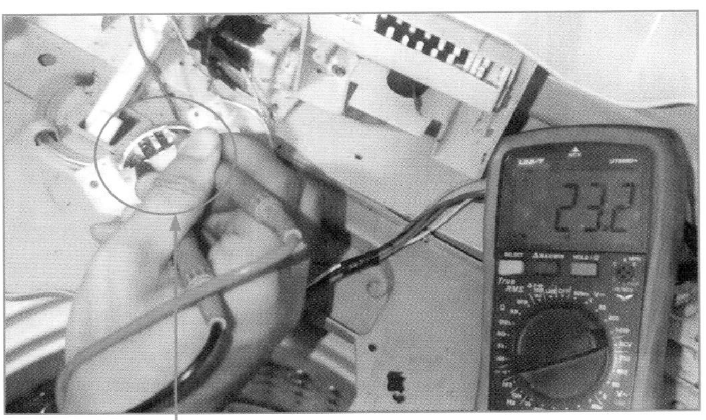

❹开始测量水位开关，将两只表笔分别接在水位开关接口两边的两只引脚进行测量。测量的阻值为 23.2，为正常阻值，说明水位开关正常。

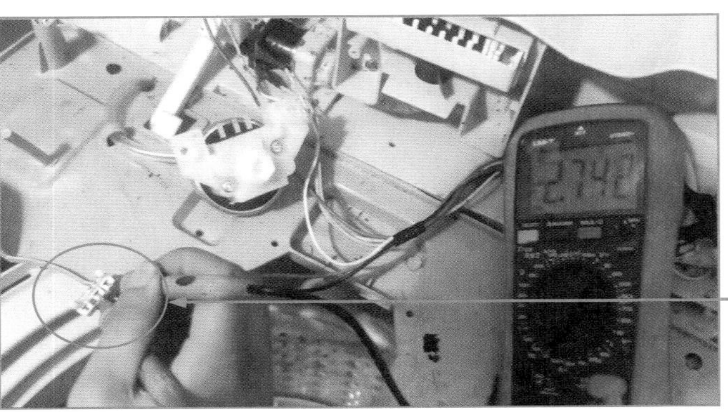

❺测量水位开关电源接口的电压。先将挡位调到直流电压 20V 挡，然后打开洗衣机电源开关，之后将两只表笔分别接接口右边的两只引脚进行测量。测量的电压为 2.742V，电压偏高，不正常，正常的为 2.4V~2.7V。由于电压信号由主板发出，所以接下来检测主板。

图 18-19　洗衣机水位开关故障的检测方法

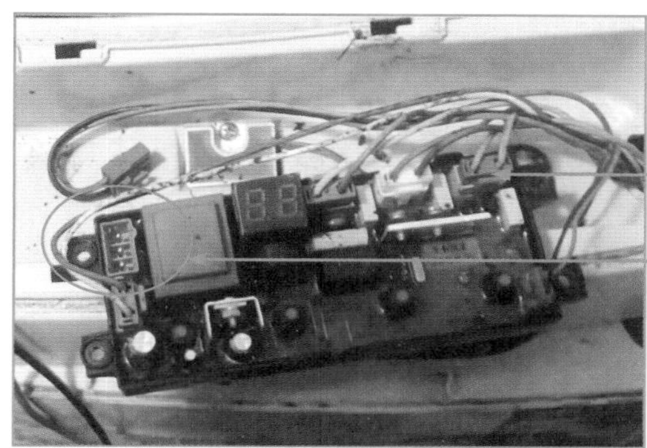

❻拆下主板，测量主板输出给水位开关的电压信号。

此接口为水位开关电压信号输出接口。

❼将两只表笔分别接接口上端的两只引脚进行测量。测量的电压为 2.647V，表明电压值正常（正常为 2.4V~2.7V）。

❽测量下面两只引脚的输出电压。将万用表两只表笔分别接接口下方的两只引脚测量。测量的电压为 2.644V，电压正常。由于主板输出的电压信号正常，而水位开关接口线电压不正常，因此说明是水位开关接口连接线有问题。

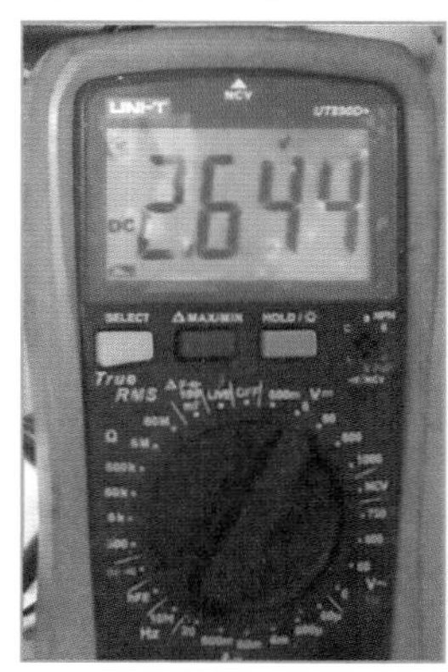

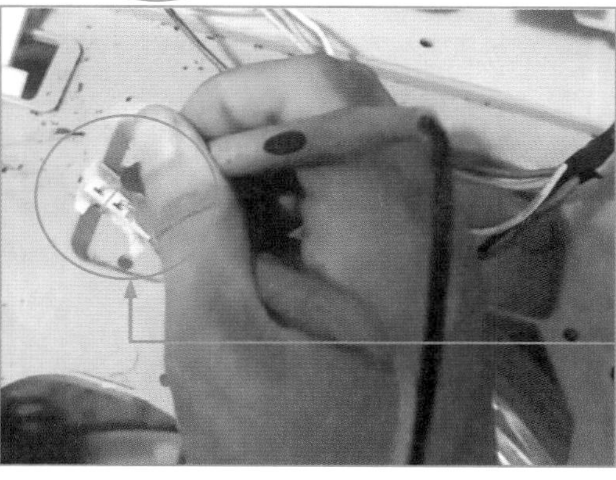

❾检查水位开关连接线，发现连接线接口进水，连接线未发现断线故障。接着用吹风机将连接线接口中的水吹干，然后接好连接线重新测量接口输入电压。将万用表两表笔分别接接口上面的两只引脚，测量值为 2.644V，电压正常。

图 18-19　洗衣机水位开关故障的检测方法（续）

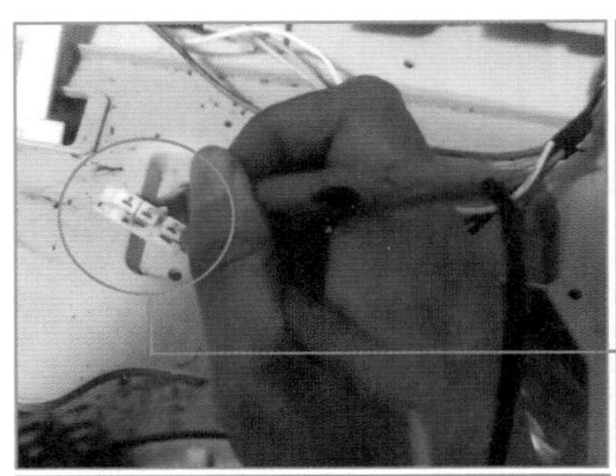

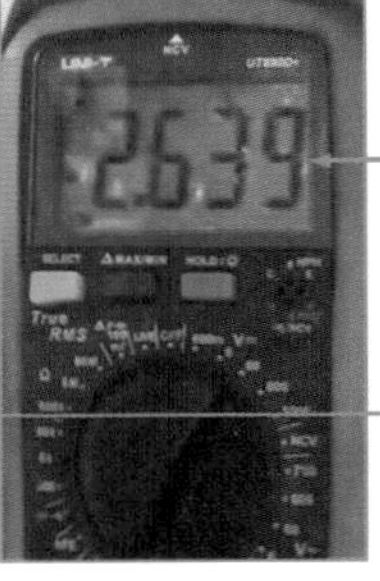

⑩将万用表两表笔分别接接口下面的两只引脚，测量值为 2.639V，电压正常。

⑪重新安装好水位开关，然后开机测试，可以正常开机，水位开关故障排除。

图 18-19 洗衣机水位开关故障的检测方法（续）

液晶电视机元件的检修实战

在液晶电视机常见故障中，电源板故障、液晶显示屏故障、背光故障是较常出现的故障。下面通过实战案例来讲解用万用表维修这些常见故障的方法。

18.4.1 液晶电视机电源板的检修

液晶电视机的故障有很大一部分都是由电源板故障引起的，在检测液晶电视机故障时，通常会首先检测其电源供电电压是否正常。

有一台液晶电视机，按下开关后无法开机但指示灯亮（指示灯亮说明 220V 交流输入电压正常）。其检修方法如图 18-20 所示。

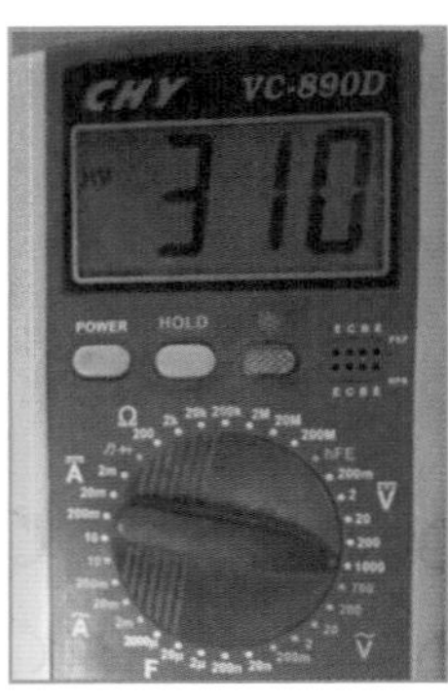

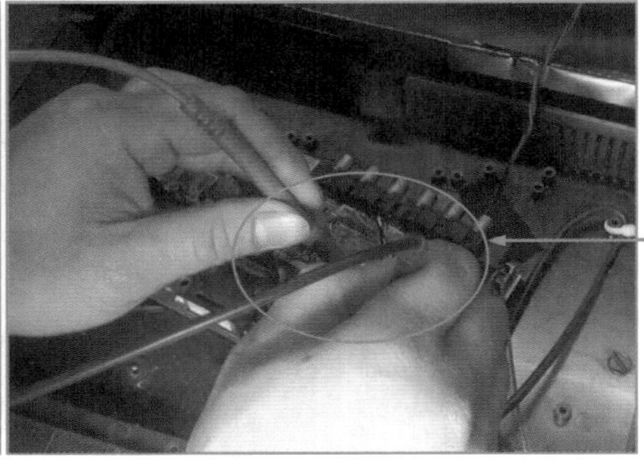

❶将万用表旋钮调到直流电压 1000V 挡，然后两只表笔接整流滤波电路中滤波电容（电路中最大的电容）的两只引脚，测量的电压为 310V，电压正常。

图 18-20 液晶电视机电源板的检修方法

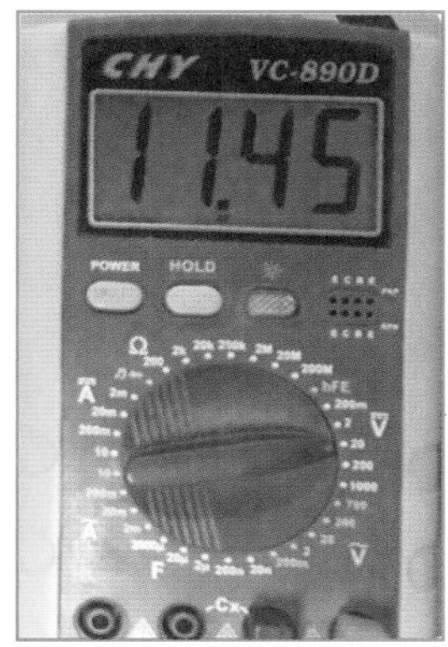

❷将万用表旋钮调到直流电压 20V 挡，然后将黑表笔接地，红表笔接 12V 电压，测得电压为 11.45V。由于输出端的滤波电容或二极管的引脚的正常电压为 12V，所以电压偏低，说明不正常。

❸由于供电电路有电压输出，说明电源电路中的开关管、开关变压器、控制芯片等工作正常，所以应重点检查 12V 供电电路中的滤波电容器、整流二极管、快恢复二极管等元器件。经检查发现一只滤波电容器鼓包。

❹将鼓包的滤波电容器拆下，然后更换同型号的滤波电容器，经测试，电压正常。

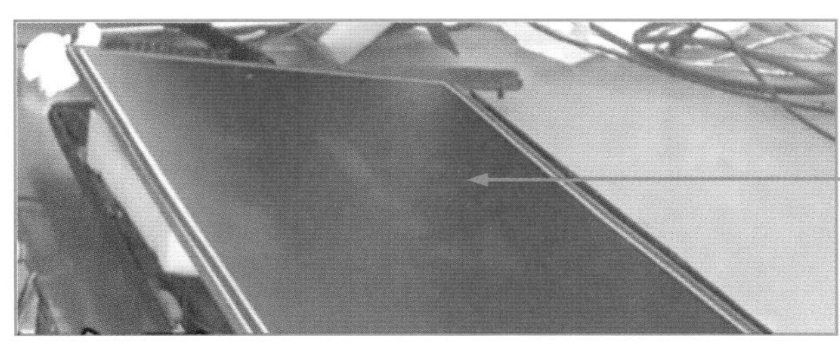

❺开机测试，液晶电视开机显示正常，故障被修复。

图 18-20　液晶电视机电源板的检修方法（续）

18.4.2 液晶电视机液晶显示屏的检修

在液晶电视机的故障中，显示屏及背光故障占比较大。供电是液晶显示屏工作的必备条件之一，该电路不正常，显示屏控制驱动电路就无法正常工作，同时驱动信号也无法被送到液晶显示屏组件中。由于供电电路中的元器件通常工作在大电流的环境中，因此发生故障的概率较高，在检测故障时，通常是对供电电路进行检测。

有一台液晶电视机有开机为黑屏的故障，对其进行检修的方法如图 18-21 所示。

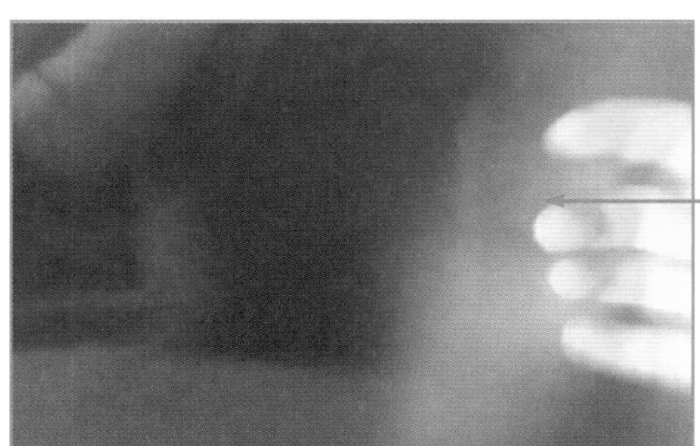

❶通电测试，开机后屏幕没有显示，接着轻轻敲击屏幕，可以看到一些白光，说明背光是正常的。怀疑故障与液晶屏的逻辑板有关。

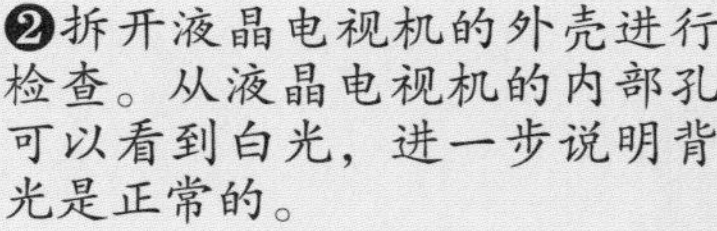

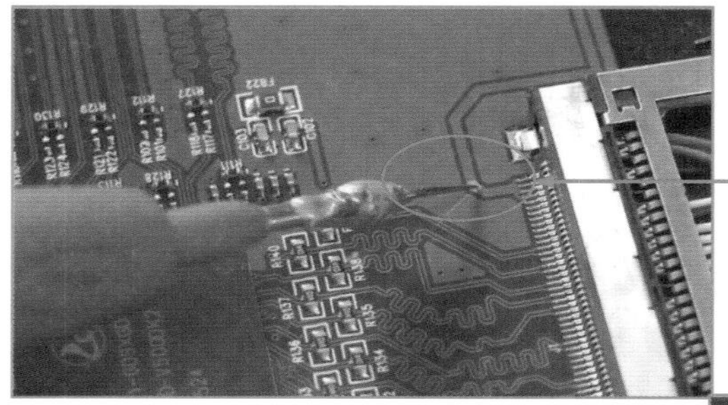

❸检测液晶面板的控制驱动电路板：先测量电路板的 12V 供电电压是否正常，方法是将万用表调到 40V 直流电压挡，红表笔接供电引脚测试点，黑表笔接地测量电压。

❹测量的电压为 7.23V，说明供电电压不正常。

图 18-21 液晶显示屏故障检修方法

❺造成液晶屏控制驱动电路板的供电电压低的原因，可能是控制驱动电路板短路或控制电路板中供电电路故障。先排除控制驱动电路板是否短路，方法是将数字万用表调到二极管挡，然后红表笔接地，黑表笔接供电引脚测试点，测量对地电阻值。

❻测量的对地电阻值为 339，说明逻辑电路板中没有短路的故障。如果电阻为 0 或小于 100Ω，则说明有短路故障。

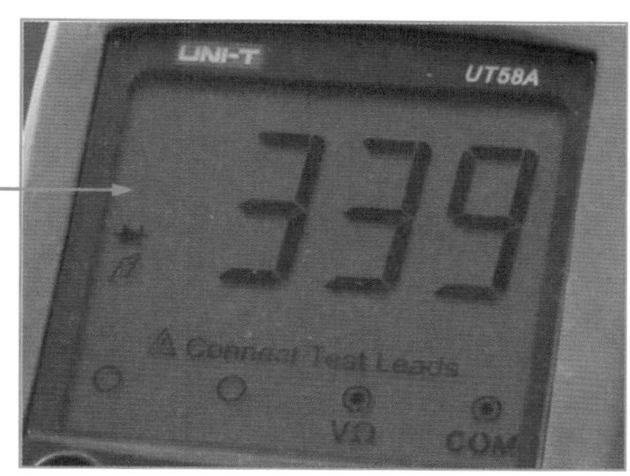

❼在控制电路板中，测量给液晶屏控制驱动电路板供电的元器件（场效应管）的输出电压，方法是用万用表红表笔接输出引脚，黑表笔接地测量。

❽测量的电压值为 7.08V，由此判定此供电电路有问题。

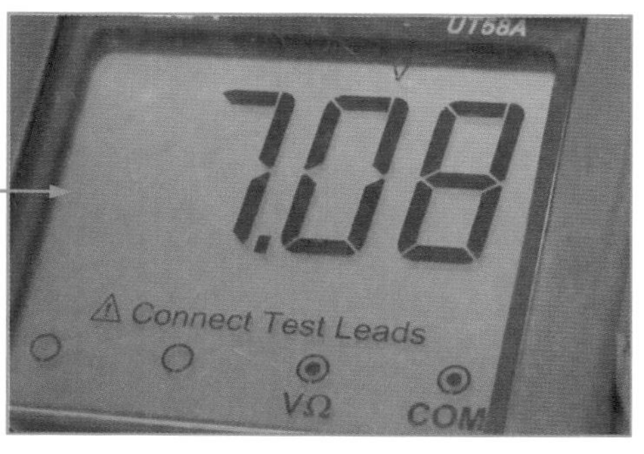

图 18-21　液晶显示屏故障检修方法（续）

❾再测量此供电场效应管输入电压。万用表红表笔接输入引脚，黑表笔接地测量。

❿测量的电压为 13.13V，说明输入电压正常；由于前面测得输出电压不正常，说明场效应管已损坏。

⓫将损坏的场效应管拆下，更换一个同型号的场效应管。

⓬通电开机测量液晶屏控制驱动电路板的供电电压。

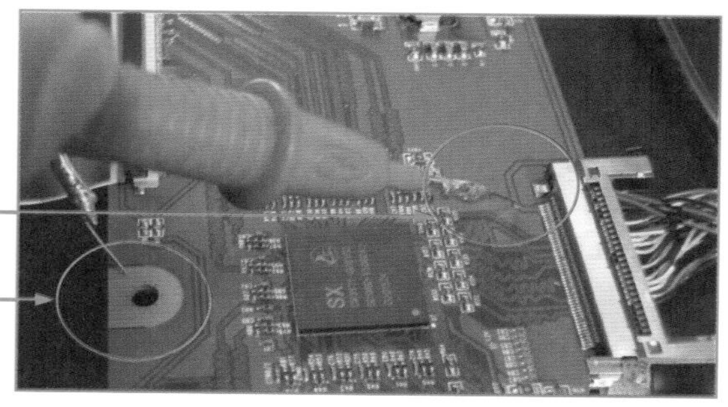

图 18-21　液晶显示屏故障检修方法（续）

⑬测得液晶屏控制驱动电路板的供电电压为 12.35V。电压正常。

⑭观察液晶面板已经有画面显示，故障被修复。

图 18-21　液晶显示屏故障检修方法（续）

18.4.3　液晶电视机背光灯电路的检修

液晶电视机背光灯电路故障也是故障率较高的一个电路，背光电路出现故障通常会导致黑屏无显示、画面显示不正常（如部分区域画面暗等），一般造成背光灯电路故障的部件为背光灯管、背光灯驱动电路等。

有一台液晶电视机开机后无图像显示，但是有电视声音，用灯照一下，可以隐隐约约看到图像画面。对其进行的检修方法如图 18-22 所示。

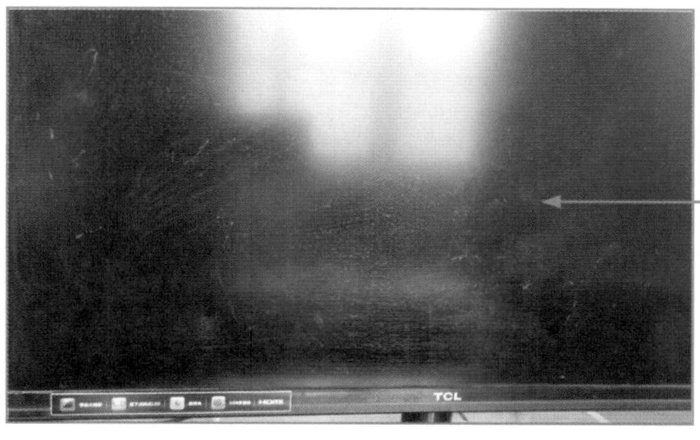

①将液晶电视机通电，接信号线开机测试。电视有声、无图像，用手机灯照射屏幕，可以看到有图像。说明电源电路板、控制电路板及液晶面板均正常，故障应该位于背光条及驱动电路。

图 18-22　液晶电视机背光灯电路的检修方法

❷拆开液晶电视机的外壳进行检查，看到背光灯条驱动板接了7组灯条，它们是并联的。由于所有背光灯都不亮，判断应该不是背光灯条的问题（因为不可能所有灯条同时损坏），应该是背光灯驱动电路问题。

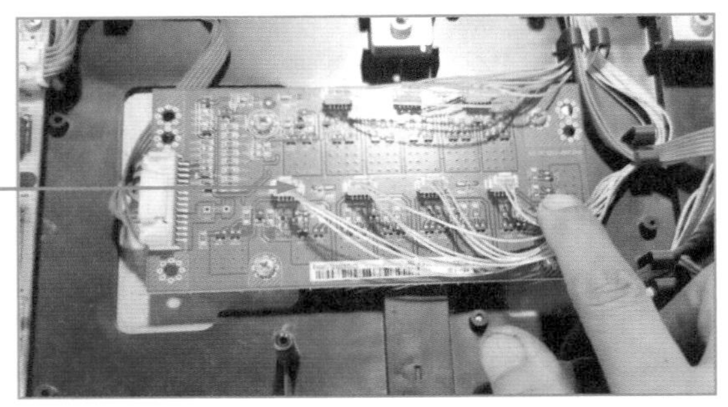

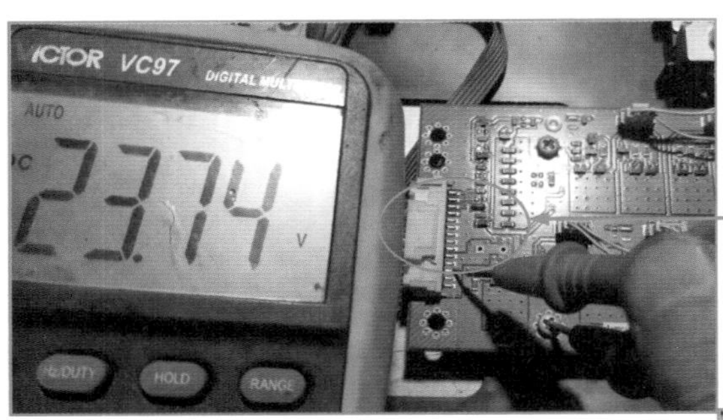

❸给液晶电视机通电，测量背光灯驱动电路板的工作电压（此电路板的工作电压为24V，一般为12V），为23.74V，说明电压正常。

❹测量驱动电路板的控制信号电压，为1.344V，说明电压信号正常。

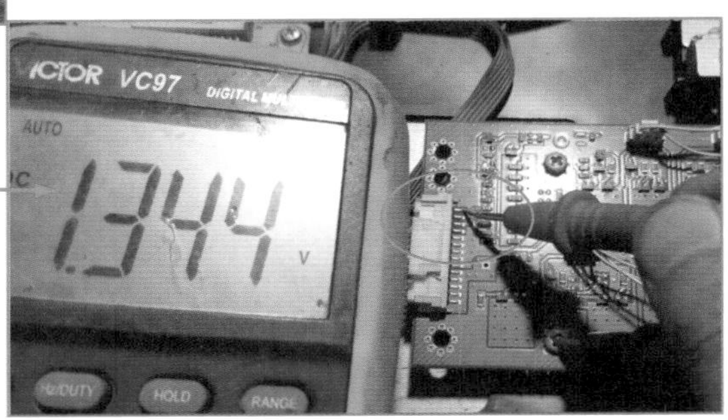

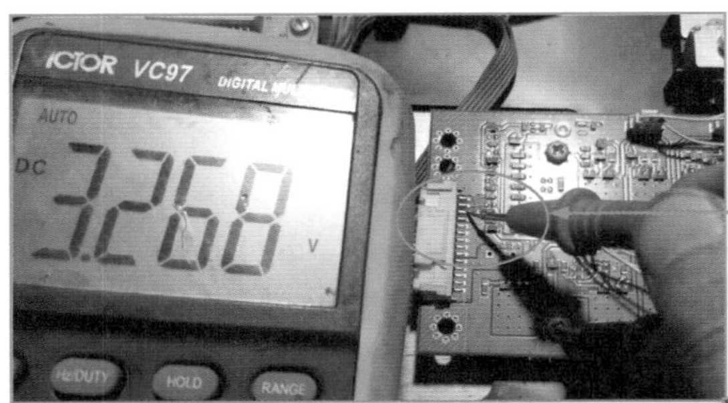

❺测量驱动电路板的开关机控制信号电压，为3.268V，说明电压信号正常。由于控制电路板输出的工作电压及控制信号均正常，所以判定故障出在驱动电路板上。

❻用万用表检查驱动电路板上电源部分元器件的好坏，经检测，发现有一个QL635的三极管损坏了。

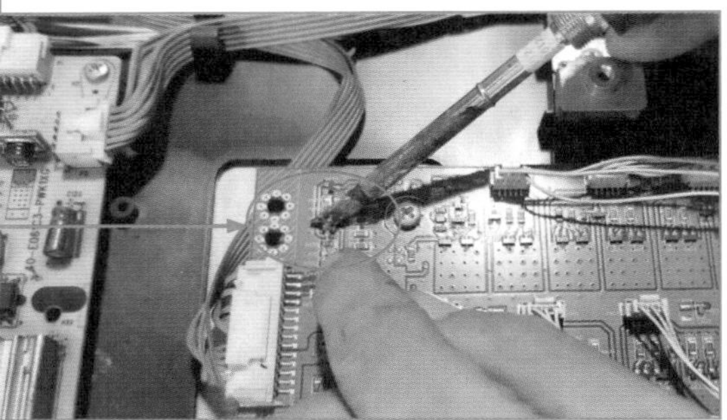

图18-22　液晶电视机背光灯电路的检修方法（续）

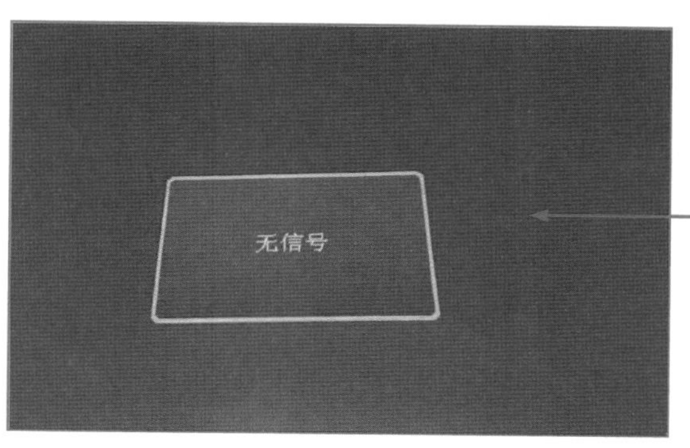

❼将损坏的元件焊下更换掉后，开机测试，液晶屏显示图像，故障被修复。

图 18-22　液晶电视机背光灯电路的检修方法（续）

看图检修各种电动机

电动机是把电能转换成机械能的一种电力拖动设备。电动机的应用很广泛，很多场合都会用到电动机，比如电动汽车、车床、家电、玩具等。本章将重点讲解用万用表检测各种电动机的实践方法。

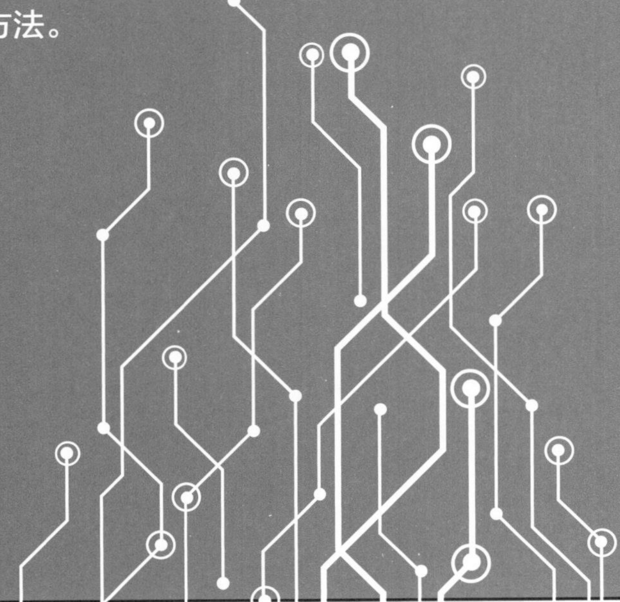

19.1 三相交流异步电动机的检修实战

交流异步电动机是指电动机的转动速度与旋转磁场的转速不同步，其转速始终低于同步转速的一种电动机。

三相交流异步电动机是指同时接入 380V 三相交流电流（相位差 120°）供电的一类电动机。由于三相异步电动机的转子与定子旋转磁场以相同的方向、不同的转速进行旋转，存在转差率，所以叫三相异步电动机。

电动机的绕组是电动机的重要部件，其损坏的概率比较高，在对电动机绕组进行检测时，可以使用万用表对其绕组进行测量，若电动机绕组的电阻值接近，其不平衡度不超过 4%，则电动机绕组正常；若其中一组电阻值为无穷大或为 0，则可能有局部断路、短路或匝数不对称的现象。

三相交流电动机的检测方法如图 19-1 所示。

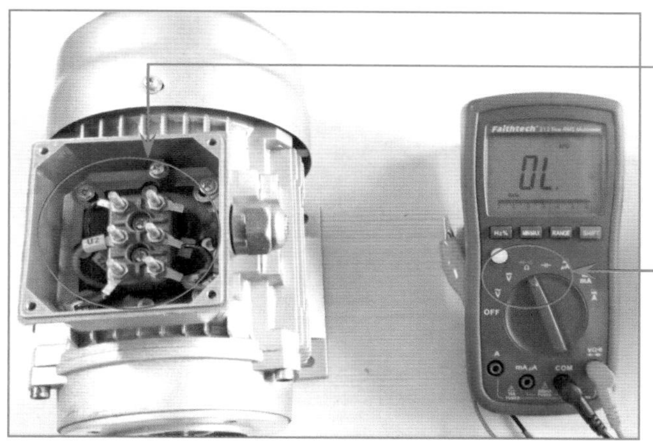

图 19-1　三相交流电动机的检测方法

❸将万用表的红、黑表笔分别接V1和V2接口测量其阻值，为22Ω。

❹将万用表的红、黑表笔分别接W1和W2接口测量其阻值，为22Ω。

图 19-1　三相交流电动机的检测方法（续）

测量结论：由于三次测量的阻值相差为 0，没有超过 4%，因此三组绕组正常，没有出现断路或短路的情况。

单相交流异步电动机的检修实战

单相异步电动机是指采用单相交流电源（220V）供电的异步电动机。这种电动机通常在定子上有两相绕组，转子是普通鼠笼型的。单相异步电动机由定子、转子、机座、前端盖、后端盖及电容器等构成。

一般单相交流电动机有 4 根线（一根是地线），通过用万用表分别检测单相交流电动机绕组的阻值，就可以大致判断电动机内部绕组有无短路或断路。

单相交流异步电动机的检测方法如图 19-2 所示。

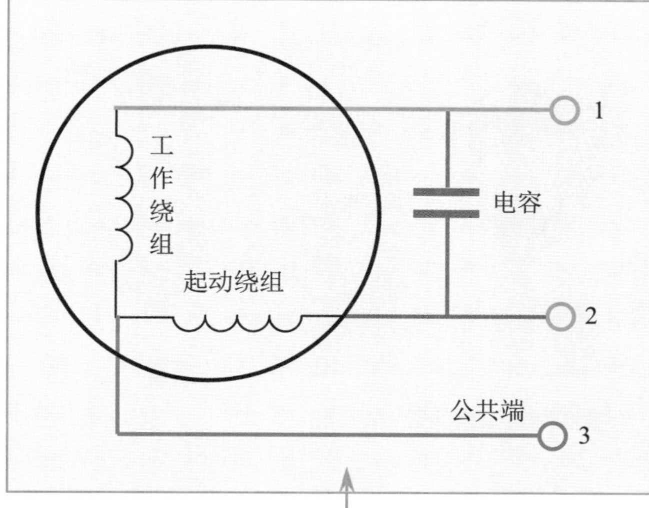

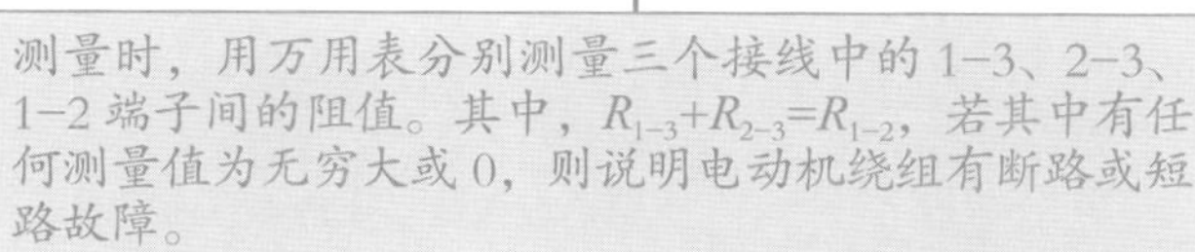
测量时，用万用表分别测量三个接线中的 1–3、2–3、1–2 端子间的阻值。其中，$R_{1-3}+R_{2-3}=R_{1-2}$，若其中有任何测量值为无穷大或 0，则说明电动机绕组有断路或短路故障。

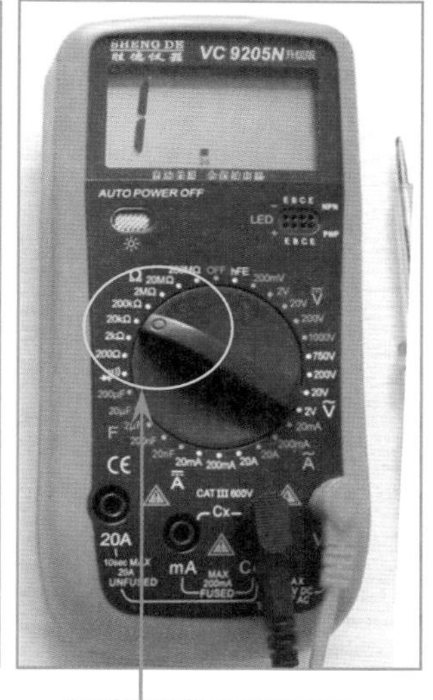

❶将数字万用表的挡位调到欧姆挡的 20k 挡位。

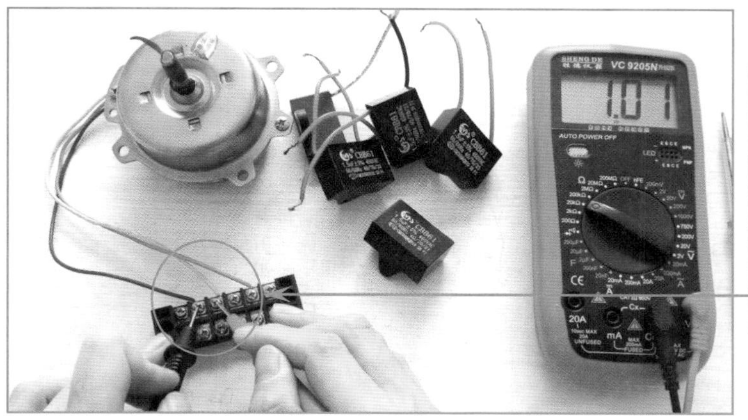

❷将万用表的两只表笔分别接在任意两根线上，测得其阻值（图中接的蓝线和黄线）为 1.01kΩ。

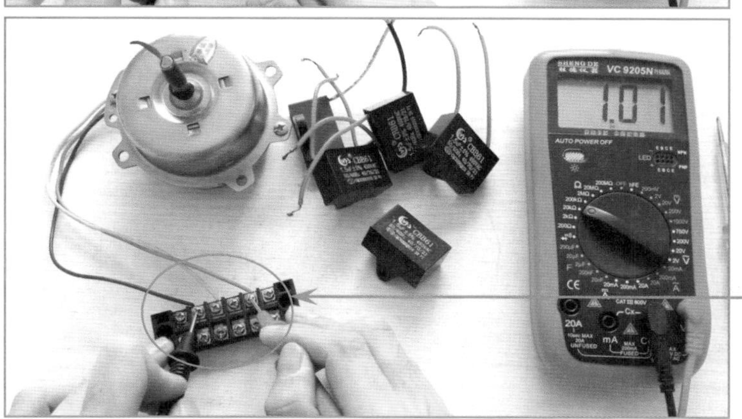

❸将万用表的两只表笔换到其他两根线上，测得其阻值（图中接的蓝线和红线）为 1.01kΩ

图 19–2　单相交流电动机的检测方法

图 19-2　单相交流电动机的检测方法（续）

测量结论：由于测量的阻值中没有无穷大或 0，且其中两次测量的阻值之和约等于第 3 次测量的阻值，因此判断此单相交流异步电动机正常。

19.3 直流电动机的检修实战

直流电动机是指将直流电能转换为机械能的电动机。电动机定子提供磁场，直流电源向转子的绕组提供电流，换向器使转子电流与磁场产生的转矩保持方向不变。根据是否配置有常用的电刷—换向器，可以将直流电动机分为有刷直流电动机和无刷直流电动机两类。

普通直流电动机是通过电源和换向器为绕组供电，这种电动机有两根引线。检测直流电动机绕组阻值时，直接用电阻挡测量两根线间的阻值即可，检测方法如图 19-3 所示。

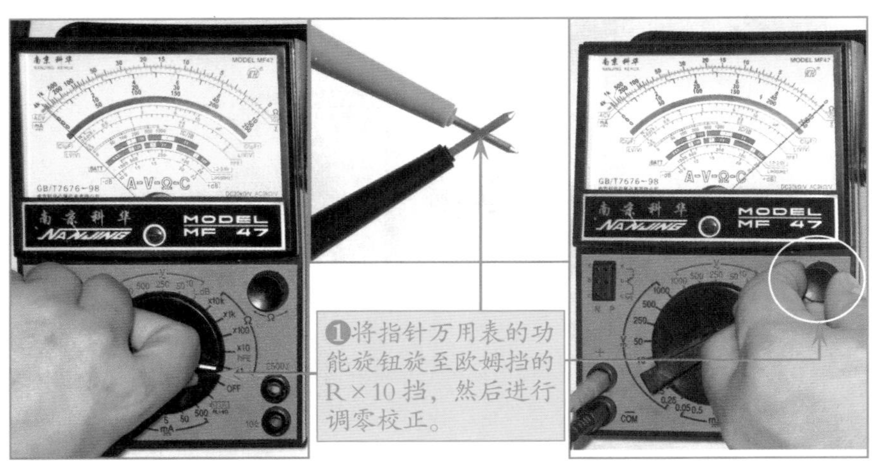

图 19-3　直流电动机的检测方法

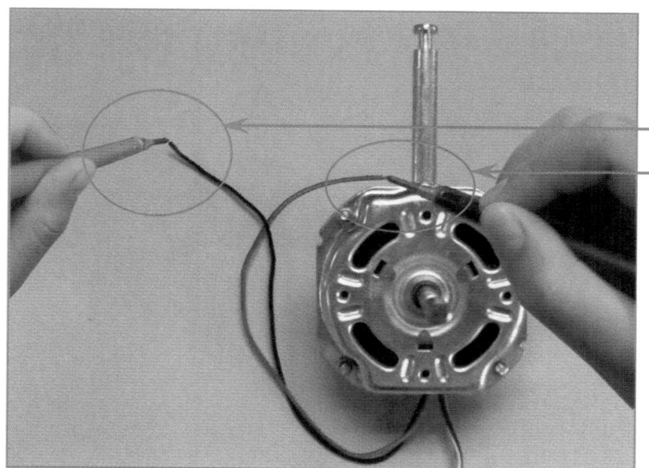

❷将万用表的两只表笔分别接直流电动机的两只引线测量。

❸测量的值为172Ω，说明直流电动机绕组正常。

图 19-3　直流电动机的检测方法（续）

测量结论：由于测量的阻值为 172Ω，阻值正常，因此此直流电动机正常。

提示：如果测量的阻值为无穷大，说明直流电动机绝缘性不良；如果测量的阻值为 0，则说明直流电动机内部导电不通，可能与外壳相连了。

电动机绕组绝缘电阻的检修实战

电动机绝缘电阻的检测主要用来判断电动机是否存在漏电、绕组间短路等现象。检测电动机绝缘电阻主要检测电动机绕组与外壳，绕组与绕组间的绝缘性。

使用数字万用表检测电动机绕组绝缘电阻的方法如图 19-4 所示。

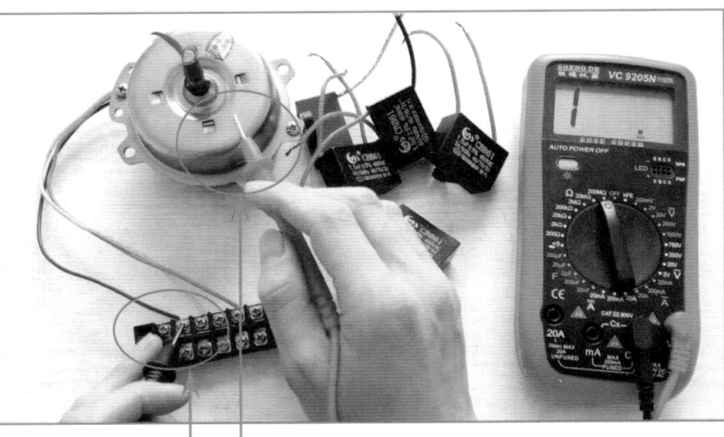

❶将万用表的挡位调到欧姆挡的20M挡位。

❷将万用表的一只表笔接其中一根引线接口（图中接蓝色线），另一只表笔接电动机外壳进行测量。测量的阻值为1（表示无穷大），说明绝缘电阻正常。

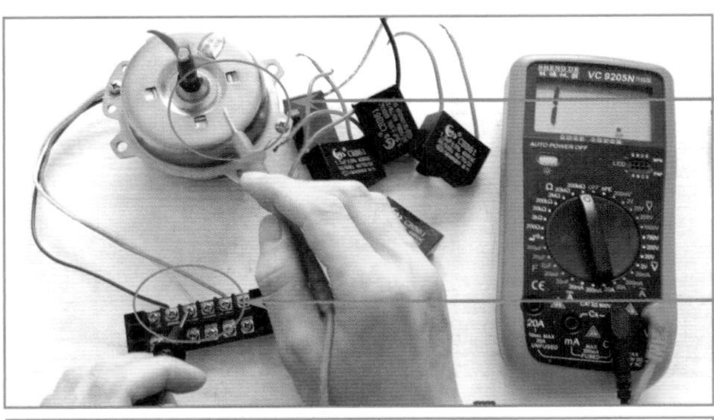

❸将万用表的一只表笔接另一根引线接口（图中接黄色线），另一只表笔接电动机外壳进行测量。测量的阻值为1，说明绝缘电阻正常。

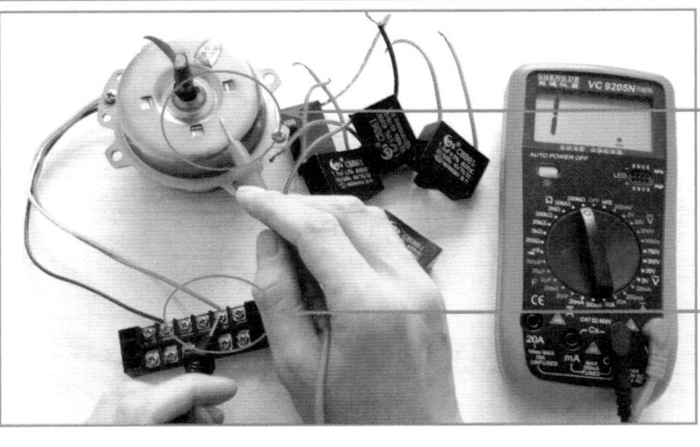

❹将万用表的一只表笔接另一根引线接口（图中接红色线），另一只表笔接电动机外壳进行测量。测量的阻值为1，说明绝缘电阻正常。

图 19-4　用数字万用表检测电动机绝缘电阻

看图检修电路板

电路板是设备的核心，它负责控制整个设备电路的工作及监控电路的工作状态。电路板要正常工作，必须要有工作电源、复位动作以及统一的时钟节拍。这也是电路板工作的三大条件：供电电压、复位信号、时钟信号。因此在检修电路板时，通常会重点检测这些信号。本章将重点讲解计算机主板和手机主板的检修方法。

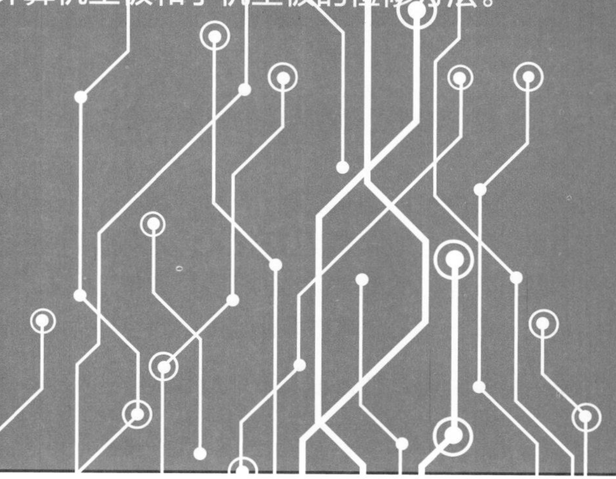

20.1 计算机主板的检修实战

在计算机主板的故障中，有很大一部分属于电源供电故障，可用对地电阻法或测量电压法来判断。下面通过实战案例来讲解用万用表检测主板供电故障的方法。

20.1.1 使用对地阻值法检测主板供电电路

测量对地阻值法是指通过测量电路输出端的对地电阻值来判断电路的负载是否正常的方法。例如，当测量电源输出端的对地电阻值时，如果负载电阻发生较大的变化，那么电源输出端的对地电阻必然会有较大的变化，这就很容易判定故障的所在。

对地阻值的测量方法如图 20-1 所示。

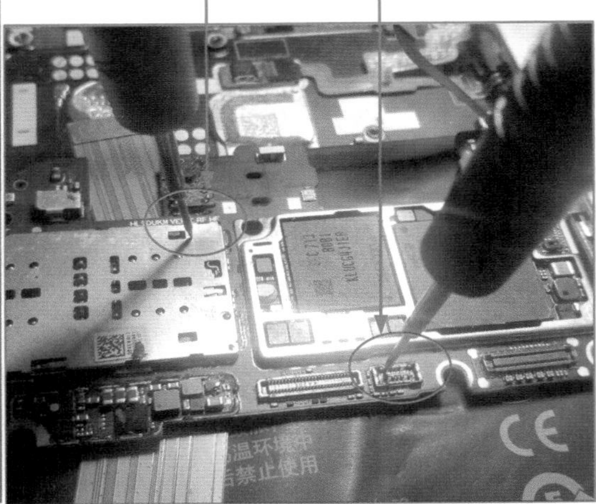

图 20-1　对地阻值的测量方法

在实际测量中，如果测量的对地阻值较小（为 0 或只有几十欧），通常说明所测线路有短路的情况。如果测量的对地阻值为无穷大，则说明可能有断路情况，需要进一步检查所测电路。如果想通过对地阻值准确判断是否有问题，可以对所测对地阻值和正常电路的对地阻值进行比较，从所测对地阻值的变化中就可判断出故障所在。

接下来，我们利用测量对地阻值的方法来检修计算机主板 CPU 不上电的故障，其检修方法如图 20-2 所示。

❶将万用表调到二极管挡，准备测量。

❷将万用表的红表笔接CPU供电插座的接地引脚，黑表笔接 CPU 供电电路中 MOS 管的基极，测量的对地阻值为 412Ω，正常值范围 300~800。

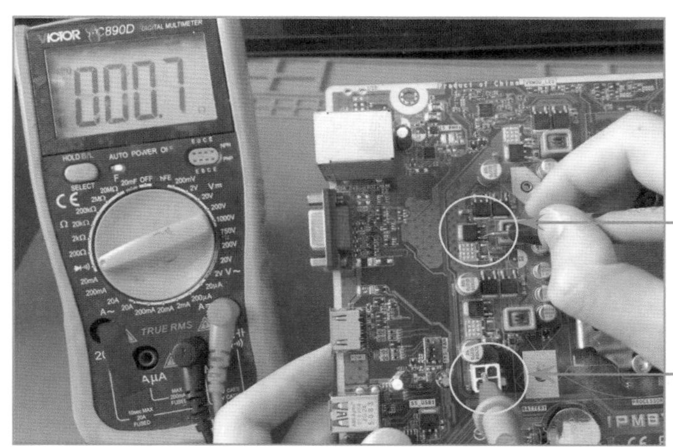

❸测量第二组 MOS 管，万用表红表笔接 CPU 供电插座的接地引脚，黑表笔接供电电路中第二个 MOS 管的基极，测量的对地阻值为 7Ω，较低，说明此处有短路故障。通常是由 MOS 管内部短路损坏所致。

❹测量第三组 MOS 管，万用表的红表笔接 CPU 供电插座的接地引脚，黑表笔接供电电路中第三个 MOS 管的基极，测量的对地阻值为 501Ω，测量值正常。

图 20-2　主板 CPU 不上电故障检修方法

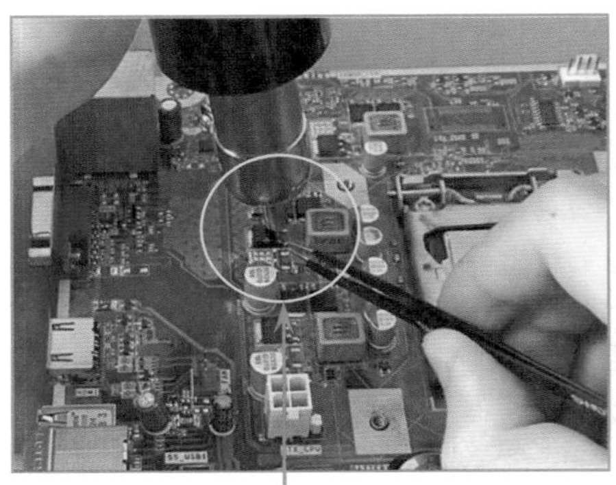

❺将对地阻值不正常的 MOS 管用热风枪拆下，更换同型号 MOS 管。

❻用万用表测量更换后的 MOS 管的基极对地阻值，测量值为 484Ω，正常，说明短路故障已被排除。

❼插上测试卡通电测试，CPU 上电正常，测试卡跑码正常，故障被修复。

图 20-2　主板 CPU 不上电故障检修方法（续）

20.1.2　使用测量电压法检修主板不开机的故障

测量电压法是电路维修中采用的一种最基本的方法。维修人员应注意积累一些在不同状态下的关键电压数据，这些状态包括通话状态、单接收状态、单发射状态、待机状态。如图 20-3 所示。

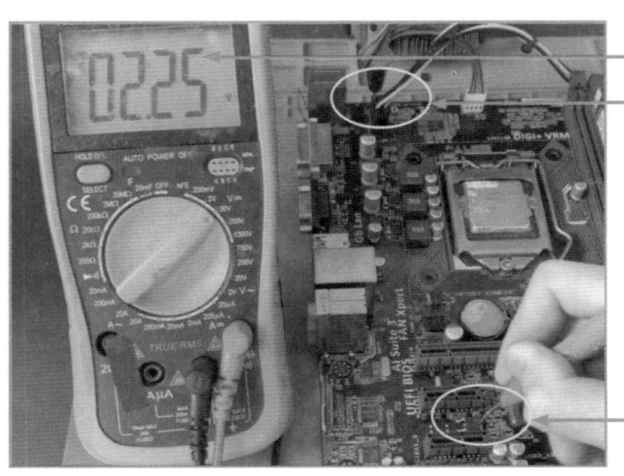

测量主板电压时，将万用表挡位调到直流电压 20V 挡，黑表笔接地，红表笔接被测元器件。

主板关键点的电压数据有：CPU 电源管理芯片的输出电压（一般为 0.8V~1.2V）、内存电源管理芯片的输出电压（一般为 1.1V 和 2.2V，或 1.2V 和 2.4V）、芯片组供电电压（一般为 0.9V~1.8V）、复位信号电压（一般为 3.3V）、时钟信号电压（一般为 0.3V~0.5V）。

图 20-3　主板电压的测量方法

下面我们用一个实例来讲解如何利用测量电压法对计算机主板不开机的故障进行检修。其检修方法如图 20-4 所示。

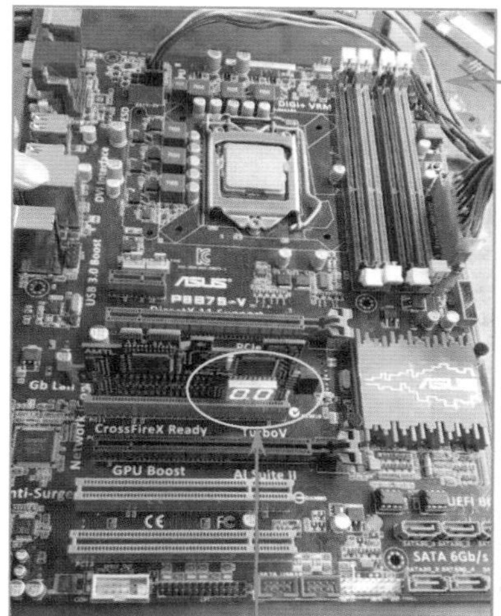

主板不开机故障的原因：复位信号不正常，时钟信号不正常，CPU 供电电压、内存供电电压、芯片组供电电压、显卡插槽供电电压不正常等。

❶插上测试卡通电测试，测试卡显示 00，说明主板通电不开机。

❷将万用表调到直流电压 20V 挡，黑表笔接地，红表笔接 PCI-E 插槽复位信号引脚，测量的电压为 3.39V，说明复位信号正常。

❸测量时钟信号。将万用表黑表笔接地，红表笔接 PCI-E 插槽时钟信号引脚，测量的电压为 0.375V，说明时钟信号正常。

❹测量内存供电电压。将万用表黑表笔接地，红表笔接内存供电电路 MOS 管引脚，测量的电压为 1.511V，说明内存供电电压正常。

图 20-4　计算机主板不开机的故障检修方法

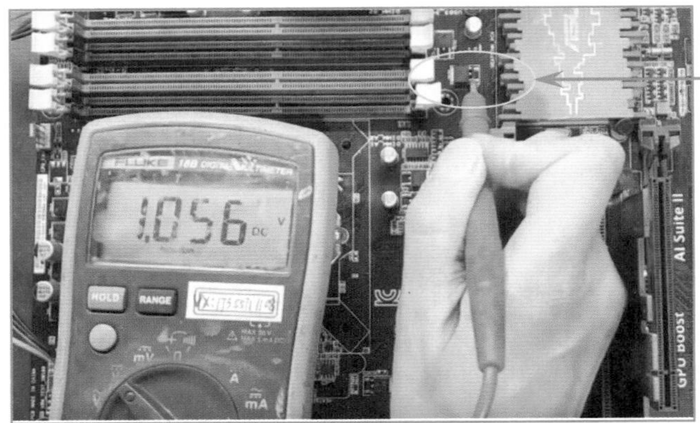

❺测量芯片组供电电压。将万用表黑表笔接地，红表笔接芯片组供电电路MOS管的引脚，测量的电压为1.056V，说明芯片组供电电压正常。

❻测量CPU供电电压。将万用表黑表笔接地，红表笔接CPU供电电路MOS管的引脚，测量的电压为1.098V，CPU供电电压正常。

❼测量PCI–E插槽供电电压。将万用表黑表笔接地，红表笔接PCI–E插槽供电电路MOS管的引脚，测量的电压为0.46V，说明此供电电压不正常（经查图纸，此电压正常为1.8V）。

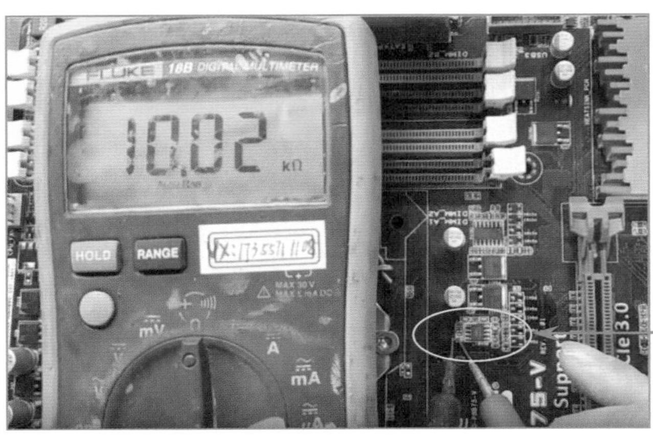

❽测量PCI–E插槽供电电路中的元器件。将万用表调到欧姆挡20k挡，两只表笔接此供电电路中的取样电阻，测量的阻值为10.02kΩ，电阻阻值正常。

图20–4　计算机主板不开机的故障检修方法（续）

❾怀疑此供电电路中运算放大器芯片有问题。用热风枪将运算放大器拆下，更换一个新的运算放大器。

❿将万用表挡位调到直流电压20V挡，再次测量PCI-E插槽供电电压，测量的电压为1.809V，电压正常。之后开机测试，主板可以正常开机，故障被排除。

图 20-4　计算机主板不开机的故障检修方法（续）

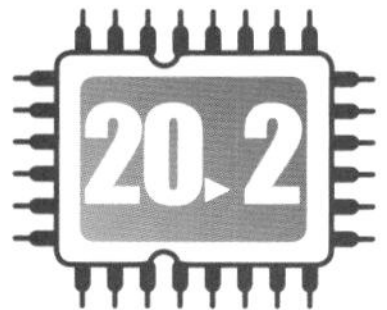

20.2 手机电路板的检修实战

手机的常见故障有很多种，如无法充电、听筒无声等，这些故障的根源主要在于电路板。下面通过实战案例来讲解用万用表检修手机电路板故障的方法。

20.2.1　手机无法充电故障检修

手机充电类故障一般由软件故障、尾插接口不正常（连接 USB 等的排线）、电池排线接口故障、充电管理芯片故障等引起。

下面我们用一个实例来讲解手机无法充电故障的检修方法。

有一台小米手机的故障为可以正常开机，但手机无法充电；其故障维修方法如图 20-5 所示。

❶将故障手机连接充电器进行充电测试，发现插入充电线之后，手机上没有充电图标，手机无法充电。

❷怀疑是手机电路板中充电元器件损坏导致的故障。将手机拆开，然后拆下电路板准备进行测试。

❸将万用表挡位调到直流电压20V挡，然后测量USB接口输入的5V电压是否正常。用万用表红表笔接电路中的电容器，黑表笔接地，测量的电压值为5.23V，电压正常。

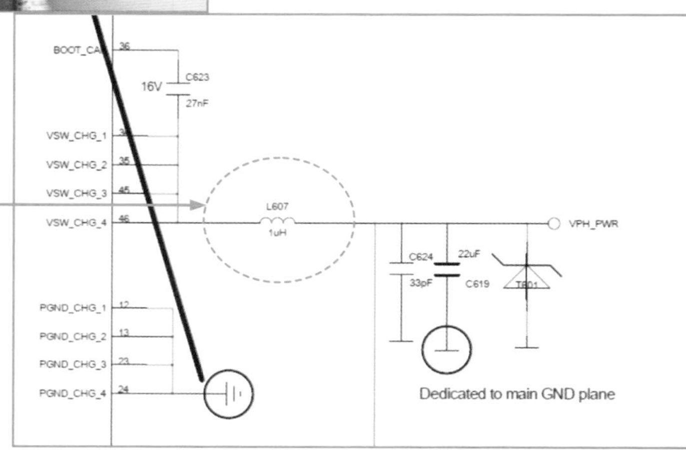

❹对照电路图，查到充电电压输出端连接的是电感器L607。

图 20-5　手机无法充电故障的检修方法

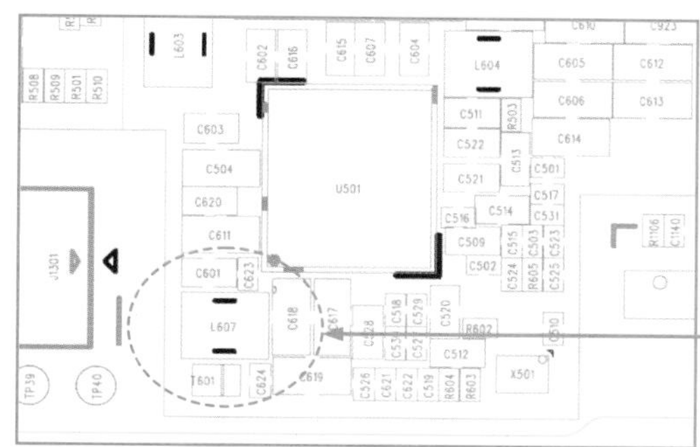

❺再对照点位图，查到 L607 的位置。

❻用万用表测量充电芯片输出电压。测量线路中的电感 L607 端的电压，测量值为 1.2V，电压较低，正常应为 3.7V。

❼在路测量电感器的阻值，阻值较大。怀疑电感器 L607 损坏，将电感器 L607 拆下。

❽拆下电感器后再次测量，阻值为无穷大，说明已经损坏。

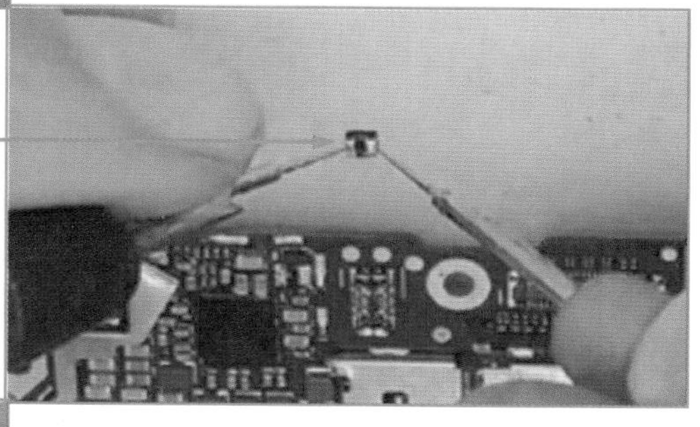

❾更换一个同型号的电感器。

图 20-5　手机无法充电故障的检修方法（续）

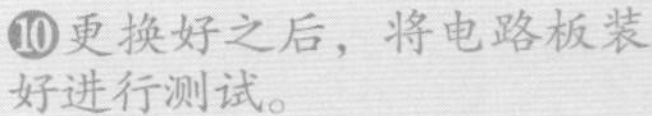

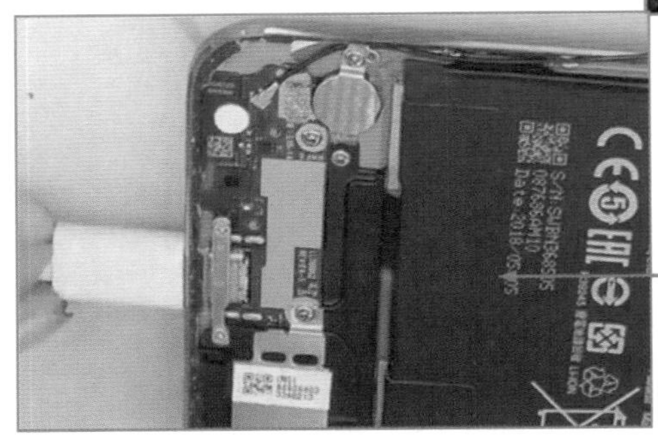

⑪插入充电线并开机测试，可以正常充电，故障被排除。

图 20-5　手机无法充电故障的检修方法（续）

20.2.2　手机听筒无声故障的检修

手机听筒电路故障多发生于听筒损坏或接触不良。另外，软件故障也可能造成手机无受话故障。若受话噪声大，则大多为听筒接触不良或受话电路虚焊或被损坏。

下面我们用一个实例来讲解手机听筒无声故障的检修方法。

有一台华为手机，可以正常开机但打电话时听筒无声音，初步判断为电路板元器件损坏或接触不良，其故障维修方法如图 20-6 所示。

①拆下手机主板，重点检查听筒，未发现明显损坏。

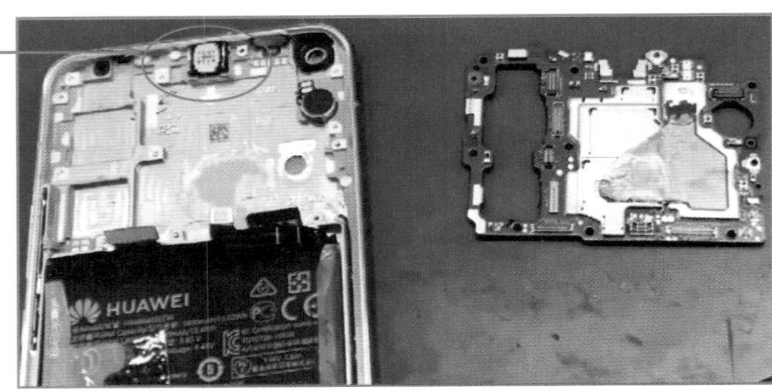

图 20-6　手机听筒无声故障的检修方法

❷将数字万用表调到欧姆挡 200 量程，将两只表笔分别接听筒两端的引脚，测量其阻值为 43Ω，说明听筒正常。

❸测量主板中连接听筒的引脚的对地阻值。将数字万用表调到蜂鸣挡，将红表笔接主板的地，黑表笔接主板连接听筒的引脚，测量其阻值为 567Ω，说明此引脚线路正常。

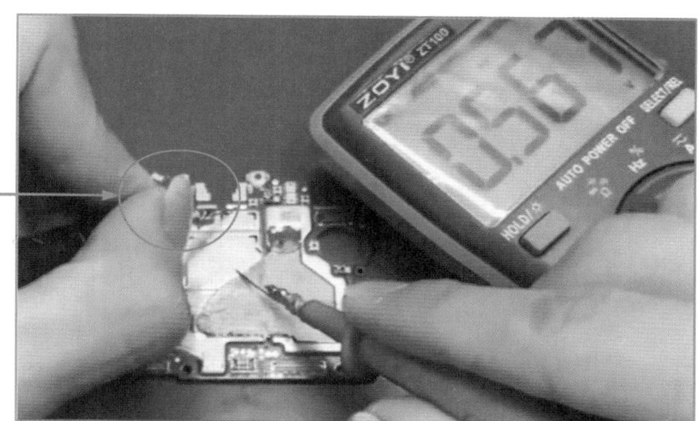

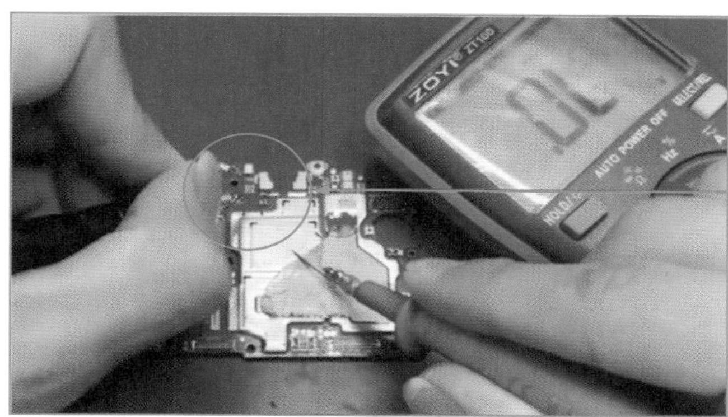

❹使用同样的方法测量连接听筒另一只引脚的对地阻值。测量值为无穷大，说明此引脚连接的线路有断路故障。这种情况通常是由线路中元器件断路故障引起的。

❺查看手机电路图，找出与此引脚连接的元器件。

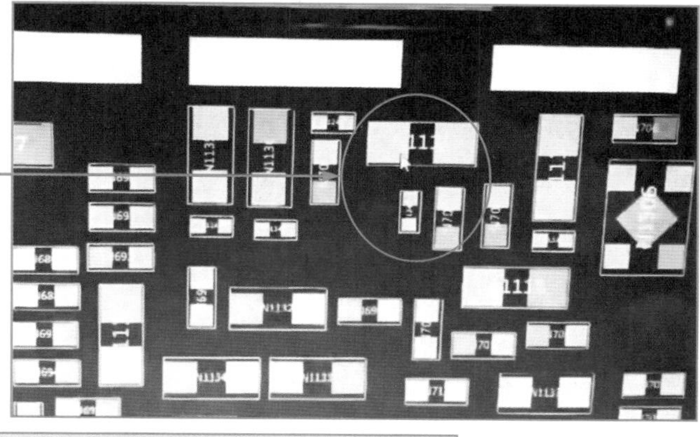

图 20-6　手机听筒无声故障的检修方法（续）

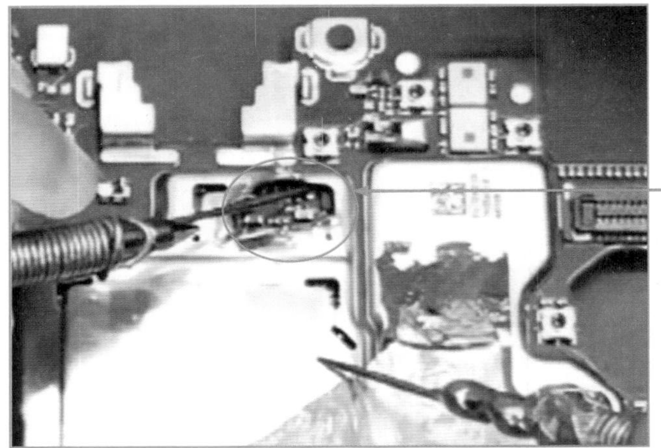

❻在主板上检测连接的元器件，发现连接的电感器断路损坏，接着找到一个型号相同的电感器将其替换。

❼更换损坏的电感器后，用万用表测量连接听筒的问题引脚的对地阻值。发现阻值为566Ω，说明在更换电感器后，线路正常了。

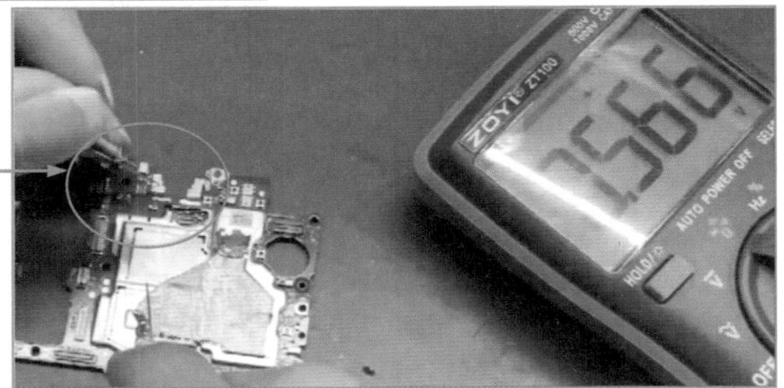

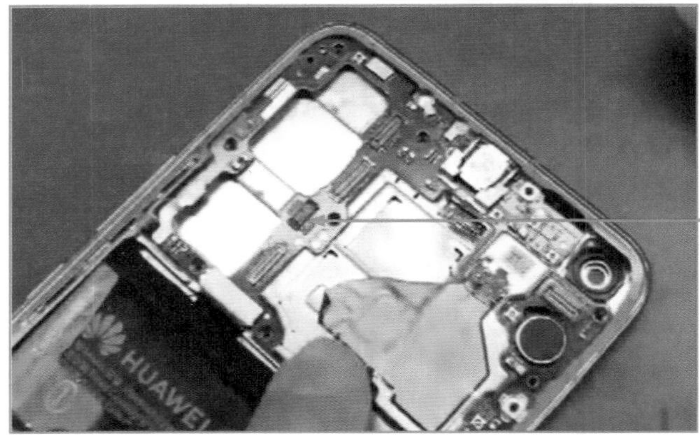

❽将主板装好，并装好外壳，准备测试。

❾经测试发现听筒可以听见声音了，故障被排除。

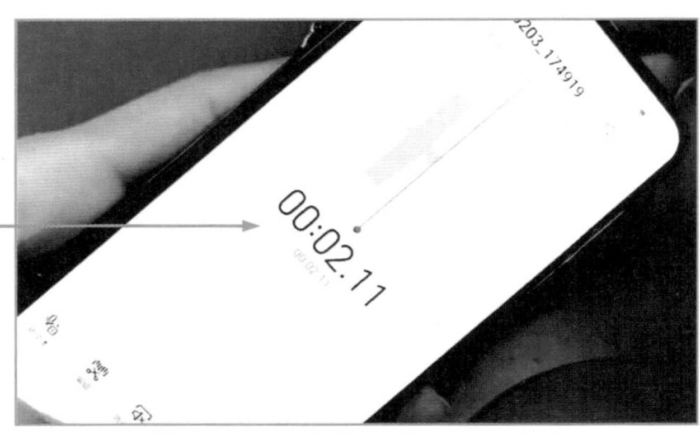

图 20-6　手机听筒无声故障的检修方法（续）